積分表

基本積分

1. $\int du = u + C$
2. $\int a\, du = au + C$
3. $\int [f(u) + g(u)]\, du = \int f(u)\, du + \int g(u)\, du$
4. $\int u^n\, du = \dfrac{u^{n+1}}{n+1} + C \quad (n \neq -1)$
5. $\int \dfrac{du}{u} = \ln|u| + C$

含 $a + bu$ 的積分

6. $\int \dfrac{u\, du}{a + bu} = \dfrac{1}{b^2}[a + bu - a\ln|a+bu|] + C$
7. $\int \dfrac{u^2\, du}{a + bu} = \dfrac{1}{b^3}\left[\dfrac{1}{2}(a+bu)^2 - 2a(a+bu) + a^2\ln|a+bu|\right] + C$
8. $\int \dfrac{u\, du}{(a+bu)^2} = \dfrac{1}{b^2}\left[\dfrac{a}{a+bu} + \ln|a+bu|\right] + C$
9. $\int \dfrac{u^2\, du}{(a+bu)^2} = \dfrac{1}{b^3}\left[a + bu - \dfrac{a^2}{a+bu} - 2a\ln|a+bu|\right] + C$
10. $\int \dfrac{u\, du}{(a+bu)^3} = \dfrac{1}{b^2}\left[\dfrac{a}{2(a+bu)^2} - \dfrac{1}{a+bu}\right] + C$
11. $\int \dfrac{du}{u(a+bu)} = \dfrac{1}{a}\ln\left|\dfrac{u}{a+bu}\right| + C$
12. $\int \dfrac{du}{u^2(a+bu)} = -\dfrac{1}{au} + \dfrac{b}{a^2}\ln\left|\dfrac{a+bu}{u}\right| + C$
13. $\int \dfrac{du}{u(a+bu)^2} = \dfrac{1}{a(a+bu)} + \dfrac{1}{a^2}\ln\left|\dfrac{u}{a+bu}\right| + C$

含 $\sqrt{a+bu}$ 的積分

14. $\int u\sqrt{a+bu}\, du = \dfrac{2}{15b^3}(3bu - 2a)(a+bu)^{3/2} + C$
15. $\int u^2\sqrt{a+bu}\, du = \dfrac{2}{105b^3}(15b^2u^2 - 12abu + 8a^2)(a+bu)^{3/2} + C$
16. $\int u^n\sqrt{a+bu}\, du = \dfrac{2u^n(a+bu)^{3/2}}{b(2n+3)} - \dfrac{2an}{b(2n+3)}\int u^{n-1}\sqrt{a+bu}\, du$
17. $\int \dfrac{u\, du}{\sqrt{a+bu}} = \dfrac{2}{3b^2}(bu - 2a)\sqrt{a+bu} + C$
18. $\int \dfrac{u^2\, du}{\sqrt{a+bu}} = \dfrac{2}{15b^3}(3b^2u^2 - 4abu + 8a^2)\sqrt{a+bu} + C$
19. $\int \dfrac{u^n\, du}{\sqrt{a+bu}} = \dfrac{2u^n\sqrt{a+bu}}{b(2n+1)} - \dfrac{2an}{b(2n+1)}\int \dfrac{u^{n-1}\, du}{\sqrt{a+bu}}$
20. $\int \dfrac{du}{u\sqrt{a+bu}} = \begin{cases} \dfrac{1}{\sqrt{a}}\ln\left|\dfrac{\sqrt{a+bu} - \sqrt{a}}{\sqrt{a+bu} + \sqrt{a}}\right| + C, & 若 a > 0 \\ \dfrac{2}{\sqrt{-a}}\tan^{-1}\sqrt{\dfrac{a+bu}{-a}} + C, & 若 a < 0 \end{cases}$
21. $\int \dfrac{du}{u^n\sqrt{a+bu}} = -\dfrac{\sqrt{a+bu}}{a(n-1)u^{n-1}} - \dfrac{b(2n-3)}{2a(n-1)}\int \dfrac{du}{u^{n-1}\sqrt{a+bu}}$
22. $\int \dfrac{\sqrt{a+bu}\, du}{u} = 2\sqrt{a+bu} + a\int \dfrac{du}{u\sqrt{a+bu}}$
23. $\int \dfrac{\sqrt{a+bu}\, du}{u^n} = -\dfrac{(a+bu)^{3/2}}{a(n-1)u^{n-1}} - \dfrac{b(2n-5)}{2a(n-1)}\int \dfrac{\sqrt{a+bu}\, du}{u^{n-1}}$

含 $a^2 \pm u^2$ 的積分

24. $\int \dfrac{du}{a^2 + u^2} = \dfrac{1}{a}\tan^{-1}\dfrac{u}{a} + C$
25. $\int \dfrac{du}{a^2 - u^2} = \dfrac{1}{2a}\ln\left|\dfrac{u+a}{u-a}\right| + C = \begin{cases} \dfrac{1}{a}\tanh^{-1}\dfrac{u}{a} + C, & 若 |u| < a \\ \dfrac{1}{a}\coth^{-1}\dfrac{u}{a} + C, & 若 |u| > a \end{cases}$
26. $\int \dfrac{du}{u^2 - a^2} = \dfrac{1}{2a}\ln\left|\dfrac{u-a}{u+a}\right| + C = \begin{cases} -\dfrac{1}{a}\tanh^{-1}\dfrac{u}{a} + C, & 若 |u| < a \\ -\dfrac{1}{a}\coth^{-1}\dfrac{u}{a} + C, & 若 |u| > a \end{cases}$

含 $\sqrt{u^2 \pm a^2}$ 的積分

在公式 27～38 中，

以 $\sinh^{-1}\dfrac{u}{a}$ 代 $\ln(u + \sqrt{u^2+a^2})$

以 $\cosh^{-1}\dfrac{u}{a}$ 代 $\ln|u + \sqrt{u^2-a^2}|$

以 $\sinh^{-1}\dfrac{a}{u}$ 代 $\ln\left|\dfrac{a + \sqrt{u^2+a^2}}{u}\right|$

27. $\displaystyle\int \dfrac{du}{\sqrt{u^2 \pm a^2}} = \ln|u + \sqrt{u^2 \pm a^2}| + C$

28. $\displaystyle\int \sqrt{u^2 \pm a^2}\, du = \dfrac{u}{2}\sqrt{u^2 \pm a^2} \pm \dfrac{a^2}{2}\ln|u + \sqrt{u^2 \pm a^2}| + C$

29. $\displaystyle\int u^2\sqrt{u^2 \pm a^2}\, du = \dfrac{u}{8}(2u^2 \pm a^2)\sqrt{u^2 \pm a^2}$
$\qquad\qquad - \dfrac{a^4}{8}\ln|u + \sqrt{u^2 \pm a^2}| + C$

30. $\displaystyle\int \dfrac{\sqrt{u^2 + a^2}\, du}{u} = \sqrt{u^2+a^2} - a\ln\left|\dfrac{a+\sqrt{u^2+a^2}}{u}\right| + C$

31. $\displaystyle\int \dfrac{\sqrt{u^2 - a^2}\, du}{u} = \sqrt{u^2-a^2} - a\sec^{-1}\left|\dfrac{u}{a}\right| + C$

32. $\displaystyle\int \dfrac{\sqrt{u^2 \pm a^2}\, du}{u^2} = -\dfrac{\sqrt{u^2 \pm a^2}}{u} + \ln|u + \sqrt{u^2 \pm a^2}| + C$

33. $\displaystyle\int \dfrac{u^2\, du}{\sqrt{u^2 \pm a^2}} = \dfrac{u}{2}\sqrt{u^2 \pm a^2} - \dfrac{\pm a^2}{2}\ln|u + \sqrt{u^2 \pm a^2}| + C$

34. $\displaystyle\int \dfrac{du}{u\sqrt{u^2+a^2}} = -\dfrac{1}{a}\ln\left|\dfrac{a+\sqrt{u^2+a^2}}{u}\right| + C$

35. $\displaystyle\int \dfrac{du}{u\sqrt{u^2-a^2}} = \dfrac{1}{a}\sec^{-1}\left|\dfrac{u}{a}\right| + C$

36. $\displaystyle\int \dfrac{du}{u^2\sqrt{u^2 \pm a^2}} = -\dfrac{\sqrt{u^2 \pm a^2}}{\pm a^2 u} + C$

37. $\displaystyle\int (u^2 \pm a^2)^{3/2}\, du = \dfrac{u}{8}(2u^2 \pm 5a^2)\sqrt{u^2 \pm a^2}$
$\qquad\qquad + \dfrac{3a^4}{8}\ln|u + \sqrt{u^2 \pm a^2}| + C$

38. $\displaystyle\int \dfrac{du}{(u^2 \pm a^2)^{3/2}} = \dfrac{u}{\pm a^2\sqrt{u^2 \pm a^2}} + C$

含 $\sqrt{a^2 - u^2}$ 的積分

39. $\displaystyle\int \dfrac{du}{\sqrt{a^2-u^2}} = \sin^{-1}\dfrac{u}{a} + C$

40. $\displaystyle\int \sqrt{a^2-u^2}\, du = \dfrac{u}{2}\sqrt{a^2-u^2} + \dfrac{a^2}{2}\sin^{-1}\dfrac{u}{a} + C$

41. $\displaystyle\int u^2\sqrt{a^2-u^2}\, du = \dfrac{u}{8}(2u^2-a^2)\sqrt{a^2-u^2} + \dfrac{a^4}{8}\sin^{-1}\dfrac{u}{a} + C$

42. $\displaystyle\int \dfrac{\sqrt{a^2-u^2}\, du}{u} = \sqrt{a^2-u^2} - a\ln\left|\dfrac{a+\sqrt{a^2-u^2}}{u}\right| + C$
$\qquad = \sqrt{a^2-u^2} - a\cosh^{-1}\dfrac{a}{u} + C$

43. $\displaystyle\int \dfrac{\sqrt{a^2-u^2}\, du}{u^2} = -\dfrac{\sqrt{a^2-u^2}}{u} - \sin^{-1}\dfrac{u}{a} + C$

44. $\displaystyle\int \dfrac{u^2\, du}{\sqrt{a^2-u^2}} = -\dfrac{u}{2}\sqrt{a^2-u^2} + \dfrac{a^2}{2}\sin^{-1}\dfrac{u}{a} + C$

45. $\displaystyle\int \dfrac{du}{u\sqrt{a^2-u^2}} = -\dfrac{1}{a}\ln\left|\dfrac{a+\sqrt{a^2-u^2}}{u}\right| + C$
$\qquad = -\dfrac{1}{a}\cosh^{-1}\dfrac{a}{u} + C$

46. $\displaystyle\int \dfrac{du}{u^2\sqrt{a^2-u^2}} = -\dfrac{\sqrt{a^2-u^2}}{a^2 u} + C$

47. $\displaystyle\int (a^2-u^2)^{3/2}\, du = -\dfrac{u}{8}(2u^2-5a^2)\sqrt{a^2-u^2}$
$\qquad\qquad + \dfrac{3a^4}{8}\sin^{-1}\dfrac{u}{a} + C$

48. $\displaystyle\int \dfrac{du}{(a^2-u^2)^{3/2}} = \dfrac{u}{a^2\sqrt{a^2-u^2}} + C$

CALCULUS
微積分

莊浩彣・朱紫媛　編著

東華書局

國家圖書館出版品預行編目資料

微積分 / 莊浩彣, 朱紫媛編著. -- 二版. -- 臺北市：
　臺灣東華, 民 101.07

　320 面；19x26 公分

　ISBN 978-957-483-716-8 (平裝)

　1. 微積分

314.1　　　　　　　　　　　　　　101013095

微積分

編 著 者	莊浩彣 • 朱紫媛
發 行 人	謝振環
出 版 者	臺灣東華書局股份有限公司
地　　址	臺北市重慶南路一段一四七號三樓
電　　話	(02) 2311-4027
傳　　眞	(02) 2311-6615
劃撥帳號	00064813
網　　址	www.tunghua.com.tw
讀者服務	service@tunghua.com.tw
門　　市	臺北市重慶南路一段一四七號一樓
電　　話	(02) 2371-9320

2027 26 25 24 23 HJ 10 9 8 7 6

ISBN　　978-957-483-716-8

版權所有 • 翻印必究

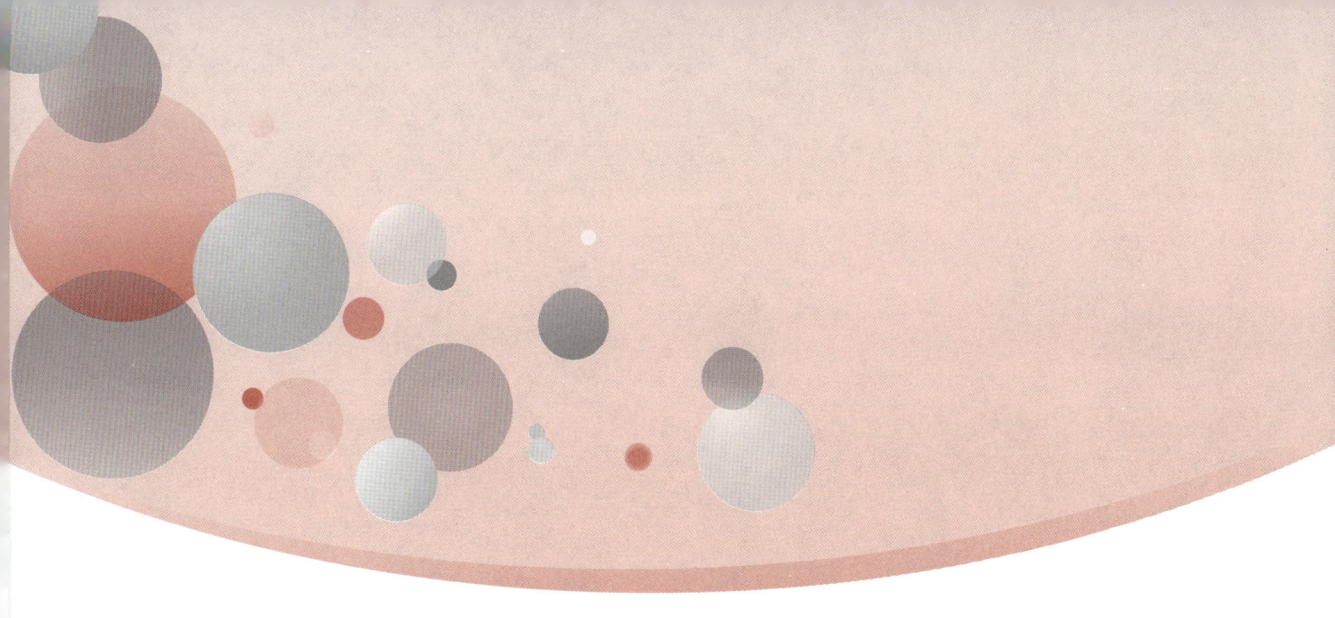

編輯大意

一、本書可供技職體系及科技大學進修部等工業類科或相關科系學生作為初學微積分的教材．

二、本書共分 9 章，內容以實用為主，先介紹微分，再談積分，其中編排條理分明，循序漸近，易學易懂，旨在引導學生獲得微積分的基本知識．

三、本書附有預備數學的補充內容，已置於東華書局網站供讀者下載研讀．

四、本書若有未盡妥善之處，尚祈各界學者先進隨時提供改進意見，以作為修訂的參考．

五、本書得以順利完成，要感謝東華書局董事長卓劉慶弟女士的鼓勵與支持，並承蒙編輯部全體同仁的鼎力相助，在此一併致謝．

目　次

第 1 章　函數的極限與連續　　1

　1.1　極　限　　1
　1.2　連續性　　12
　1.3　無窮極限　　20

第 2 章　導函數　　31

　2.1　導函數　　31
　2.2　微分的法則　　39
　2.3　視導函數為變化率　　46
　2.4　連鎖法則　　51
　2.5　隱微分法　　54
　2.6　微　分　　57
　2.7　超越函數的導函數　　64

第 3 章　微分的應用　　79

　3.1　函數的極值　　79
　3.2　均值定理　　84

3.3	單調函數	86
3.4	凹　性	91
3.5	函數圖形的描繪	97
3.6	極值的應用問題	101
3.7	不定型	106

第 4 章　積　分　115

4.1	定積分	115
4.2	不定積分	132
4.3	微積分基本定理	142
4.4	利用代換求積分	146

第 5 章　積分的方法　153

5.1	不定積分的基本公式	153
5.2	分部積分法	156
5.3	三角函數乘冪積分法	162
5.4	三角代換法	169
5.5	部分分式法	172
5.6	瑕積分	179

第 6 章　積分的應用　189

6.1	面　積	189
6.2	體　積	197
6.3	弧　長	209

第 7 章　無窮級數　213

7.1	無窮級數	213
7.2	正項級數	223
7.3	交錯級數	228

7.4	冪級數	231
7.5	泰勒級數與麥克勞林級數	238

第 8 章　偏微分　245

8.1	二變數函數的極限與連續	245
8.2	偏導函數	255
8.3	全微分	261
8.4	連鎖法則	266
8.5	極　值	273

第 9 章　二重積分　279

9.1	二重積分	279
9.2	二重積分的計算	283

習題答案　299

預備數學*

1	實數的性質	1
2	坐標平面	3
3	圓錐曲線	6
4	函　數	12
5	反函數	17
6	三角函數	18
7	反三角函數	22
8	指數函數	25
9	對數函數	26

* 此部分的內容已置於東華書局網站（www.tunghua.com.tw），供讀者下載研讀.

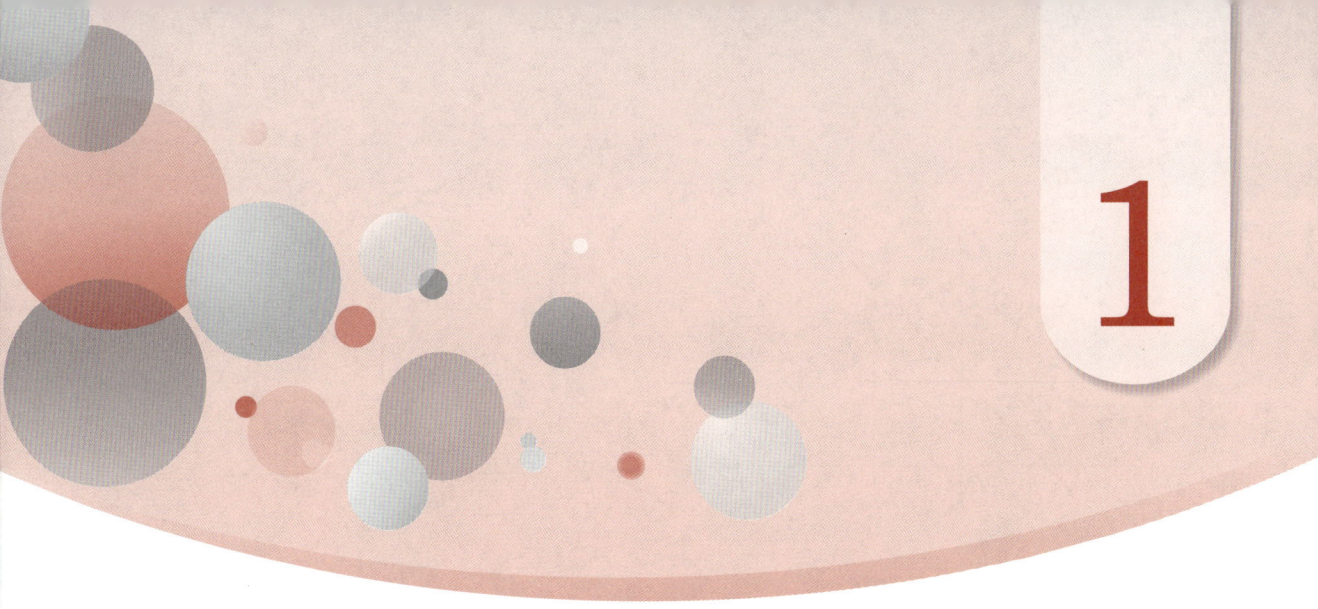

函數的極限與連續

● 1.1 極 限

微積分 (Calculus) 是數學裡面極為有用的一個分支，它的應用範圍很廣，包含曲線的描繪、函數的最佳化、變化率的分析以及面積的計算，等等．極限的概念使微積分有別於代數學與三角學．函數的極限是用來描述當函數的自變數向某一個值漸漸地接近時，函數值如何變化，這是非常重要的觀念．

首先，我們可用直觀的想法從下面的例子獲得函數極限的初步概念．設 $f(x)=x+1$, $x \in I\!R$ (實數系)．當 x 趨近 1 時，看看函數值 $f(x)$ 的變化如何？我們選取 x 為接近 1 的數值，作成下表：

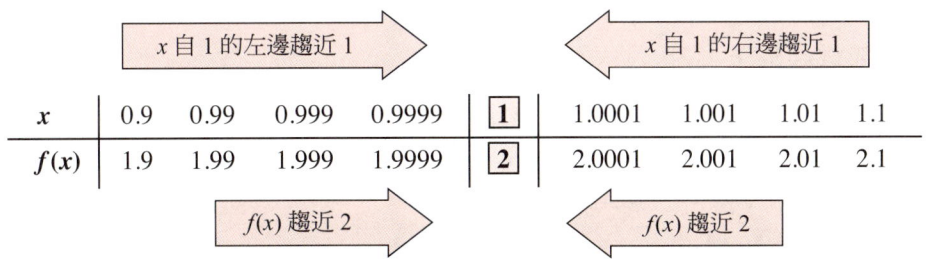

函數 f 的圖形如圖 1.1 所示．

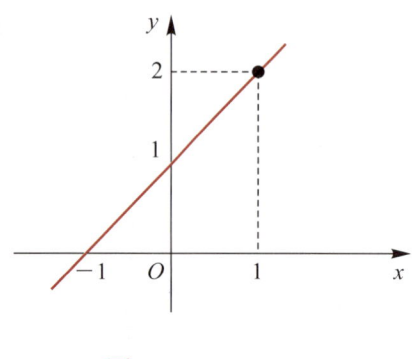

圖 1.1　$f(x)=x+1$

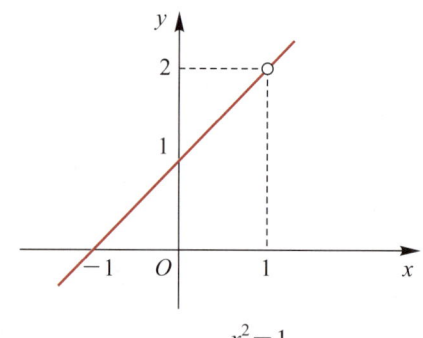

圖 1.2　$g(x)=\dfrac{x^2-1}{x-1}$，$x\neq 1$

我們從上表與圖 1.1 可以看出，若 x 愈接近 1，則 $f(x)$ 愈接近 2. 此時，我們說，"當 x 趨近 1 時，$f(x)$ 的極限為 2"，記為

$$\lim_{x\to 1} f(x)=2$$

或當 $x\to 1$ 時，$f(x)\to 2.$

其次，考慮函數 $g(x)=\dfrac{x^2-1}{x-1}$，$x\neq 1$. 因為 1 不在 g 的定義域內，所以 $g(1)$ 不存在，但 $g(x)$ 在 $x=1$ 之近旁的值均存在. 若 $x\neq 1$，則

$$g(x)=\dfrac{x^2-1}{x-1}=\dfrac{(x+1)(x-1)}{x-1}=x+1$$

故 g 的圖形，除了在 $x=1$ 外，與 f 的圖形相同. g 的圖形如圖 1.2 所示.

當 x 趨近 1 ($x\neq 1$) 時，$g(x)$ 的極限為 2，即，

$$\lim_{x\to 1} g(x)=2$$

最後，定義函數 h 如下：

$$h(x)=\begin{cases} \dfrac{x^2-1}{x-1}, & x\neq 1 \\ 1, & x=1 \end{cases}$$

函數 h 的圖形如圖 1.3 所示.

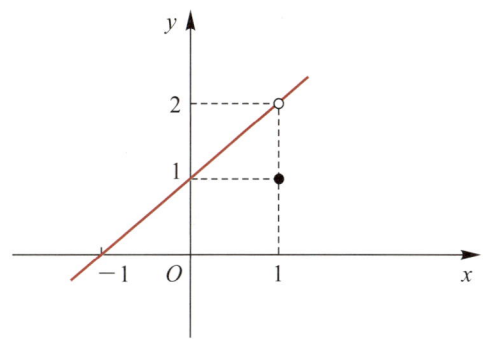

圖 1.3 $h(x)=\begin{cases} \dfrac{x^2-1}{x-1}, & x \neq 1 \\ 1, & x=1 \end{cases}$

由上面的討論，f, g 與 h 除了在 $x=1$ 處有所不同外，在其他地方均完全相同，即，

$$f(x)=g(x)=h(x)=x+1,\ x \neq 1$$

當 x 趨近 1 時，這三個函數的極限均為 2.

這個例子說明了有關函數極限的一般原理，我們可以輕鬆地敘述如下：

當自變數趨近某點時，函數的極限僅與函數在該點之近旁的定義有關，但與函數在該點的值無關.

在一般函數的極限裡，此結論依然成立，它是函數極限裡一個非常重要的觀念.

○ 定義 1.1　直觀的定義

設函數 f 定義在包含 a 的某開區間，但可能在 a 除外，L 為一實數.

當 x 趨近 a 時，$f(x)$ 的**極限** (limit) [或稱**雙邊極限** (two-sided limit)] 為 L，記為：

$$\lim_{x \to a} f(x) = L$$

其意義為：當 x 充分靠近 a (但不等於 a) 時，$f(x)$ 的值充分靠近 L.

定義 1.1 的直觀說明如圖 1.4 所示.

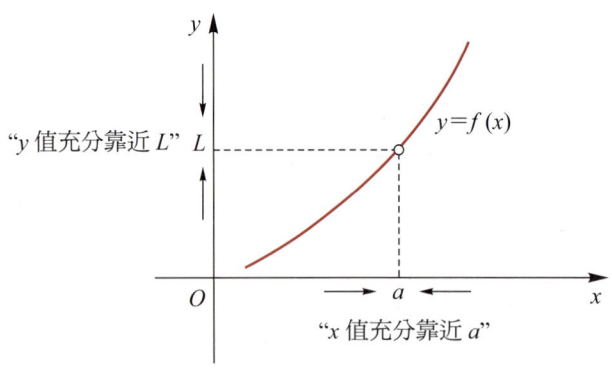

圖 1.4 $\lim_{x \to a} f(x) = L$

讀者應注意，若有一個定數 L 存在，使 $\lim_{x \to a} f(x) = L$，則稱當 x 趨近 a 時，$f(x)$ 的極限存在，或稱 f 在 a 的極限為 L，或 $\lim_{x \to a} f(x)$ 存在.

【例題 1】 利用約分

設 $f(x) = \dfrac{2x^2 - x - 1}{x - 1}$，求 $\lim_{x \to 1} f(x)$.

【解】 若 $x \neq 1$，則

$$f(x) = \frac{2x^2 - x - 1}{x - 1} = \frac{(2x+1)(x-1)}{x-1} = 2x + 1$$

在直觀上，當 $x \to 1$ 時，$2x + 1 \to 3$. 所以，

$$\lim_{x \to 1} f(x) = \lim_{x \to 1} (2x + 1) = 3.$$

定理 1.1　唯一性

若 $\lim_{x \to a} f(x) = L_1$，$\lim_{x \to a} f(x) = L_2$，$L_1$ 與 L_2 皆為實數，則 $L_1 = L_2$.

定理 1.2

設 k 與 c 均為常數，$\lim_{x \to a} f(x) = L$，$\lim_{x \to a} g(x) = M$，此處 L 與 M 均為實數，則

(1) $\lim_{x \to a} k = k$

(2) $\lim_{x \to a} x = a$

(3) $\lim_{x \to a} [c f(x)] = cL$

(4) $\lim_{x \to a} [f(x) + g(x)] = L + M$

(5) $\lim_{x \to a} [f(x) - g(x)] = L - M$

(6) $\lim_{x \to a} [f(x) g(x)] = LM$

(7) $\lim_{x \to a} \dfrac{f(x)}{g(x)} = \dfrac{L}{M}$ $(M \neq 0)$

定理 1.2 可以推廣為：若 $\lim_{x \to a} f_i(x)$ 存在，$i = 1, 2, \cdots, n$，則

1. $\lim_{x \to a} [c_1 f_1(x) + c_2 f_2(x) + \cdots + c_n f_n(x)] = c_1 \lim_{x \to a} f_1(x) + c_2 \lim_{x \to a} f_2(x) + \cdots + c_n \lim_{x \to a} f_n(x)$

   其中 $c_1, c_2, \cdots, c_n$ 皆為任意常數.

2. $\lim_{x \to a} [f_1(x) \cdot f_2(x) \cdot \cdots \cdot f_n(x)] = [\lim_{x \to a} f_1(x)][\lim_{x \to a} f_2(x)] \cdots [\lim_{x \to a} f_n(x)]$

   尤其，$\lim_{x \to a} [f(x)]^n = [\lim_{x \to a} f(x)]^n$.

定理 1.3　多項式函數的極限

設 $P(x)$ 為 n 次多項式函數，則對任意實數 a.

$$\lim_{x \to a} P(x) = P(a).$$

【例題 2】 利用多項式函數的極限

求 $\lim_{x \to 2} (2x^4 + 3x^3 + x^2 - 2x + 5)$.

【解】 因 $P(x) = 2x^4 + 3x^3 + x^2 - 2x + 5$ 為一多項式函數，故

$$\lim_{x \to 2} P(x) = P(2) = 32 + 24 + 4 - 4 + 5 = 61.$$

定理 1.4

設 $R(x)$ 為有理函數且 a 在 $R(x)$ 的定義域內，則 $\lim\limits_{x \to a} R(x) = R(a)$.

【例題 3】 利用定理 1.4

求 $\lim\limits_{x \to -2} \dfrac{x^3 + 10}{x^2 + 2x - 2}$.

【解】 因有理函數的分母不為零，故

$$\lim_{x \to -2} \dfrac{x^3 + 10}{x^2 + 2x - 2} = \dfrac{-8 + 10}{4 - 4 - 2} = \dfrac{2}{-2} = -1.$$

定理 1.5

若兩函數 f 與 g 的合成函數 $f(g(x))$ 存在，且

(i) $\lim\limits_{x \to a} g(x) = b$ (ii) $\lim\limits_{y \to b} f(y) = f(b)$，

則

$$\lim_{x \to a} f(g(x)) = f\left(\lim_{x \to a} g(x)\right) = f(b).$$

定理 1.6

(1) 若 n 為正奇數，則 $\lim\limits_{x \to a} \sqrt[n]{x} = \sqrt[n]{a}$.

(2) 若 n 為正偶數，且 $a > 0$，則 $\lim\limits_{x \to a} \sqrt[n]{x} = \sqrt[n]{a}$.

若 m 與 n 皆為正整數，且 $a > 0$，則可得

$$\lim_{x \to a} (\sqrt[n]{x})^m = (\lim_{x \to a} \sqrt[n]{x})^m = (\sqrt[n]{a})^m$$

利用分數指數，上式可表示成

$$\lim_{x \to a} x^{m/n} = a^{m/n}$$

定理 1.6 的結果可推廣到負指數.

【例題 4】 利用定理 1.6

求 $\lim\limits_{x \to 16} \dfrac{2\sqrt{x} - x\sqrt{x}}{\sqrt[4]{x} + 6}$.

【解】
$$\lim_{x \to 16} \dfrac{2\sqrt{x} - x^{3/2}}{\sqrt[4]{x} + 6} = \dfrac{\lim\limits_{x \to 16}(2\sqrt{x} - x^{3/2})}{\lim\limits_{x \to 16}(\sqrt[4]{x} + 6)} = \dfrac{\lim\limits_{x \to 16} 2\sqrt{x} - \lim\limits_{x \to 16} x^{3/2}}{\lim\limits_{x \to 16} \sqrt[4]{x} + \lim\limits_{x \to 16} 6}$$
$$= \dfrac{2\sqrt{16} - (16)^{3/2}}{\sqrt[4]{16} + 6} = \dfrac{8 - 64}{2 + 6} = \dfrac{-56}{8} = -7.$$

定理 1.7

設 $\lim\limits_{x \to a} f(x)$ 存在.

(1) 若 n 為正奇數，則 $\lim\limits_{x \to a} \sqrt[n]{f(x)} = \sqrt[n]{\lim\limits_{x \to a} f(x)}$.

(2) 若 n 為正偶數，且 $\lim\limits_{x \to a} f(x) > 0$，則 $\lim\limits_{x \to a} \sqrt[n]{f(x)} = \sqrt[n]{\lim\limits_{x \to a} f(x)}$.

【例題 5】 利用定理 1.7(1)

求 $\lim\limits_{x \to 2} \sqrt[3]{\dfrac{x^3 - 4x - 1}{x + 6}}$.

【解】
$$\lim_{x \to 2} \sqrt[3]{\dfrac{x^3 - 4x - 1}{x + 6}} = \sqrt[3]{\lim_{x \to 2} \dfrac{x^3 - 4x - 1}{x + 6}} = \sqrt[3]{\dfrac{8 - 8 - 1}{2 + 6}}$$
$$= \sqrt[3]{\dfrac{-1}{8}} = -\dfrac{1}{2}.$$

當直接求函數的極限很困難時，有時候，間接地在極限為已知的兩個比較簡單的函數之間"夾擠"該函數以便求得極限是可能的。下面的定理非常有用稱為夾擠定理 (squeeze theorem 或 pinching theorem) 或三明治定理 (sandwich theorem).

定理 1.8 夾擠定理

設在一包含 a 的開區間中所有 x（可能在 a 除外）恆有 $f(x) \leq h(x) \leq g(x)$.

若 $\lim\limits_{x \to a} f(x) = \lim\limits_{x \to a} g(x) = L$

則 $\lim\limits_{x \to a} h(x) = L.$

【例題 6】 利用夾擠定理

對任意實數 x，若 $x^2 - \dfrac{x^4}{3} \leq f(x) \leq x^2$，求 $\lim\limits_{x \to 0} \dfrac{f(x)}{x^2}$。

【解】 因 $x^2 - \dfrac{x^4}{3} \leq f(x) \leq x^2$，可得

$$1 - \dfrac{x^2}{3} \leq \dfrac{f(x)}{x^2} \leq 1$$

而

$$\lim_{x \to 0} \left(1 - \dfrac{x^2}{3}\right) = 1 = \lim_{x \to 0} 1$$

故由夾擠定理可得 $\lim\limits_{x \to 0} \dfrac{f(x)}{x^2} = 1$。

當我們在定義函數 f 在 a 的極限時，我們很謹慎地將 x 限制在包含 a 的開區間內（a 可能除外），但是函數 f 在點 a 的極限存在與否，與函數 f 在點 a 兩旁的定義有關，而與函數 f 在點 a 的值無關。

如果我們找不到一個定數 L 為 $f(x)$ 所趨近者，那麼我們就稱 f 在點 a 的極限不存在，或者說當 x 趨近 a 時，$f(x)$ 沒有極限。

【例題 7】 在 0 的極限不存在

已知 $f(x) = \dfrac{|x|}{x}$，求 $\lim\limits_{x \to 0} f(x)$。

【解】 因 (i) 若 $x > 0$，則 $|x| = x$。
　　　　(ii) 若 $x < 0$，則 $|x| = -x$。
可得

$$f(x) = \dfrac{|x|}{x} = \begin{cases} 1, & \text{若 } x > 0 \\ -1, & \text{若 } x < 0 \end{cases}$$

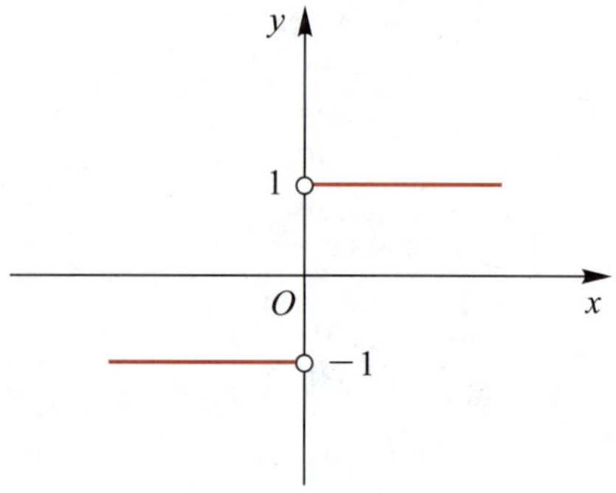

f 的圖形如圖 1.5 所示。因此，當 x 分別自 0 的右邊及 0 的左邊趨近於 0 時，$f(x)$ 不能趨近某一定數，所以 $\lim\limits_{x \to 0} f(x)$ 不存在。

圖 1.5　$f(x) = \dfrac{|x|}{x}$，$x \neq 0$

由上面的例題，我們引進了單邊極限的觀念。

定義 1.2　直觀的定義

(1) 當 x 自 a 的右邊趨近 a 時，$f(x)$ 的**右極限** (right-hand limit) 為 L，即，f 在 a 的右極限為 L，記為：

$$\lim_{x \to a^+} f(x) = L$$

其意義為：當 x 自 a 的右邊充分靠近 a 時，$f(x)$ 的值充分靠近 L。

(2) 當 x 自 a 的左邊趨近 a 時，$f(x)$ 的**左極限** (left-hand limit) 為 L，即，f 在 a 的左極限為 L，記為：

$$\lim_{x \to a^-} f(x) = L$$

其意義為：當 x 自 a 的左邊充分靠近 a 時，$f(x)$ 的值充分靠近 L。

右極限與左極限均稱為**單邊極限** (one-sided limit)。

如圖 1.5 所示，$\lim\limits_{x \to 0^+} f(x) = 1$，$\lim\limits_{x \to 0^-} f(x) = -1$，在定義 1.2 中，符號 $x \to a^+$ 用來表示 x 的值恆比 a 大，而符號 $x \to a^-$ 用來表示 x 的值恆比 a 小。

註：上一節所有定理對單邊極限的情形仍然成立。

依極限的定義可知，若 $\lim\limits_{x \to a} f(x)$ 存在，則右極限與左極限均存在，且

$$\lim_{x \to a^+} f(x) = \lim_{x \to a^-} f(x) = \lim_{x \to a} f(x)$$

反之，若右極限與左極限均存在，並不能保證極限存在。

下面定理談到單邊極限與 (雙邊) 極限之間的關係。

定理 1.9

$$\lim_{x \to a} f(x) = L \Leftrightarrow \lim_{x \to a^+} f(x) = \lim_{x \to a^-} f(x) = L.$$

【例題 8】　利用定理 1.9

試證：$\lim\limits_{x \to n} [\![x]\!]$ 不存在，此處 $[\![x]\!]$ 為高斯函數，n 為任意整數。

【證】 因 $\lim\limits_{x \to n^+} [\![x]\!] = \lim\limits_{x \to n^+} n = n$，$\lim\limits_{x \to n^-} [\![x]\!] = \lim\limits_{x \to n^-} (n-1) = n-1$，可得

$$\lim_{x \to n^+} [\![x]\!] \neq \lim_{x \to n^-} [\![x]\!],$$

故 $\lim\limits_{x \to n} [\![x]\!]$ 不存在.

【例題 9】 利用高斯函數的值

求 $\lim\limits_{x \to 2^+} \dfrac{x - [\![x]\!]}{x - 2}$.

【解】 當 $x \to 2^+$ 時，$[\![x]\!] = 2$，故

$$\lim_{x \to 2^+} \frac{x - [\![x]\!]}{x - 2} = \lim_{x \to 2^+} \frac{x - 2}{x - 2} = \lim_{x \to 2^+} 1 = 1.$$

【例題 10】 去掉絕對值符號

求 $\lim\limits_{x \to 2} \dfrac{|x - 2|}{x - 2}$.

【解】 (1) 當 $x \to 2^+$ 時，$|x - 2| = x - 2$，故

$$\lim_{x \to 2^+} \frac{|x - 2|}{x - 2} = \lim_{x \to 2^+} \frac{x - 2}{x - 2} = 1$$

(2) 當 $x \to 2^-$ 時，$|x - 2| = 2 - x$，故

$$\lim_{x \to 2^-} \frac{|x - 2|}{x - 2} = \lim_{x \to 2^-} \frac{2 - x}{x - 2} = -1$$

故 $\lim\limits_{x \to 2} \dfrac{|x - 2|}{x - 2}$ 不存在.

【例題 11】 右極限不等於左極限

令 $f(x) = \begin{cases} x^2 - 2x + 2, & \text{若 } x < 1. \\ 3 - x, & \text{若 } x \geq 1. \end{cases}$

(1) 求 $\lim\limits_{x \to 1^+} f(x)$ 與 $\lim\limits_{x \to 1^-} f(x)$.

(2) $\lim\limits_{x \to 1} f(x)$ 為何？

(3) 繪 f 的圖形.

【解】 (1) $\lim_{x\to 1^+} f(x) = \lim_{x\to 1^+} (3-x) = 3-1 = 2$

$\lim_{x\to 1^-} f(x) = \lim_{x\to 1^-} (x^2-2x+2) = 1-2+2 = 1.$

(2) 因 $\lim_{x\to 1^+} f(x) \neq \lim_{x\to 1^-} f(x)$，故 $\lim_{x\to 1} f(x)$ 不存在.

(3) f 的圖形如圖 1.6 所示.

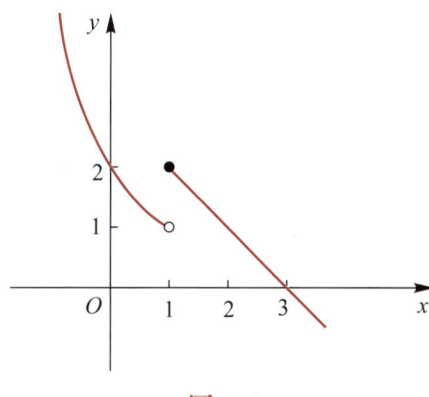

圖 1.6

習題 1.1

求 1〜23 題中的極限.

1. $\lim\limits_{x\to -3} (x^3+2x^2+6)$

2. $\lim\limits_{x\to 2} [(x^2+1)(x^2+4x)]$

3. $\lim\limits_{x\to -2} (x^2+x+1)^5$

4. $\lim\limits_{x\to 1} \dfrac{x+2}{x^2+4x+3}$

5. $\lim\limits_{x\to -2} \dfrac{2x^2+3x-2}{x^2+3x+2}$

6. $\lim\limits_{x\to 1} \dfrac{1-x^3}{x-1}$

7. $\lim\limits_{h\to 0} \dfrac{\dfrac{1}{x+h}-\dfrac{1}{x}}{h}$

8. $\lim\limits_{x\to 0} \dfrac{(2+x)^3-8}{x}$

9. $\lim\limits_{x\to -2} \sqrt[3]{\dfrac{4x+3x^3}{3x+10}}$

10. $\lim\limits_{x\to 9} \dfrac{x^2-81}{\sqrt{x}-3}$

11. $\lim\limits_{x\to 0} \dfrac{x}{\sqrt{2-x}-\sqrt{2}}$

12. $\lim\limits_{x\to 3} \dfrac{x^3-27}{x^2-2x-3}$

13. $\displaystyle\lim_{x\to 0}\frac{x}{\sqrt{1+3x}-1}$

14. $\displaystyle\lim_{x\to 0} x\sin\frac{1}{x}$

15. $\displaystyle\lim_{x\to 1}\left(\frac{1}{x-1}-\frac{2}{x^2-1}\right)$

16. $\displaystyle\lim_{x\to 0}\frac{\sqrt{x+4}-2}{x}$

17. $\displaystyle\lim_{x\to 3^-}\frac{|x-3|}{x-3}$

18. $\displaystyle\lim_{x\to -4^+}\frac{2x^2+5x-12}{x^2+3x-4}$

19. $\displaystyle\lim_{x\to 3^+}\frac{x-3}{\sqrt{x^2-9}}$

20. $\displaystyle\lim_{x\to 0}\frac{x}{x^2+|x|}$

21. $\displaystyle\lim_{x\to -10^+}\frac{x+10}{\sqrt{(x+10)^2}}$

22. $\displaystyle\lim_{x\to 3/2}\frac{2x^2-3x}{|2x-3|}$

23. $\displaystyle\lim_{x\to 1^+}\frac{[\![x^2]\!]-[\![x]\!]^2}{x^2-1}$

24. 設 $f(x)=\begin{cases} x^2-2x, & \text{若 } x<2 \\ 1, & \text{若 } x=2 \\ x^2-6x+8, & \text{若 } x>2 \end{cases}$，求 $\displaystyle\lim_{x\to 2} f(x)$，並繪 f 的圖形.

25. 設 $f(x)=\begin{cases} \dfrac{[\![x]\!]}{2}, & \text{若 } 0\le x<5 \\ \sqrt{x-1}, & \text{若 } x\ge 5 \end{cases}$，求 $\displaystyle\lim_{x\to 5} f(x)$，並繪 f 的圖形.

1.2 連續性

在介紹極限 $\displaystyle\lim_{x\to a} f(x)$ 定義的時候，我們強調 $x\ne a$ 的限制，而並不考慮 a 是否在 f 的定義域內；縱使 f 在 a 沒有定義，$\displaystyle\lim_{x\to a} f(x)$ 仍可能存在. 若 f 在 a 有定義，且 $\displaystyle\lim_{x\to a} f(x)$ 存在，則此極限可能等於，也可能不等於 $f(a)$.

現在，我們用極限的方法來定義函數的連續.

○ 定義 1.3

若下列條件：

(i) $f(a)$ 有定義　　(ii) $\displaystyle\lim_{x\to a} f(x)$ 存在　　(iii) $\displaystyle\lim_{x\to a} f(x)=f(a)$

均滿足，則稱函數 f 在 a 為 連續 (continuous).

定義 1.3 中的三項通常又歸納成一項，即，
$$\lim_{x \to a} f(x) = f(a)$$
或
$$\lim_{h \to 0} f(a+h) = f(a)$$
函數 f 在 a 為連續的意思也就是
$$\lim_{x \to a} f(x) = f(\lim_{x \to a} x) = f(a).$$

若在此定義中有任何條件不成立，則稱 f 在 a 為**不連續** (discontinuous)，a 稱為 f 的**不連續點** (discontinuity)，如圖 1.7 所示.

圖 1.7 給出幾種具有代表性的不連續型.

如果函數 f 在開區間 (a, b) 中各處皆連續，則稱 **f 在 (a, b) 為連續**，在 $(-\infty, \infty)$ 為連續的函數稱為**處處連續** (continuous everywhere).

【例題 1】 **常數函數與恆等函數的連續性**

(1) 常數函數 $f(x) = k$ 為處處連續.

(2) 恆等函數 $f(x) = x$ 為處處連續. ▶▶

【例題 2】 **多項式函數與有理函數的連續性**

(1) 多項式函數為處處連續. (依定理 1.3)

(2) 有理函數在除了使分母為零的點以外皆為連續. (依定理 1.4) ▶▶

【例題 3】 **利用有理函數的連續性**

函數 $f(x) = \dfrac{x^2 - 9}{x^2 - x - 6}$ 在何處連續？

【解】 因 $x^2 - x - 6 = (x+2)(x-3) = 0$ 的解為 $x = -2$ 與 $x = 3$，故 f 在這兩處以外皆為連續，即，f 在 $\{x \mid x \neq -2, 3\} = (-\infty, -2) \cup (-2, 3) \cup (3, \infty)$ 為連續. ▶▶

【例題 4】 **直接代入計算**

求 $\displaystyle\lim_{x \to -2} \dfrac{x^3 + 2x^2 + 2}{5 - 3x}$.

14 微積分

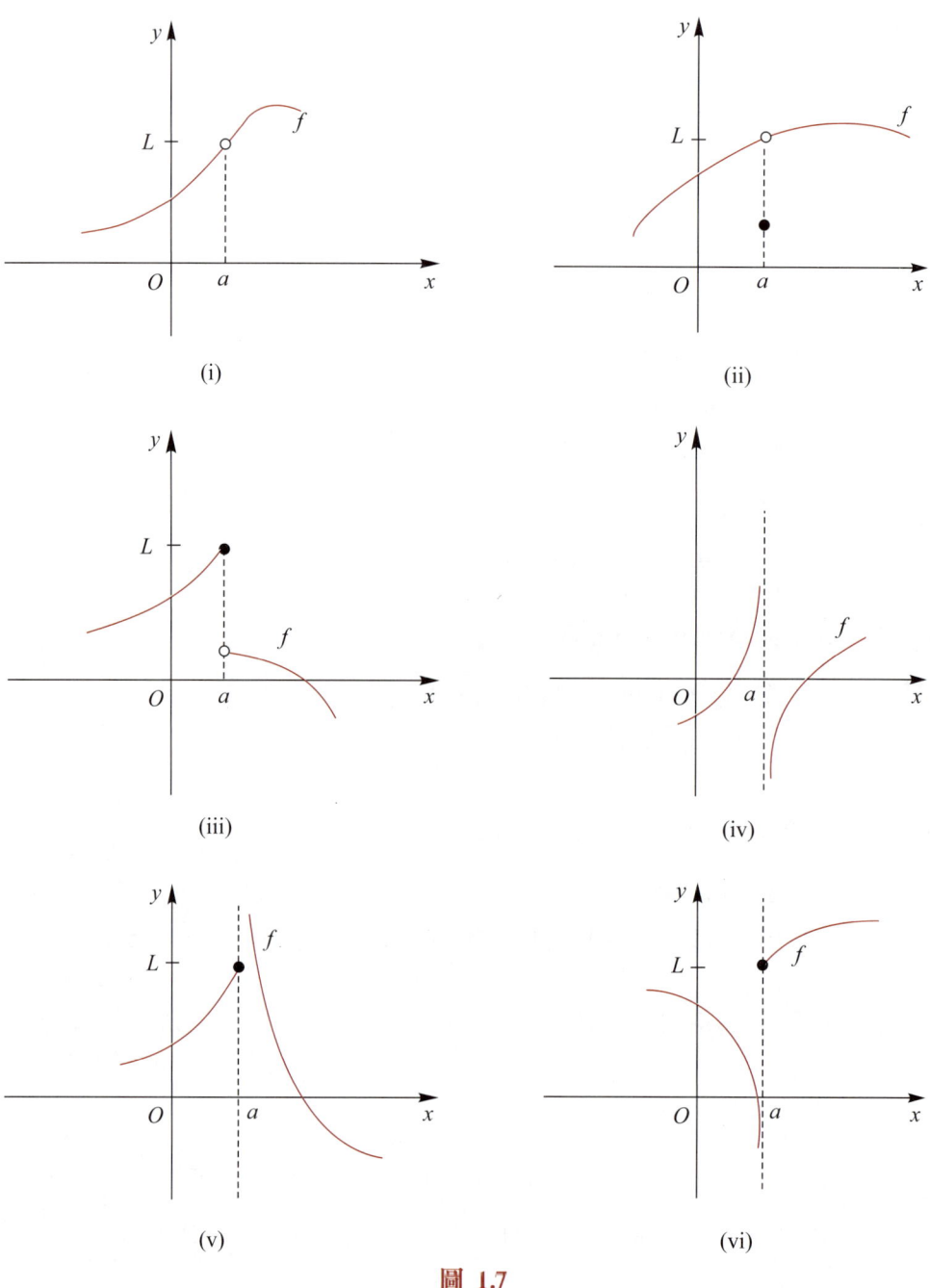

圖 1.7

【解】 函數 $f(x) = \dfrac{x^3 + 2x^2 + 2}{5 - 3x}$ 為有理函數，它在 $x = -2$ 為連續，故

$$\lim_{x \to -2} \frac{x^3+2x^2+2}{5-3x} = \lim_{x \to -2} f(x) = f(-2)$$

$$= \frac{(-2)^3+2(-2)^2+2}{5-3(-2)} = \frac{2}{11}.$$

【例題 5】 **高斯函數在所有整數點的極限不存在**

我們從 1.1 節例題 8 可知，高斯函數 $f(x) = [\![x]\!]$ 在所有整數點不連續.

【例題 6】 **絕對值函數為處處連續**

設 $f(x) = |x|$，試證：f 在所有實數 a 皆為連續.

【證】 $\lim_{x \to a} f(x) = \lim_{x \to a} |x| = \lim_{x \to a} \sqrt{x^2} = \sqrt{\lim_{x \to a} x^2} = \sqrt{a^2} = |a| = f(a)$

故 f 在 a 為連續.

我們可將例題 6 推廣如下：

若函數 f 在 a 為連續，則 $|f|$ 在 a 為連續，即，

$$\lim_{x \to a} |f(x)| = \left|\lim_{x \to a} f(x)\right| = |f(a)|$$

註：若 $|f|$ 在 a 為連續，則 f 在 a 不一定連續. 例如，設 $f(x) = \begin{cases} \dfrac{|x|}{x}, & x \neq 0 \\ 1, & x = 0 \end{cases}$,

則 $|f(x)| = 1$，可知 $|f(x)|$ 在 $x=0$ 為連續. 然而，$\lim_{x \to 0} f(x) = \lim_{x \to 0} \dfrac{|x|}{x}$ 不存在 (見 1.1 節例題 7)，所以 $f(x)$ 在 $x=0$ 為不連續.

【例題 7】 **直接代入計算**

(1) $\lim_{x \to 3} |5-x^2| = \left|\lim_{x \to 3}(5-x^2)\right| = |5-9| = |-4| = 4$

(2) $\lim_{x \to 2} \dfrac{x}{|x|-3} = \dfrac{\lim_{x \to 2} x}{\lim_{x \to 2}(|x|-3)} = \dfrac{2}{|2|-3} = \dfrac{2}{-1} = -2.$

定理 1.2 可用來建立下面的基本結果.

○ 定理 1.10

若兩函數 f 與 g 在 a 皆為連續，則 cf、$f+g$、$f-g$、fg 與 $\dfrac{f}{g}$ $[g(a) \neq 0]$ 在 a 也為連續.

上面的定理可以推廣為：若 $f_1, f_2, \cdots, f_n$ 在 a 為連續，則

1. $c_1 f_1 + c_2 f_2 + \cdots + c_n f_n$ 在 a 也為連續，其中 $c_1, c_2, \cdots, c_n$ 皆為任意常數.
2. $f_1 \cdot f_2 \cdot \cdots \cdot f_n$ 在 a 也為連續.

○ 定理 1.11

若函數 g 在 a 為連續且函數 f 在 $g(a)$ 為連續，則合成函數 $f \circ g$ 在 a 也為連續，即，

$$\lim_{x \to a} f(g(x)) = f(\lim_{x \to a} g(x)) = f(g(a)).$$

○ 定義 1.4

若下列條件：

(i) $f(a)$ 有定義　　(ii) $\lim\limits_{x \to a^+} f(x)$ 存在　　(iii) $\lim\limits_{x \to a^+} f(x) = f(a)$

均滿足，則稱函數 f 在 a 為右連續 (right-continuous).

若下列條件：

(i) $f(a)$ 有定義　　(ii) $\lim\limits_{x \to a^-} f(x)$ 存在　　(iii) $\lim\limits_{x \to a^-} f(x) = f(a)$

均滿足，則稱函數 f 在 a 為左連續 (left-continuous).

右連續與左連續皆稱為單邊連續 (one-sided continuous).

設 $f(x) = \sqrt{x}$，由定義可知，函數 f 在 0 為右連續，因為

$$\lim_{x \to 0^+} \sqrt{x} = 0$$

另外，我們也可得知，高斯函數 $f(x)=[\![x]\!]$ 在所有整數點為右連續. (何故？)

如同定理 1.9，我們可得到下面的定理.

定理 1.12

函數 f 在 a 為連續 $\Leftrightarrow \lim_{x \to a^+} f(x) = \lim_{x \to a^-} f(x) = f(a)$.

【例題 8】 利用定理 1.12

求常數 k 的值使得函數

$$f(x) = \begin{cases} 7x-2, & x \leq 1 \\ kx^2, & x > 1 \end{cases}$$

在 $x=1$ 為連續.

【解】 依題意，$f(x)$ 在 $x=1$ 之兩邊的定義不同，若欲使 $f(x)$ 在 $x=1$ 為連續，則必須使 $f(x)$ 在該處的極限存在，並等於 $f(1)$.

$$\lim_{x \to 1^+} f(x) = \lim_{x \to 1^+} kx^2 = k$$

$$\lim_{x \to 1^-} f(x) = \lim_{x \to 1^-} (7x-2) = 5$$

$$f(1) = 5$$

所以，若 $k=5$，則依定理 1.12 可知 $f(x)$ 在 $x=1$ 為連續. ▶▶

定義 1.5

若下列條件：

(i) f 在開區間 (a, b) 為連續　(ii) f 在 a 為右連續　(iii) f 在 b 為左連續

均滿足，則稱函數 f 在閉區間 $[a, b]$ 為連續.

若函數在其定義域（可能是開區間、閉區間，或半開區間）內各處皆為連續，則稱該函數為連續函數 (continuous function). 連續函數不一定在每一個區間是連續. 例如，函數 $f(x) = \dfrac{1}{x}$ 是連續函數（因它在定義域內各處皆為連續），但它在 $[-1, 1]$

為不連續 (因它在 $x=0$ 無定義).

下列的函數類型在它們的定義域內各處皆為連續.

1. 多項式函數
2. 有理函數
3. 根式函數
4. 三角函數
5. 反三角函數
6. 指數函數
7. 對數函數

【例題 9】 利用定義 1.5

下列各函數在何處為連續？

(1) $f(x)=\dfrac{3x}{2x+\sqrt{x}}$ (2) $f(x)=\sin\left(\dfrac{x}{x-\pi}\right)$

【解】 (1) 函數 $y=2x$ 在 $\mathbb{R}=(-\infty,\infty)$ 為連續, 而 $y=\sqrt{x}$ 在 $[0,\infty)$ 為連續, 於是, $y=2x+\sqrt{x}$ 在 $[0,\infty)$ 為連續. 又, $y=3x$ 在 $\mathbb{R}=(-\infty,\infty)$ 為連續, 故依定理 1.10, f 在 $(0,\infty)$ 為連續.

(2) f 在 $\{x\mid x\neq\pi\}=(-\infty,\pi)\cup(\pi,\infty)$ 為連續. ▶▶

【例題 10】 利用三角函數的連續性

$$\lim_{x\to\pi}\sin\left(\dfrac{x^2}{x+\pi}\right)=\sin\left(\lim_{x\to\pi}\dfrac{x^2}{x+\pi}\right)$$

$$=\sin\dfrac{\pi^2}{2\pi}=\sin\dfrac{\pi}{2}$$

$$=1.$$ ▶▶

在閉區間連續的函數有一個重要的性質, 如下面定理所述.

○ 定理 1.13 介值定理 (intermediate value theorem)

若函數 f 在閉區間 $[a,b]$ 為連續, k 為介於 $f(a)$ 與 $f(b)$ 之間的一數, 則在開區間 (a,b) 中至少存在一數 c 使得 $f(c)=k$.

設函數 f 在閉區間 $[a, b]$ 為連續，即，f 的圖形在 $[a, b]$ 中沒有斷點．若 $f(a) < f(b)$，則定理 1.13 告訴我們，在 $f(a)$ 與 $f(b)$ 之間任取一數 k，應有一條 y-截距為 k 的水平線，它與 f 的圖形至少相交於一點 P，而 P 點的 x-坐標就是使 $f(c)=k$ 的實數，如圖 1.8 所示．

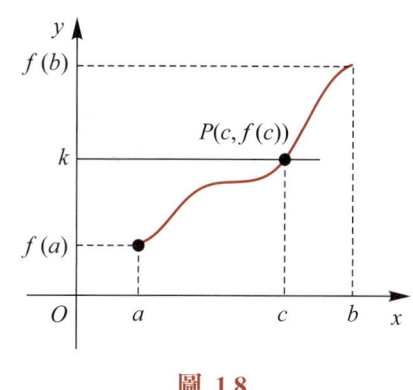

圖 1.8

下面的定理很有用，它是介值定理的直接結果．

○ 定理 1.14 勘根定理

若函數 f 在閉區間 $[a, b]$ 為連續且 $f(a)f(b) < 0$，則方程式 $f(x)=0$ 在開區間 (a, b) 中至少有一解．

【例題 11】 利用勘根定理

試證：方程式 $x^3 - x - 1 = 0$ 在開區間 $(1, 2)$ 中有解．

【證】 設 $f(x) = x^3 - x - 1$，則 f 在閉區間 $[1, 2]$ 為連續．又 $f(1)f(2) = (-1)(5) = -5 < 0$，故方程式 $f(x) = 0$ 在開區間 $(1, 2)$ 中至少有一解，即，方程式 $x^3 - x - 1 = 0$ 在 $(1, 2)$ 中有解． ▶▶

習題 1.2

1～8 題中的函數在何處不連續？

1. $f(x) = \dfrac{x^2 - 1}{x + 1}$

2. $f(x) = \dfrac{x + 2}{3x^2 - 5x - 2}$

3. $f(x) = \dfrac{x}{|x| - 3}$

4. $f(x) = \dfrac{x + 3}{|x^2 + 3x|}$

5. $f(x) = \begin{cases} \dfrac{x^2 - 1}{x + 1}, & \text{若 } x \neq -1 \\ 6, & \text{若 } x = -1 \end{cases}$

6. $f(x) = \sin\left(\dfrac{\pi x}{2 - 3x}\right)$

7. $f(x) = \dfrac{1}{1-\cos x}$ 	8. $f(x) = \ln|x-2|$

9. 設函數 f 定義為 $f(x) = \dfrac{9x^2-4}{3x+2}$, $x \neq -\dfrac{2}{3}$, 若要使 $f(x)$ 在 $x = -\dfrac{2}{3}$ 為連續, 則 $f\left(-\dfrac{2}{3}\right)$ 應為何值？

10. 試決定 c 的值使得函數
$$f(x) = \begin{cases} c^2 x, & x < 1 \\ 3cx - 2, & x \geq 1 \end{cases}$$
在 $x=1$ 為連續.

11. 試決定 a 與 b 的值使得函數
$$f(x) = \begin{cases} 4x, & x \leq -1 \\ ax+b, & -1 < x \leq 2 \\ -5x, & x \geq 2 \end{cases}$$
為處處連續.

求 12～15 題中的極限.

12. $\lim\limits_{x \to 1} |x^3 - 2x^2|$ 	13. $\lim\limits_{x \to \pi} \sin(x + \sin x)$

14. $\lim\limits_{x \to 1} \cos\left(\dfrac{\pi x^2}{x^2+3}\right)$ 	15. $\lim\limits_{x \to 1} e^{x^2 - 2x}$

16. 試證：方程式 $x^3 + 3x - 1 = 0$ 在開區間 $(0, 1)$ 中有解.

1.3 無窮極限

在微積分中, 除了所涉及的數是實數之外, 常採用兩個符號 ∞ 與 $-\infty$, 分別讀作 (正) **無限大** (infinity) 與**負無限大**, 但它們並不是數.

定義 1.6　直觀的定義

設函數 f 定義在包含 a 的某開區間，但可能在 a 除外.

$$\lim_{x \to a} f(x) = \infty$$

的意義為：當 x 充分靠近 a 時，$f(x)$ 的值變成任意大.

$\lim\limits_{x \to a} f(x) = \infty$ 也可記為：

　　"當 $x \to a$ 時，$f(x) \to \infty$".

$\lim\limits_{x \to a} f(x) = \infty$ 常讀作：

　　"當 x 趨近 a 時，$f(x)$ 的極限為無限大"
或 "當 x 趨近 a 時，$f(x)$ 的值變成無限大"
或 "當 x 趨近 a 時，$f(x)$ 的值無限遞增".
此定義的幾何說明如圖 1.9 所示.

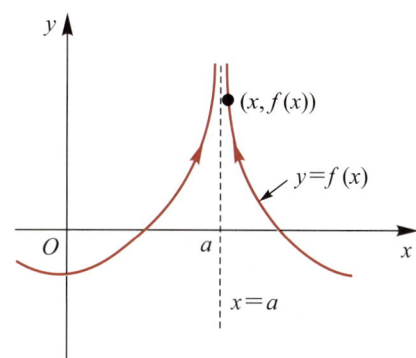

圖 1.9　$\lim\limits_{x \to a} f(x) = \infty$

定義 1.7　直觀的定義

設函數 f 定義在包含 a 的某開區間，但可能在 a 除外.

$$\lim_{x \to a} f(x) = -\infty$$

的意義為：當 x 充分靠近 a 時，$f(x)$ 的值變成任意小.

$\lim\limits_{x \to a} f(x) = -\infty$ 也可記為：

　　"當 $x \to a$ 時，$f(x) \to -\infty$".

$\lim\limits_{x \to a} f(x) = -\infty$ 常讀作：

　　"當 x 趨近 a 時，$f(x)$ 的極限為負無限大"
或 "當 x 趨近 a 時，$f(x)$ 的值變成負無限大"
或 "當 x 趨近 a 時，$f(x)$ 的值無限遞減".
此定義的幾何說明如圖 1.10 所示.

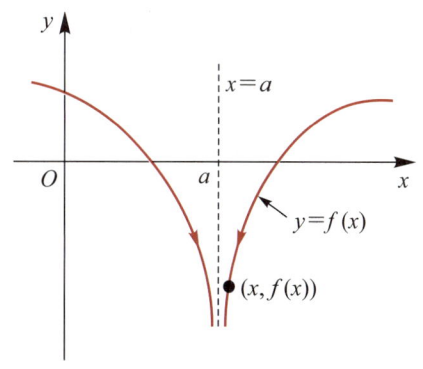

圖 1.10　$\lim\limits_{x \to a} f(x) = -\infty$

依照單邊極限的意義，讀者不難了解下列單邊極限的意義.

$$\lim_{x \to a^+} f(x) = \infty, \quad \lim_{x \to a^+} f(x) = -\infty,$$

$$\lim_{x \to a^-} f(x) = \infty, \quad \lim_{x \to a^-} f(x) = -\infty.$$

下面定理在求某些極限時相當好用.

◯ 定理 1.15

(1) 若 n 為正偶數，則

$$\lim_{x \to a} \frac{1}{(x-a)^n} = \infty.$$

(2) 若 n 為正奇數，則

$$\lim_{x \to a^+} \frac{1}{(x-a)^n} = \infty, \quad \lim_{x \to a^-} \frac{1}{(x-a)^n} = -\infty.$$

讀者應特別注意，由於 ∞ 與 $-\infty$ 並非是數，因此，當 $\lim_{x \to a} f(x) = \infty$ 或 $\lim_{x \to a} f(x) = -\infty$ 時，我們稱 $\lim_{x \to a} f(x)$ 不存在.

◯ 定理 1.16

若 $\lim_{x \to a} f(x) = \infty$, $\lim_{x \to a} g(x) = M$，則

(1) $\lim_{x \to a} [f(x) \pm g(x)] = \infty$

(2) $\lim_{x \to a} [f(x) g(x)] = \infty$, $\lim_{x \to a} \dfrac{f(x)}{g(x)} = \infty$ (若 $M > 0$)

(3) $\lim_{x \to a} [f(x) g(x)] = -\infty$, $\lim_{x \to a} \dfrac{f(x)}{g(x)} = -\infty$ (若 $M < 0$)

(4) $\lim_{x \to a} \dfrac{g(x)}{f(x)} = 0.$

上面定理中的 $x \to a$ 改成 $x \to a^+$ 或 $x \to a^-$ 時，仍可成立. 對於 $\lim_{x \to a} f(x) =$

$-\infty$，也可得出類似的定理.

【例題 1】 利用定理 1.16(2)

設 $f(x) = \dfrac{x+5}{x^2-4}$，試討論 $\lim\limits_{x \to 2^+} f(x)$ 與 $\lim\limits_{x \to 2^-} f(x)$．

【解】 首先將 $f(x)$ 寫成

$$f(x) = \frac{x+5}{(x-2)(x+2)} = \frac{1}{x-2} \cdot \frac{x+5}{x+2}$$

因 $\lim\limits_{x \to 2^+} \dfrac{1}{x-2} = \infty$，$\lim\limits_{x \to 2^+} \dfrac{x+5}{x+2} = \dfrac{7}{4}$

故可知 $\lim\limits_{x \to 2^+} f(x) = \lim\limits_{x \to 2^+} \left(\dfrac{1}{x-2} \cdot \dfrac{x+5}{x+2} \right) = \infty$

因 $\lim\limits_{x \to 2^-} \dfrac{1}{x-2} = -\infty$，$\lim\limits_{x \to 2^-} \dfrac{x+5}{x+2} = \dfrac{7}{4}$

故可知 $\lim\limits_{x \to 2^-} f(x) = \lim\limits_{x \to 2^-} \left(\dfrac{1}{x-2} \cdot \dfrac{x+5}{x+2} \right) = -\infty$．

○ 定義 1.8

若

(1) $\lim\limits_{x \to a^+} f(x) = \infty$ (2) $\lim\limits_{x \to a^-} f(x) = \infty$

(3) $\lim\limits_{x \to a^+} f(x) = -\infty$ (4) $\lim\limits_{x \to a^-} f(x) = -\infty$

中有一者成立，則稱直線 $x = a$ 為函數 f 之圖形的**垂直漸近線** (vertical asymptote)．

【例題 2】 利用例題 1

求函數 $f(x) = \dfrac{x+5}{x^2-4}$ 之圖形的垂直漸近線．

【解】 因 $\lim\limits_{x \to 2^+} f(x) = \lim\limits_{x \to 2^+} \dfrac{x+5}{x^2-4} = \infty$，$\lim\limits_{x \to -2^+} f(x) = \lim\limits_{x \to -2^+} \dfrac{x+5}{x^2-4} = -\infty$，

故直線 $x = 2$ 與 $x = -2$ 均為 f 之圖形的垂直漸近線．

我們從函數 $y = \tan x$ 的圖形可知，當 $x \to \left(\dfrac{\pi}{2}\right)^-$ 時，$\tan x \to \infty$；即，

$$\lim_{x \to \left(\frac{\pi}{2}\right)^-} \tan x = \infty$$

或當 $x \to \left(\dfrac{\pi}{2}\right)^+$ 時，$\tan x \to -\infty$；即，

$$\lim_{x \to \left(\frac{\pi}{2}\right)^+} \tan x = -\infty$$

這說明了直線 $x = \dfrac{\pi}{2}$ 是一條垂直漸近線．同理，直線 $x = \dfrac{(2n+1)\pi}{2}$ (n 為整數) 是所有的垂直漸近線．

另外，自然對數函數 $y = \ln x$ 有一條垂直漸近線，我們可從其圖形得知

$$\lim_{x \to 0^+} \ln x = -\infty$$

故直線 $x = 0$ (即，y-軸) 是一條垂直漸近線．事實上，一般對數函數 $y = \log_a x$ ($a > 1$) 的圖形有一條垂直漸近線 $x = 0$ (即，y-軸)．

【例題 3】 以 $(\ln x)^2$ 同除分子與分母

求 $\displaystyle\lim_{x \to 0^+} \dfrac{2 \ln x}{1 + (\ln x)^2}$．

【解】 $\displaystyle\lim_{x \to 0^+} \dfrac{2 \ln x}{1 + (\ln x)^2} = \lim_{x \to 0^+} \dfrac{\dfrac{2}{\ln x}}{\dfrac{1}{(\ln x)^2} + 1} = \dfrac{\displaystyle\lim_{x \to 0^+} \dfrac{2}{\ln x}}{\displaystyle\lim_{x \to 0^+} \left[\dfrac{1}{(\ln x)^2} + 1\right]}$

$= \dfrac{0}{0 + 1} = 0.$

○ 定義 1.9　直觀的定義

設函數 f 定義在開區間 (a, ∞)，L 為一實數．

$$\lim_{x \to \infty} f(x) = L$$

的意義為：當 x 充分大時，$f(x)$ 的值可任意趨近 L．

$\lim\limits_{x\to\infty}f(x)=L$ 也可記為:"當 $x\to\infty$ 時,$f(x)\to L$".

$\lim\limits_{x\to\infty}f(x)=L$ 常讀作:

"當 x 趨近無限大時,$f(x)$ 的極限為 L"

或"當 x 變成無限大時,$f(x)$ 的極限為 L"

或"當 x 無限遞增時,$f(x)$ 的極限為 L".

此定義的幾何說明如圖 1.11 所示.

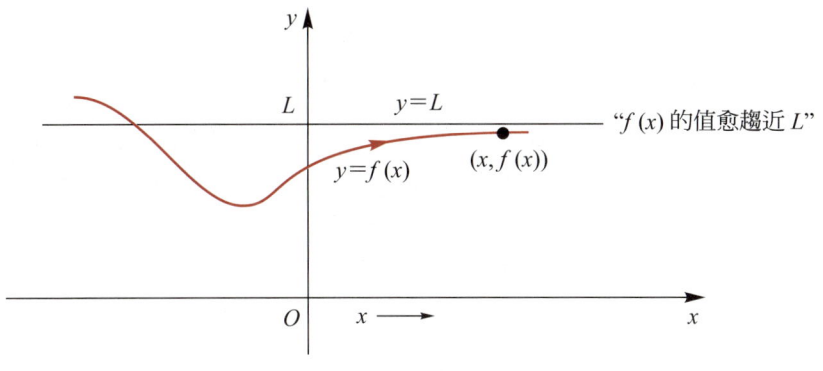

圖 1.11　$\lim\limits_{x\to\infty}f(x)=L$

○ 定義 1.10　直觀的定義

設函數 f 定義在開區間 $(-\infty, a)$,L 為一實數.

$$\lim_{x\to -\infty}f(x)=L$$

的意義為:當 x 充分小時,$f(x)$ 的值可任意趨近 L.

$\lim\limits_{x\to -\infty}f(x)=L$ 也可記為:"當 $x\to -\infty$ 時,$f(x)\to L$".

$\lim\limits_{x\to -\infty}f(x)=L$ 常讀作:

"當 x 趨近負無限大時,$f(x)$ 的極限為 L"

或"當 x 變成負無限大時,$f(x)$ 的極限為 L"

或"當 x 無限遞減時,$f(x)$ 的極限為 L".

此定義的幾何說明如圖 1.12 所示.

26 微積分

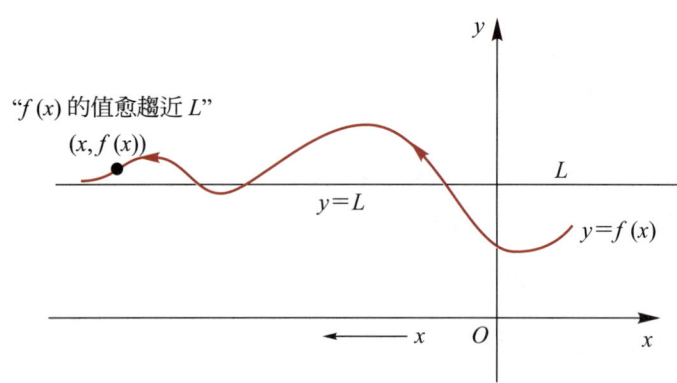

圖 1.12 $\lim\limits_{x\to-\infty}f(x)=L$

定理 1.1 與 定理 1.2 對 $x\to\infty$ 或 $x\to-\infty$ 的情形仍然成立．同理，定理 1.7 與夾擠定理對 $x\to\infty$ 或 $x\to-\infty$ 的情形也成立．我們不用證明也可得知

$$\lim_{x\to\infty}c=c, \quad \lim_{x\to-\infty}c=c$$

此處 c 為常數．

◯ 定理 1.17

若 r 為正有理數，c 為任意實數，則

(1) $\lim\limits_{x\to\infty}\dfrac{c}{x^r}=0$ (2) $\lim\limits_{x\to-\infty}\dfrac{c}{x^r}=0$

此處假設 x^r 有定義．

【例題 4】 利用定理 1.17(1)

求 $\lim\limits_{x\to\infty}\dfrac{x^2+x+6}{3x^2-4x+5}$．

【解】 $\lim\limits_{x\to\infty}\dfrac{x^2+x+6}{3x^2-4x+5}=\lim\limits_{x\to\infty}\dfrac{1+\dfrac{1}{x}+\dfrac{6}{x^2}}{3-\dfrac{4}{x}+\dfrac{5}{x^2}}=\dfrac{\lim\limits_{x\to\infty}\left(1+\dfrac{1}{x}+\dfrac{6}{x^2}\right)}{\lim\limits_{x\to\infty}\left(3-\dfrac{4}{x}+\dfrac{5}{x^2}\right)}$

$$= \frac{\lim\limits_{x\to\infty} 1 + \lim\limits_{x\to\infty} \dfrac{1}{x} + \lim\limits_{x\to\infty} \dfrac{6}{x^2}}{\lim\limits_{x\to\infty} 3 - \lim\limits_{x\to\infty} \dfrac{4}{x} + \lim\limits_{x\to\infty} \dfrac{5}{x^2}}$$

$$= \frac{1+0+0}{3+0+0} = \frac{1}{3}.$$

【例題 5】 有理化分子

求 $\lim\limits_{x\to\infty} (\sqrt{x^2+x} - x)$.

【解】
$$\lim_{x\to\infty} (\sqrt{x^2+x} - x) = \lim_{x\to\infty} \frac{(\sqrt{x^2+x} - x)(\sqrt{x^2+x} + x)}{\sqrt{x^2+x} + x}$$

$$= \lim_{x\to\infty} \frac{(x^2+x) - x^2}{\sqrt{x^2+x} + x} = \lim_{x\to\infty} \frac{x}{\sqrt{x^2+x} + x}$$

$$= \lim_{x\to\infty} \frac{1}{\sqrt{1+\dfrac{1}{x}} + 1}$$

$$= \frac{\lim\limits_{x\to\infty} 1}{\lim\limits_{x\to\infty}\left(\sqrt{1+\dfrac{1}{x}} + 1\right)} = \frac{1}{1+1} = \frac{1}{2}.$$

【例題 6】 以 x 同除分子與分母

求 $\lim\limits_{x\to\infty} \dfrac{\sqrt{x^2+2}}{3x+5}$.

【解】 在分子中，我們將 x 寫成 $x=\sqrt{x^2}$（因 x 為正值，故 $\sqrt{x^2}=|x|=x$），於是，

$$\lim_{x\to\infty} \frac{\sqrt{x^2+2}}{3x+5} = \lim_{x\to\infty} \frac{\dfrac{\sqrt{x^2+2}}{\sqrt{x^2}}}{\dfrac{3x+5}{x}} = \lim_{x\to\infty} \frac{\sqrt{1+\dfrac{2}{x^2}}}{3+\dfrac{5}{x}}$$

$$= \frac{\lim\limits_{x\to\infty}\sqrt{1+\dfrac{2}{x^2}}}{\lim\limits_{x\to\infty}\left(3+\dfrac{5}{x}\right)} = \frac{\sqrt{\lim\limits_{x\to\infty}\left(1+\dfrac{2}{x^2}\right)}}{\lim\limits_{x\to\infty}\left(3+\dfrac{5}{x}\right)}$$

$$= \frac{1+0}{3+0} = \frac{1}{3}.$$

【例題 7】 利用夾擠定理

求 (1) $\lim\limits_{x\to\infty}\dfrac{[\![x]\!]}{x}$ (2) $\lim\limits_{x\to\infty}\dfrac{\sin x}{x}$.

【解】 (1) 依高斯函數的定義，$x-1<[\![x]\!]\leq x$，可得

$$\frac{x-1}{x}<\frac{[\![x]\!]}{x}\leq 1 \text{ (因 } x>0\text{)}$$

又 $\lim\limits_{x\to\infty}\dfrac{x-1}{x}=1$，故 $\lim\limits_{x\to\infty}\dfrac{[\![x]\!]}{x}=1$.

(2) 因 $-1\leq\sin x\leq 1$，可知 $-\dfrac{1}{x}\leq\dfrac{\sin x}{x}\leq\dfrac{1}{x}$ $(x>0)$，

又 $\lim\limits_{x\to\infty}\dfrac{1}{x}=0$，故依夾擠定理可得 $\lim\limits_{x\to\infty}\dfrac{\sin x}{x}=0$.

◎ 定理 1.18

若　$f(x)=a_n x^n+a_{n-1}x^{n-1}+a_{n-2}x^{n-2}+\cdots+a_1 x+a_0$ $(a_n\neq 0)$
　　$g(x)=b_m x^m+b_{m-1}x^{m-1}+b_{m-2}x^{m-2}+\cdots+b_1 x+b_0$ $(b_m\neq 0)$

則　$\lim\limits_{x\to\infty}\dfrac{f(x)}{g(x)}=\begin{cases}\infty & \left(\text{若 } n>m \text{ 且 } \dfrac{a_n}{b_m}>0\right)\\ -\infty & \left(\text{若 } n>m \text{ 且 } \dfrac{a_n}{b_m}<0\right)\\ \dfrac{a_n}{b_m} & (\text{若 } n=m)\\ 0 & (\text{若 } n<m)\end{cases}$

【例題 8】 利用定理 1.18

(1) $\lim\limits_{x \to \infty} \dfrac{2x^4+3x^2+x+5}{3x^4+x^3-x^2+2x+1} = \dfrac{2}{3}$.

(2) $\lim\limits_{x \to \infty} \dfrac{5x^3+x^2+2x-1}{4x^4+x^3-x} = 0$.

● 定義 1.11

若

(1) $\lim\limits_{x \to \infty} f(x) = L$ (2) $\lim\limits_{x \to -\infty} f(x) = L$

中有一者成立，則稱直線 $y = L$ 為函數 f 之圖形的**水平漸近線** (horizontal asymptote)。

【例題 9】 利用定理 1.18

求 $f(x) = \dfrac{2x^2}{x^2+1}$ 之圖形的水平漸近線.

【解】 因 $\lim\limits_{x \to \infty} f(x) = \lim\limits_{x \to \infty} \dfrac{2x^2}{x^2+1} = \lim\limits_{x \to \infty} \dfrac{2}{1+\dfrac{1}{x^2}} = 2$

故直線 $y = 2$ 為 f 之圖形的水平漸近線.

我們從自然指數函數 $y = e^x$ 的圖形可知

$$\lim\limits_{x \to -\infty} e^x = 0$$

故其圖形有一條水平漸近線 $y = 0$ (即，x-軸)。事實上，一般指數函數 $y = a^x$ $(a > 0)$ 的圖形有一條水平漸近線 $y = 0$ (即，x-軸)。

【例題 10】 以 e^{-x} 同乘分子與分母

求 $\lim\limits_{x \to \infty} \dfrac{e^x + e^{-x}}{e^x - e^{-x}}$.

【解】 $$\lim_{x\to\infty} \frac{e^x+e^{-x}}{e^x-e^{-x}} = \lim_{x\to\infty} \frac{1+e^{-2x}}{1-e^{-2x}}$$ (以 e^{-x} 同乘分子與分母)

$$= \frac{\lim_{x\to\infty}(1+e^{-2x})}{\lim_{x\to\infty}(1-e^{-2x})} = 1.$$

習題 1.3

求 1～10 題中的極限.

1. $\lim\limits_{x\to\infty} \dfrac{3x^2-x+1}{6x^2+2x-7}$

2. $\lim\limits_{x\to\infty} \dfrac{2x^2-x+3}{x^3-1}$

3. $\lim\limits_{x\to-\infty} \dfrac{(2x+5)(3x+1)}{(x+7)(4x-9)}$

4. $\lim\limits_{x\to-\infty} \dfrac{5x^3-3x}{x^2+1}$

5. $\lim\limits_{x\to\infty} \dfrac{3x-4}{\sqrt{x^2+1}}$

6. $\lim\limits_{x\to\infty} (x-\sqrt{x^2-3x})$

7. $\lim\limits_{x\to-\infty} \dfrac{1+\sqrt[5]{x}}{1-\sqrt[5]{x}}$

8. $\lim\limits_{x\to-\infty} \cos\left(\dfrac{\pi x^2}{3+2x^2}\right)$

9. $\lim\limits_{x\to-\infty} \dfrac{e^x+e^{-x}}{e^x-e^{-x}}$

10. $\lim\limits_{x\to-\infty} \dfrac{2-x}{x+\cos x}$

11. (1) 試解釋下列的計算為何不正確.

$$\lim_{x\to 0^+}\left(\frac{1}{x}-\frac{1}{x^2}\right) = \lim_{x\to 0^+}\frac{1}{x} - \lim_{x\to 0^+}\frac{1}{x^2} = \infty - \infty = 0.$$

(2) 計算 $\lim\limits_{x\to 0^+}\left(\dfrac{1}{x}-\dfrac{1}{x^2}\right)$.

找出 12～13 題中各函數圖形的所有漸近線.

12. $f(x) = \dfrac{x^2}{9-x^2}$

13. $f(x) = \dfrac{2x^2+3x+5}{x^2+2x-3}$

2

導函數

2.1　導函數

在介紹過極限與連續的觀念之後，從本章開始，正式進入微分學的範疇．在本章中，我們將詳述導函數的觀念，而導函數就是研究變化率的基本數學工具．

我們複習一下以前所遇到過的觀念．若 $P(a, f(a))$ 與 $Q(x, f(x))$ 為函數 f 之圖形上的相異兩點，則連接 P 與 Q 之割線的斜率為

$$m_{\overleftrightarrow{PQ}} = \frac{f(x)-f(a)}{x-a} \tag{2.1}$$

[見圖 2.1(i)]．若令 x 趨近 a，則 Q 將沿著 f 的圖形趨近 P，且通過 P 與 Q 的割線將趨近在 P 的切線 L．於是，當 x 趨近 a 時，割線的斜率將趨近切線的斜率 m，所以，由 (2.1) 式，

$$m = \lim_{x \to a} \frac{f(x)-f(a)}{x-a} \tag{2.2}$$

另外，若令 $h = x-a$，則 $x = a+h$，而當 $x \to a$ 時，$h \to 0$．於是，(2.2) 式又可寫成

$$m = \lim_{h \to 0} \frac{f(a+h)-f(a)}{h} \tag{2.3}$$

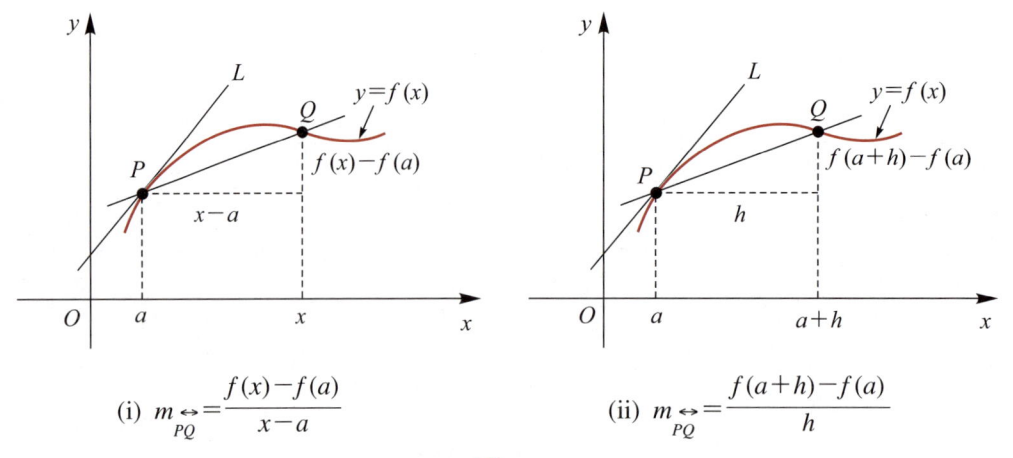

$$\text{(i)}\ m_{\overleftrightarrow{PQ}} = \frac{f(x)-f(a)}{x-a} \qquad \text{(ii)}\ m_{\overleftrightarrow{PQ}} = \frac{f(a+h)-f(a)}{h}$$

圖 2.1

[見圖 2.1(ii)].

○ 定義 2.1

若 $P(a, f(a))$ 為函數 f 的圖形上一點，則在點 P 之切線的**斜率** (slope) 為

$$m = \lim_{h \to 0} \frac{f(a+h)-f(a)}{h}$$

倘若上面的極限存在.

【例題 1】 利用定義 2.1

求拋物線 $y = x^2$ 在點 $(2, 4)$ 之切線的斜率與切線方程式.

【解】 斜率為

$$m = \lim_{h \to 0} \frac{f(2+h)-f(2)}{h} = \lim_{h \to 0} \frac{(2+h)^2 - 2^2}{h}$$

$$= \lim_{h \to 0} \frac{4+4h+h^2-4}{h} = \lim_{h \to 0} \frac{4h+h^2}{h}$$

$$= \lim_{h \to 0} (4+h) = 4$$

故利用點斜式可得切線方程式為

$$y - 4 = 4(x-2)$$

即, $\quad 4x - y - 4 = 0.$

定義 2.2

函數 f 在 a 的**導數** (derivative),記為 $f'(a)$,定義如下:

$$f'(a) = \lim_{h \to 0} \frac{f(a+h)-f(a)}{h}$$

或

$$f'(a) = \lim_{x \to a} \frac{f(x)-f(a)}{x-a}$$

倘若上面的極限存在.

若 $f'(a)$ 存在,則稱函數 f 在 a 為**可微分** (differentiable) 或有**導數**. 若在開區間 (a, b) [或 (a, ∞) 或 $(-\infty, a)$ 或 $(-\infty, \infty)$] 中之每一數均為可微分,則稱在該區間為**可微分**.

特別注意,若函數 f 在 a 為可微分,則由定義 2.1 與定義 2.2 可知

$$f'(a) = \lim_{h \to 0} \frac{f(a+h)-f(a)}{h} = m$$

換句話說,在幾何意義上,$f'(a)$ 為曲線 $y = f(x)$ 在點 $(a, f(a))$ 的切線的斜率.

【例題 2】 利用導數的定義

若 $f(x) = \dfrac{x(1+x)(2+x)(3+x)}{(1-x)(2-x)(3-x)}$,求 $f'(0)$.

【解】 $f'(0) = \lim\limits_{x \to 0} \dfrac{f(x)-f(0)}{x-0} = \lim\limits_{x \to 0} \dfrac{\dfrac{x(1+x)(2+x)(3+x)}{(1-x)(2-x)(3-x)}}{x}$

$= \lim\limits_{x \to 0} \dfrac{(1+x)(2+x)(3+x)}{(1-x)(2-x)(3-x)} = \dfrac{1 \cdot 2 \cdot 3}{1 \cdot 2 \cdot 3}$

$= 1.$

○ 定義 2.3

函數 f' 稱為函數 f 的**導函數** (derivative)，定義如下：

$$f'(x) = \lim_{h \to 0} \frac{f(x+h) - f(x)}{h}$$

倘若上面的極限存在.

在定義 2.3 中，f' 的定義域是由使得該極限存在之所有 x 組成的集合，但與 f 的定義域不一定相同.

【例題 3】 **直線的切線就是本身**

我們從幾何觀點顯然可知，在直線 $y = mx + b$ 上每一點的切線與該直線本身一致，因而斜率為 m. 所以，若 $f(x) = mx + b$，則

$$\begin{aligned}
f'(x) &= \lim_{h \to 0} \frac{f(x+h) - f(x)}{h} \\
&= \lim_{h \to 0} \frac{[m(x+h) + b] - (mx + b)}{h} \\
&= \lim_{h \to 0} \frac{mh}{h} = m.
\end{aligned}$$

求函數的導函數稱為對該函數**微分** (differentiate)，其過程稱為**微分法** (differentiation). 通常，在自變數為 x 的情形下，常用的**微分算子** (differentiation operator) 有 D_x 與 $\dfrac{d}{dx}$，當它作用到函數 f 上時，就產生了新函數 f'. 因而常用的導函數符號如下：

$$f'(x) = \frac{d}{dx} f(x) = \frac{df(x)}{dx} = D_x f(x)$$

$D_x f(x)$ 或 $\dfrac{d}{dx} f(x)$ 唸成 "f 對 x 的導函數" 或 "f 對 x 微分". 若 $y = f(x)$，則 $f'(x)$ 又可寫成 y'，或 $\dfrac{dy}{dx}$ 或 $D_x y$.

註：符號 $\dfrac{dy}{dx}$ 是由萊布尼茲所提出．

又，我們對函數 f 在 a 的導數 $f'(a)$ 常常寫成如下：

$$f'(a)=f'(x)|_{x=a}=D_x f(x)|_{x=a}=\dfrac{d}{dx}f(x)|_{x=a}.$$

我們在前面曾討論到，若 $\lim\limits_{h\to 0}\dfrac{f(a+h)-f(a)}{h}$ 存在，則定義此極限為 $f'(a)$．如果我們只限制 $h\to 0^+$ 或 $h\to 0^-$，此時就產生**單邊導數** (one-sided derivative) 的觀念了．

○ 定義 2.4

(1) 若 $\lim\limits_{h\to 0^+}\dfrac{f(a+h)-f(a)}{h}$ 或 $\lim\limits_{x\to a^+}\dfrac{f(x)-f(a)}{x-a}$ 存在，則稱此極限為 f 在 a 的

右導數 (right-hand derivative)，記為：

$$f'_+(a)=\lim_{h\to 0^+}\dfrac{f(a+h)-f(a)}{h} \quad 或 \quad f'_+(a)=\lim_{x\to a^+}\dfrac{f(x)-f(a)}{x-a}.$$

(2) 若 $\lim\limits_{h\to 0^-}\dfrac{f(a+h)-f(a)}{h}$ 或 $\lim\limits_{x\to a^-}\dfrac{f(x)-f(a)}{x-a}$ 存在，則稱此極限為 f 在 a 的

左導數 (left-hand derivative)，記為：

$$f'_-(a)=\lim_{h\to 0^-}\dfrac{f(a+h)-f(a)}{h} \quad 或 \quad f'_-(a)=\lim_{x\to a^-}\dfrac{f(x)-f(a)}{x-a}.$$

由定義 2.4，讀者應注意到，若函數 f 在 (a,∞) 為可微分且 $f'_+(a)$ 存在，則稱函數 f 在 $[a,\infty)$ 為可微分．同理，函數 f 在 $(-\infty,a)$ 為可微分且 $f'_-(a)$ 存在，則稱函數 f 在 $(-\infty,a]$ 為可微分．又，若函數 f 在 (a,b) 為可微分且 $f'_+(a)$ 與 $f'_-(b)$ 皆存在，則稱 f 在 $[a,b]$ 為可微分．很明顯地，

$$f'(c) \text{ 存在} \Leftrightarrow f'_+(c) \text{ 與 } f'_-(c) \text{ 皆存在且 } f'_+(c)=f'_-(c)$$

若函數在其定義域內各處皆為可微分，則稱該函數為**可微分函數** (differentiable function)．

【例題 4】 右導數不等於左導數

函數 $f(x)=|x|$ 在 $x=0$ 是否可微分？

【解】
$$f'_+(0)=\lim_{x\to 0^+}\frac{f(x)-f(0)}{x-0}=\lim_{x\to 0^+}\frac{|x|-0}{x-0}$$
$$=\lim_{x\to 0^+}\frac{|x|}{x}=\lim_{x\to 0^+}\frac{x}{x}$$
$$=1$$

又
$$f'_-(0)=\lim_{x\to 0^-}\frac{f(x)-f(0)}{x-0}=\lim_{x\to 0^-}\frac{|x|-0}{x-0}$$
$$=\lim_{x\to 0^-}\frac{|x|}{x}=\lim_{x\to 0^-}\frac{-x}{x}$$
$$=-1$$

由於 $f'_+(0) \neq f'_-(0)$，故 $f'(0)$ 不存在，亦即，$f(x)$ 在 $x=0$ 為不可微分．

○ 定理 2.1

若函數 f 在 a 為可微分，則 f 在 a 為連續．

證　設 $x \neq a$，則 $f(x)=\dfrac{f(x)-f(a)}{x-a}(x-a)+f(a)$，可得

$$\lim_{x\to a}f(x)=\left[\lim_{x\to a}\frac{f(x)-f(a)}{x-a}(x-a)+f(a)\right]$$
$$=\left[\lim_{x\to a}\frac{f(x)-f(a)}{x-a}\right]\cdot\lim_{x\to a}(x-a)+\lim_{x\to a}f(a)$$
$$=f'(a)\cdot 0+f(a)=f(a)$$

故 f 在 a 為連續．

定理 2.1 的逆敘述不一定成立，即，雖然函數 f 在 a 為連續，但不能保證 f 在 a 為可微分．例如，函數 $f(x)=|x|$ 在 $x=0$ 為連續但不可微分 (例題 4)．

讀者應注意下列的性質：

$$函數\ f\ 在\ a\ 為可微分 \Rightarrow f\ 在\ a\ 為連續 \Rightarrow \lim_{x \to a} f(x)\ 存在.$$

○ 定義 2.5

若函數 f 在 a 為連續且 $\lim\limits_{x \to a} |f'(x)| = \infty$，則 f 的圖形在點 $(a, f(a))$ 有一條**垂直切線** (vertical tangent line)。

通常，我們所遇到函數 f 的不可微分之處 a 所對應的點 $(a, f(a))$ 可以分類成：

1. 折點 (含尖點)
2. 具有垂直切線的點
3. 斷點

圖 2.2 的四個函數在 a 的導數皆不存在，所以它們在 a 當然不可微分．

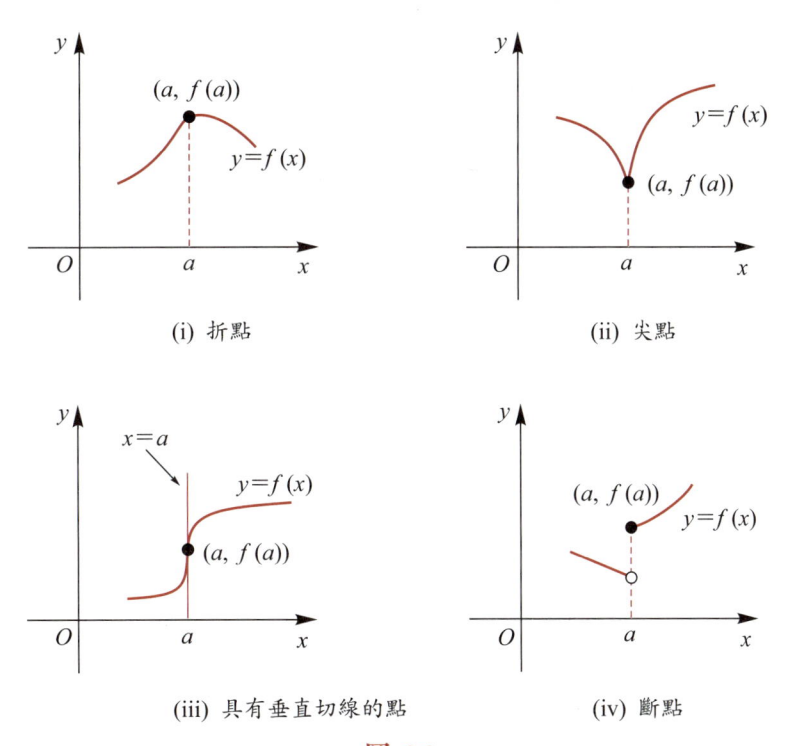

(i) 折點

(ii) 尖點

(iii) 具有垂直切線的點

(iv) 斷點

圖 2.2

函數 $f(x)=|x|$ 在 $x=0$ 不可微分，此結果在幾何上很顯然，因為它的圖形在原點有一個折點 (圖 2.3)。

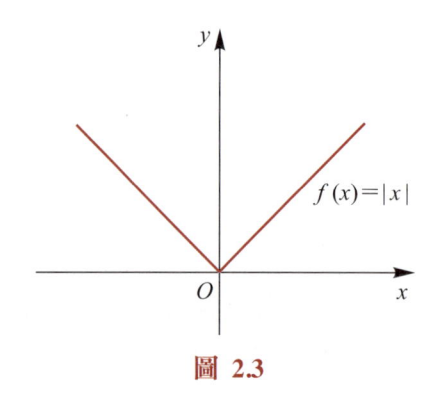

圖 2.3

習題 2.1

1. 求拋物線 $y=2x^2-3x$ 在點 $(2, 2)$ 之切線與法線的方程式．

2. 求 $f(x)=\dfrac{2}{x-2}$ 的圖形在點 $(0, -1)$ 之切線與法線的方程式．

3. 求曲線 $y=\sqrt{x-1}$ 上切線斜角為 $\dfrac{\pi}{4}$ 之點的坐標．

4. 在曲線 $y=x^2-2x+5$ 上哪一點的切線垂直於直線 $y=x$？

5. 若 $f(x)=\dfrac{(x-1)(x-2)(x-3)(x-5)}{x-4}$，求 $f'(1)$．

6. 設函數 $f(x)$ 在 $x=1$ 為可微分且 $\lim\limits_{h\to 0}\dfrac{f(1+h)}{h}=5$，求 $f(1)$ 與 $f'(1)$．

7. 函數 $f(x)=\begin{cases} x^2+2 & (x\le 1) \\ 3x & (x>1) \end{cases}$ 在 $x=1$ 是否可微分？

8. 函數 $f(x)=\begin{cases} -2x^2+4 & (x<1) \\ x^2+1 & (x\ge 1) \end{cases}$ 在 $x=1$ 是否可微分？

9. 函數 $f(x)=|x^2-4|$ 在 $x=2$ 是否可微分？

2.2 微分的法則

在求一個函數的導函數時，若依導函數的定義去做，則相當繁雜. 在本節中，我們要導出一些法則，而利用這些法則，可以很容易地將導函數求出來.

○ 定理 2.2

若 f 為常數函數，即，$f(x)=k$，則

$$\frac{d}{dx}f(x)=\frac{d}{dx}k=0.$$

○ 定理 2.3　冪法則 (power rule)

若 n 為正整數，則

$$\frac{d}{dx}x^n=nx^{n-1}.$$

在定理 2.3 中，若 n 為任意實數時，結論仍可成立，即，

$$\frac{d}{dx}x^n=nx^{n-1},\ n\in I\!R.$$

【例題 1】　利用冪法則

$$\frac{d}{dx}x^3=3x^2,\ \frac{d}{dx}x^{-3}=-3x^{-4},$$

$$\frac{d}{dx}\sqrt{x}=\frac{d}{dx}(x^{1/2})=\frac{1}{2}x^{-1/2}=\frac{1}{2\sqrt{x}},$$

$$\frac{d}{dx}x^\pi=\pi x^{\pi-1}.$$

【例題 2】　先去掉絕對值符號

若 $f(x)=|x^3|$，求 $f'(x)$.

【解】　(1) 當 $x>0$ 時，$f(x)=|x^3|=x^3$，$f'(x)=3x^2$.

(2) 當 $x<0$ 時，$f(x)=|x^3|=-x^3$，$f'(x)=-3x^2$.

(3) 當 $x=0$ 時，依定義，

$$\lim_{x\to 0^+}\frac{f(x)-f(0)}{x-0}=\lim_{x\to 0^+}\frac{x^3}{x}=\lim_{x\to 0^+}x^2=0$$

$$\lim_{x\to 0^-}\frac{f(x)-f(0)}{x-0}=\lim_{x\to 0^-}\frac{-x^3}{x}=\lim_{x\to 0^-}(-x^2)=0$$

可得 $f'(x)=0$.

所以，$f'(x)=\begin{cases}-3x^2, & \text{若 } x<0\\ 0, & \text{若 } x=0\\ 3x^2, & \text{若 } x>0\end{cases}$.

定理 2.4

若 f 與 g 均為可微分函數，c 為常數，則

$$\frac{d}{dx}[cf(x)]=c\frac{d}{dx}f(x)$$

$$\frac{d}{dx}[f(x)+g(x)]=\frac{d}{dx}f(x)+\frac{d}{dx}g(x)$$

$$\frac{d}{dx}[f(x)-g(x)]=\frac{d}{dx}f(x)-\frac{d}{dx}g(x)$$

$$\frac{d}{dx}[f(x)g(x)]=f(x)\frac{d}{dx}g(x)+g(x)\frac{d}{dx}f(x)$$

$$\frac{d}{dx}\left[\frac{f(x)}{g(x)}\right]=\frac{g(x)\frac{d}{dx}f(x)-f(x)\frac{d}{dx}g(x)}{[g(x)]^2}$$

若 $f_1, f_2, \cdots, f_n$ 均為可微分函數，$c_1, c_2, \cdots, c_n$ 均為常數，則 $c_1f_1+c_2f_2+\cdots+c_nf_n$ 也為可微分函數，且

$$\frac{d}{dx}[c_1f_1(x)+c_2f_2(x)+\cdots+c_nf_n(x)]$$

$$= c_1 \frac{d}{dx} f_1(x) + c_2 \frac{d}{dx} f_2(x) + \cdots + c_n \frac{d}{dx} f_n(x).$$

若 $f_1, f_2, \cdots, f_n$ 均為可微分函數，則 $f_1 f_2 \cdots f_n$ 也為可微分函數，且

$$\frac{d}{dx}(f_1 f_2 \cdots f_n) = \left(\frac{d}{dx} f_1\right) f_2 \cdots f_n + f_1 \left(\frac{d}{dx} f_2\right) f_3 \cdots f_n + f_1 f_2 \cdots \left(\frac{d}{dx} f_n\right)$$

$$= f_1 f_2 \cdots f_n \left(\frac{\frac{d}{dx} f_1}{f_1} + \frac{\frac{d}{dx} f_2}{f_2} + \cdots + \frac{\frac{d}{dx} f_n}{f_n}\right)$$

$$= f_1 f_2 \cdots f_n \left(\frac{f_1'}{f_1} + \frac{f_2'}{f_2} + \cdots + \frac{f_n'}{f_n}\right). \tag{2.4}$$

【例題 3】 利用微分的乘法法則

若 $f(x) = (5x+6)(4x^3-3x+2)$，求 $f'(x)$.

【解】
$$f'(x) = \frac{d}{dx}[(5x+6)(4x^3-3x+2)]$$

$$= (5x+6)\frac{d}{dx}(4x^3-3x+2) + (4x^3-3x+2)\frac{d}{dx}(5x+6)$$

$$= (5x+6)(12x^2-3) + 5(4x^3-3x+2)$$

$$= 80x^3 + 72x^2 - 30x - 8. \quad \blacktriangleright\blacktriangleright$$

【例題 4】 利用 (2.4) 式

若 $f(x) = (x+2)(2x+3)(3x+4)(4x+5)$，求 $f'(x)$.

【解】
$$f'(x) = \frac{d}{dx}[(x+2)(2x+3)(3x+4)(4x+5)]$$

$$= (x+2)(2x+3)(3x+4)(4x+5)\left(\frac{1}{x+2} + \frac{2}{2x+3} + \frac{3}{3x+4} + \frac{4}{4x+5}\right). \quad \blacktriangleright\blacktriangleright$$

【例題 5】 利用微分的除法法則

若 $y = \dfrac{1-x}{1+x^2}$，求 $\dfrac{dy}{dx}$.

【解】
$$\frac{dy}{dx} = \frac{d}{dx}\left(\frac{1-x}{1+x^2}\right) = \frac{(1+x^2)\frac{d}{dx}(1-x)-(1-x)\frac{d}{dx}(1+x^2)}{(1+x^2)^2}$$

$$= \frac{(1+x^2)(-1)-(1-x)(2x)}{(1+x^2)^2} = \frac{-1-x^2-2x+2x^2}{(1+x^2)^2}$$

$$= \frac{x^2-2x-1}{(1+x^2)^2}.$$

【例題 6】 **利用導數**

若拋物線 $y = ax^2 + bx$ 在點 (1, 5) 的切線斜率為 8，求 a 與 b 的值.

【解】 $\dfrac{dy}{dx} = 2ax + b$. 當 $x = 1$ 時，$2a + b = 8$.

又點 (1, 5) 在拋物線上，所以 $a + b = 5$.

解方程組 $\begin{cases} 2a+b=8 \\ a+b=5 \end{cases}$，可得 $a = 3$, $b = 2$.

【例題 7】 **水平切線的斜率為零**

曲線 $y = x^4 - 2x^2 + 2$ 於何處有水平切線？

【解】 $\dfrac{dy}{dx} = \dfrac{d}{dx}(x^4 - 2x^2 + 2) = 4x^3 - 4x = 4x(x^2 - 1)$

令 $\dfrac{dy}{dx} = 0$，即，$4x(x^2 - 1) = 0$，得：$x = 0$, 1, -1.

當 $x = 0$ 時，$y = 2$.

當 $x = 1$ 時，$y = 1 - 2 + 2 = 1$.

當 $x = -1$ 時，$y = (-1)^4 - 2(-1)^2 + 2 = 1$.

故曲線在點 (0, 2)、(1, 1) 與 (−1, 1) 有水平切線.

◯ 定理 2.5　一般冪法則

若 f 為可微分函數，n 為正整數，則 f^n 也為可微分函數，且

$$\frac{d}{dx}[f(x)]^n = n[f(x)]^{n-1}\frac{d}{dx}f(x)$$

定理 2.5 在 n 為實數時仍可成立.

【例題 8】 利用一般冪法則

若 $f(x)=(x^2-2x+5)^{20}$, 求 $f'(x)$.

【解】 $f'(x)=\dfrac{d}{dx}(x^2-2x+5)^{20}=20(x^2-2x+5)^{19}\dfrac{d}{dx}(x^2-2x+5)$

$=40(x^2-2x+5)^{19}(x-1)$.

【例題 9】 利用一般冪法則

若 $y=\sqrt{x+\sqrt{x}}$, 求 $\dfrac{dy}{dx}$.

【解】 $\dfrac{dy}{dx}=\dfrac{d}{dx}(x+\sqrt{x})^{1/2}=\dfrac{1}{2}(x+\sqrt{x})^{-1/2}\dfrac{d}{dx}(x+\sqrt{x})$

$=\dfrac{1}{2\sqrt{x+\sqrt{x}}}\left(1+\dfrac{d}{dx}\sqrt{x}\right)=\dfrac{1}{2\sqrt{x+\sqrt{x}}}\left(1+\dfrac{1}{2\sqrt{x}}\right)$

$=\dfrac{2\sqrt{x}+1}{4\sqrt{x}\sqrt{x+\sqrt{x}}}$.

若函數 f 的導函數 f' 為可微分, 則 f' 的導函數記為 f'', 稱為 f 的**二階導函數** (second derivative). 只要有可微分性, 我們就可以將導函數的微分過程繼續下去, 而求得 f 的三、四、五, 甚至更高階的導函數. f 之依次的導函數記為

f' (f 的一階導函數)

$f''=(f')'$ (f 的二階導函數)

$f'''=(f'')'$ (f 的三階導函數)

$f^{(4)}=(f''')'$ (f 的四階導函數)

$f^{(5)}=(f^{(4)})'$ (f 的五階導函數)

$\vdots$ $\vdots$

$f^{(n)}=(f^{(n-1)})'$ (f 的 n 階導函數)

在 f 為 x 之函數的情形下, 若利用算子 D_x 與 $\dfrac{d}{dx}$ 來表示, 則

$$f'(x) = D_x f(x) = \frac{d}{dx} f(x)$$

$$f''(x) = D_x(D_x f(x)) = D_x^2 f(x) = \frac{d}{dx}\left(\frac{d}{dx} f(x)\right) = \frac{d^2}{dx^2} f(x) = \frac{d^2 f(x)}{dx^2}$$

$$f'''(x) = D_x(D_x^2 f(x)) = D_x^3 f(x) = \frac{d}{dx}\left(\frac{d^2}{dx^2} f(x)\right) = \frac{d^3}{dx^3} f(x) = \frac{d^3 f(x)}{dx^3}$$

$$\vdots \qquad \vdots$$

$$f^{(n)}(x) = D_x^n f(x) = \frac{d^n}{dx^n} f(x) = \frac{d^n f(x)}{dx^n}, \quad 此讀作 \text{``}f\text{ 對 }x\text{ 的 }n\text{ 階導函數''}.$$

在論及函數 f 的高階導函數時，為方便起見，通常規定 $f^{(0)} = f$，即，f 的零階導函數為其本身．

【例題 10】逐次微分

若　　　　$f(x) = 4x^3 + 2x^2 - 6x + 5,$

則　　　　$f'(x) = 12x^2 + 4x - 6$

　　　　　$f''(x) = 24x + 4$

　　　　　$f'''(x) = 24$

　　　　　$f^{(4)}(x) = 0$

　　　　　　$\vdots$

　　　　　$f^{(n)}(x) = 0 \ (n \geq 4).$

【例題 11】逐次微分

若 $f(x) = \dfrac{1}{x}$，求 $f^{(n)}(x)$．

【解】　$f'(x) = (-1)x^{-2}$

　　　　　$f''(x) = (-1)(-2)x^{-3}$

　　　　　$f'''(x) = (-1)(-2)(-3)x^{-4}$

　　　　　　$\vdots$

　　　　　$f^{(n)}(x) = (-1)(-2)(-3)\cdots(-n)x^{-n-1} = (-1)^n n!\, x^{-n-1}.$

習題 2.2

在 1～8 題中求 $\dfrac{dy}{dx}$．

1. $y = 3x^6 + 2x^3 + 5$

2. $y = (3x^2 + 5)\left(2x - \dfrac{1}{2}\right)$

3. $y = (2 - x - 3x^3)(7 + x^5)$

4. $y = (x^2 + 1)(x - 1)(x + 5)$

5. $y = (x^5 + 2x)^3$

6. $y = \dfrac{1}{(x^2 + x)^2}$

7. $y = \dfrac{1 - 2x}{1 + 2x}$

8. $y = \dfrac{x^2 + 1}{3x}$

9. 若 $f(3) = 4$，$g(3) = 2$，$f'(3) = -6$，$g'(3) = 5$，試求下列各值．

   (1) $(fg)'(3)$ (2) $\left(\dfrac{f}{g}\right)'(3)$ (3) $\left(\dfrac{f}{f - g}\right)'(3)$

10. 已知 $s = \dfrac{t}{t^3 + 7}$，求 $\left.\dfrac{ds}{dt}\right|_{t = -1}$．

11. 若直線 $y = 2x$ 與拋物線 $y = x^2 + k$ 相切，求 k．

12. 在 $y = \dfrac{1}{3}x^3 - \dfrac{3}{2}x^2 + 2x$ 的圖形上何處有水平切線？

在 13～14 題中求 $\dfrac{d^2 y}{dx^2}$．

13. $y = \dfrac{x}{1 + x^2}$

14. $y = \sqrt{x^2 + 1}$

15. 令 $f(x) = x^5 - 2x + 3$，求 $\lim\limits_{h \to 0} \dfrac{f'(2 + h) - f'(2)}{h}$．

16. 求一個二次函數 $f(x)$，使得 $f(1) = 5$，$f'(1) = 3$，$f''(1) = -4$．

17. 假設 $f(x) = \begin{cases} x^2 - 1, & x \leq 1 \\ k(x - 1), & x > 1 \end{cases}$，則對於什麼 k 值，f 為可微分？

18. 找出 a、b、c 與 d 的關係使得三次函數 $f(x)=ax^3+bx^2+cx+d$ 的圖形
    (1) 恰有兩條水平切線.
    (2) 恰有一條水平切線.
    (3) 無水平切線.

19. 若 $y=4x^4+2x^3+3x-5$，求 $y'''(0)$.

20. 若 $y=\dfrac{3}{x^4}$，求 $\dfrac{d^4y}{dx^4}\bigg|_{x=1}$.

21. 若 $f(x)=\dfrac{1-x}{1+x}$，求 $f^{(n)}(x)$，n 為正整數.

22. 設 n 與 k 皆為正整數.
    (1) 若 $f(x)=x^n$，求 $f^{(n)}(x)$.
    (2) 若 $f(x)=x^k$，$n>k$，求 $f^{(n)}(x)$.
    (3) 若 $f(x)=a_nx^n+\cdots+a_1x+a_0$，求 $f^{(n)}(x)$.

23. 試證：對不同的 a 與 b，拋物線 $y=x^2$ 在 $x=\dfrac{1}{2}(a+b)$ 處的切線斜率恆等於通過兩點 (a, a^2) 與 (b, b^2) 的割線斜率.

2.3 視導函數為變化率

　　大部分在日常生活中遇到的量均隨時間而改變，特別是在科學研究的領域中．舉例來說，化學家或許會對某物在水中的溶解速率感到興趣，電子工程師或許希望知道電路中電流的變化率，生物學家可能正在研究培養基中細菌增加或減少的速率，除此，尚有許多其他自然科學領域以外的例子．

　　若某變數由一值變到另一值，則它的最後值減去最初值稱為該變數的**增量** (increment)．在微積分中，我們習慣以符號 Δx (讀作 "delta x") 表示變數 x 的增量，在此記號中，"Δx" 不是 "Δ" 與 "x" 的乘積，Δx 只是代表 x 值的改變的單一符號．同理，Δy、Δt 與 $\Delta \theta$ 等，分別表示變數 y、t 與 θ 等的增量．

○ 定義 2.6

設 $w=f(t)$ 為可微分函數，t 代表時間.

(1) $w=f(t)$ 在時間區間 $[t, t+h]$ 上的**平均變化率** (average rate of change) 為

$$\frac{\Delta w}{\Delta t} = \frac{f(t+h)-f(t)}{h}$$

(2) $w=f(t)$ 對 t 的 **(瞬時) 變化率** [(instantaneous) rate of change] 為

$$\frac{dw}{dt} = \lim_{\Delta t \to 0} \frac{\Delta w}{\Delta t} = \lim_{h \to 0} \frac{f(t+h)-f(t)}{h} = f'(t).$$

【例題 1】 利用定義 2.6

一科學家發現某物質被加熱 t 分鐘後的攝氏溫度為 $f(t)=30t+6\sqrt{t}+8$，其中 $0 \le t \le 5$.

(1) 求 $f(t)$ 在時間區間 $[4, 4.41]$ 上的平均變化率.

(2) 求 $f(t)$ 在 $t=4$ 的變化率.

【解】 (1) f 在 $[4, 4.41]$ 上的平均變化率為

$$\frac{f(4.41)-f(4)}{0.41} = \frac{30(4.41)+6\sqrt{4.41}+8-(120+12+8)}{0.41}$$

$$= \frac{12.9}{0.41} \approx 31.46 \ (°C／分).$$

(2) 因 f 在 t 的變化率為 $f'(t)=30+\dfrac{3}{\sqrt{t}}$，故

$$f'(4)=30+\frac{3}{2}=31.5 \ (°C／分).$$

【例題 2】 利用定義 2.6(2)

氣體的波義耳定律為 $PV=k$，其中 P 表壓力，V 表體積，k 為常數. 假設在時間 t (以分計) 時，壓力為 $20+2t$ 克／平方厘米，其中 $0 \le t \le 10$，若在 $t=0$ 時，體積為 60 立方厘米. 試問在 $t=5$ 時，體積對 t 的變化率為何？

【解】 因 $PV=k$, $P=20+2t$, 故 $V=\dfrac{k}{P}=\dfrac{k}{20+2t}$.

依題意, $V(0)=\dfrac{k}{20}=60$, 可得 $k=1200$,

因而 $V(t)=\dfrac{1200}{20+2t}=\dfrac{600}{10+t}$. 又 $V'(t)=-\dfrac{600}{(10+t)^2}$,

故 $V'(5)=-\dfrac{600}{(10+5)^2}=-\dfrac{600}{225}=-\dfrac{8}{3}$ (立方厘米／分). ▶▶

利用變化率的觀念，我們可以研究質點的直線運動。如圖 2.4 所示，L 表坐標線 (即 x-軸)，O 表原點，若質點 P 在時間 t 的坐標為 $s(t)$，則稱 $s(t)$ 為 P 的**位置函數** (position function)。

圖 2.4

○ 定義 2.7

設坐標線 L 上一質點 P 在時間 t 的位置函數為 $s(t)$.

(1) P 的**速度函數** (velocity function) 為 $v(t)=s'(t)$.

(2) P 在時間 t 的**速率** (speed) 為 $|v(t)|$.

(3) P 的**加速度函數** (acceleration function) 為 $a(t)=v'(t)$.

【例題 3】 利用定義 2.7

若沿著直線運動的質點的位置 (以呎計) 為 $s(t)=4t^2-3t+1$，其中 t 是以秒計，求它在 $t=2$ 的位置、速度與加速度.

【解】 (1) 在 $t=2$ 的位置為 $s(2)=16-6+1=11$ (呎).

(2) $v(t)=s'(t)=8t-3$, 在 $t=2$ 的速度為 $v(2)=16-3=13$ (呎／秒).

(3) $a(t)=v'(t)=8$, 在 $t=2$ 的加速度為 $a(2)=8$ (呎／秒^2). ▶▶

【例題 4】 在最大高度時的速度為零

某砲彈以 400 呎／秒的速度垂直向上發射，在 t 秒後離地面的高度 (以呎計）為 $s(t)=-16t^2+400t$，求該砲彈撞擊地面的時間與速度．它達到的最大高度為何？在任何時間 t 的加速度為何？

【解】　設砲彈的路徑在垂直坐標線上，原點在地上，而向上為正．

由 $-16t^2+400t=0$，可得 $t=25$，因此，砲彈在 25 秒末撞擊地面．在時間 t 的速度為

$$v(t)=s'(t)=-32t+400$$

故 $v(25)=-400$（呎／秒）．

最大高度發生在 $s'(t)=0$ 之時，即，$-32t+400=0$，

解得 $t=\dfrac{25}{2}$．所以，最大高度為

$$s\left(\dfrac{25}{2}\right)=-16\left(\dfrac{25}{2}\right)^2+400\left(\dfrac{25}{2}\right)=2500\;(呎)$$

最後，在任何時間的加速度為 $a(t)=v'(t)=-32$（呎／秒^2）．　▶▶

我們可以研究對於除了時間以外的其他變數的變化率，如下面定義所述．

○ 定義 2.8

設 $y=f(x)$ 為可微分函數．

(1) y 在區間 $[x,\;x+h]$ 上對 x 的平均變化率為

$$\dfrac{\Delta y}{\Delta x}=\dfrac{f(x+h)-f(x)}{h}.$$

(2) y 對 x 的變化率為

$$\dfrac{dy}{dx}=\lim_{\Delta x\to 0}\dfrac{\Delta y}{\Delta x}=\lim_{h\to 0}\dfrac{f(x+h)-f(x)}{h}=f'(x).$$

【例題 5】　利用定義 2.8

設 $y=\dfrac{1}{x^2+1}$，求

(1) y 在區間 $[-1, 2]$ 上對 x 的平均變化率.

(2) y 在點 $x = -1$ 對 x 的變化率.

【解】 (1) $\dfrac{\Delta y}{\Delta x} = \dfrac{\dfrac{1}{5} - \dfrac{1}{2}}{2 - (-1)} = \dfrac{-\dfrac{3}{10}}{3} = -\dfrac{1}{10}$.

(2) $\left.\dfrac{dy}{dx}\right|_{x=-1} = -\dfrac{2x}{(x^2+1)^2}\bigg|_{x=-1} = \dfrac{1}{2}$.

【例題 6】 利用定義 2.8(2)

在某一電路中，電流（以安培計）為 $I = \dfrac{100}{R}$，其中 R 為電阻（以歐姆計）．當電阻為 20 歐姆時，求 $\dfrac{dI}{dR}$.

【解】 因 $\dfrac{dI}{dR} = -\dfrac{100}{R^2}$，故當 $R = 20$ 時，

$$\dfrac{dI}{dR} = -\dfrac{100}{400} = -\dfrac{1}{4} \text{ (安培／歐姆)}.$$

習題 2.3

1. 當一圓球形氣球充氣時，其半徑（以厘米計）在時間 t（以分計）時為 $r(t) = 3\sqrt[3]{t+8}$，$0 \leq t \leq 10$．試問在 $t = 8$ 時，

   (1) $r(t)$　　(2) 氣球的體積　　(3) 表面積

   對時間 t 的變化率為何？

2. 一砲彈以 144 呎／秒的速度垂直向上發射，在 t 秒末的高度（以呎計）為 $s(t) = 144t - 16t^2$，試問 t 秒末的速度與加速度為何？3 秒末的速度與加速度為何？最大高度為何？何時撞擊地面？

3. 一球沿斜面滾下，在 t 秒內滾動的距離（以吋計）為 $s(t) = 5t^2 + 2$．試問 1 秒末、2 秒末的速度為何？何時速度可達 28 吋／秒？

4. 作直線運動之質點的位置函數為 $s(t) = 2t^3 - 15t^2 + 48t - 10$，其中 t 是以秒計，$s(t)$

是以米計,求它在速度為 12 米／秒時的加速度,並求加速度為 10 米／秒² 時的速度.

5. 試證:球體積對其半徑的變化率為其表面積.

6. 已知華氏溫度 F 與攝氏溫度 C 的關係為 $C=\dfrac{5}{9}(F-32)$,求 F 對 C 的變化率.

7. 在電路中,某一點的瞬時電流為 $I=\dfrac{dq}{dt}$,其中 q 為電量 (庫侖),t 為時間 (秒),求 $q=1000t^3+50t$ 在 $t=0.01$ 秒時的 I (安培).

8. 假設在 t 秒內流過一電線的電荷為 $\dfrac{1}{3}t^3+4t$,求 2 秒末電流的安培數. 一根 20 安培的保險絲於何時燒斷?

9. 在光學中,$\dfrac{1}{p}+\dfrac{1}{q}=\dfrac{1}{f}$,其中 f 為凸透鏡的焦距,p 與 q 分別為物距與像距. 若 f 固定,求 q 對 p 的變化率.

2.4 連鎖法則

我們已討論了有關函數之和、差、積與商的導函數. 在本節中,我們要利用<u>連鎖法則</u> (chain rule),來討論如何求得兩個 (或兩個以上) 可微分函數之合成函數的導函數.

○ 定理 2.6 連鎖法則

若 $y=f(u)$ 與 $u=g(x)$ 皆為可微分函數,則合成函數 $y=(f\circ g)(x)=f(g(x))$ 為可微分,且

$$(f\circ g)'(x)=f'(g(x))g'(x) \tag{2.5}$$

上式亦可用<u>萊布尼茲</u>符號表成

$$\dfrac{dy}{dx}=\dfrac{dy}{du}\dfrac{du}{dx}. \tag{2.6}$$

在 (2.5) 式中,我們稱 f 為 "外函數" 而 g 為 "內函數". 因此,$f(g(x))$ 的導函

數為外函數在內函數的導函數乘以內函數的導函數.

(2.6) 式很容易記憶，因為，若 $\dfrac{dy}{du}$ 與 $\dfrac{du}{dx}$ 均看成兩個"商"，則"消去"右邊的 du，恰好得到左邊的結果. 然而，要記住 du 未定義，$\dfrac{du}{dx}$ 不應該被想像成真正的"商". 當使用 x、y 與 u 以外的變數時，此"消去"方式提供一個很好的方法去記憶. (2.6) 式在直觀上暗示變化率相乘，如圖 2.5 所示.

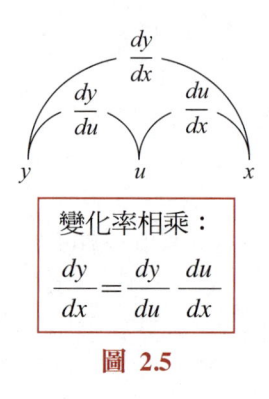

變化率相乘：
$$\dfrac{dy}{dx}=\dfrac{dy}{du}\dfrac{du}{dx}$$

圖 2.5

【例題 1】 利用 (2.5) 式

已知 $h(x)=f(g(x))$，$g(2)=2$，$f'(2)=3$ 與 $g'(2)=5$，求 $h'(2)$.

【解】 $h(x)=f(g(x)) \Rightarrow h'(x)=f'(g(x))\,g'(x)$，

故 $h'(2)=f'(g(2))\,g'(2)=f'(2)\,g'(2)=(3)(5)=15.$

【例題 2】 利用 (2.5) 式

設 $f(x)=x^5+1$，$g(x)=\sqrt{x}$，求 $(f\circ g)'(1)$.

【解】 $g(x)=\sqrt{x} \Rightarrow g(1)=1$

$g(x)=\sqrt{x} \Rightarrow g'(x)=\dfrac{1}{2\sqrt{x}} \Rightarrow g'(1)=\dfrac{1}{2}$

$f(x)=x^5+1 \Rightarrow f'(x)=5x^4 \Rightarrow f'(1)=5$

故 $(f\circ g)'(1)=f'(g(1))\,g'(1)=f'(1)\,g'(1)=(5)\left(\dfrac{1}{2}\right)=\dfrac{5}{2}.$

【例題 3】 利用 (2.6) 式

$$若\ y=u^3+1,\ u=\frac{1}{x^2},\ 求\ \frac{dy}{dx}.$$

【解】
$$\frac{dy}{dx}=\frac{dy}{du}\frac{du}{dx}=\frac{d}{du}(u^3+1)\frac{d}{dx}\left(\frac{1}{x^2}\right)$$

$$=(3u^2)\left(-\frac{2}{x^3}\right)=3\left(\frac{1}{x^2}\right)^2\left(-\frac{2}{x^3}\right)$$

$$=-\frac{6}{x^7}.$$

習題 2.4

1. 若 $y=(u^2+4)^4,\ u=x^{-2},\ 求\ \frac{dy}{dx}.$

2. 已知 $h(x)=f(g(x)),\ g(3)=6,\ g'(3)=4,\ f'(6)=7,\ 求\ h'(3).$

3. 若 $f(x)=1-\frac{1}{x},\ g(x)=\frac{1}{1-x},\ 求\ (f\circ g)'(-1).$

4. 已知一個電阻器的電阻為 $R=6000+0.002T^2$ (單位為歐姆)，其中 T 為溫度 (°C)，若其溫度以 0.2 °C／秒增加，試求當 $T=120$ °C 時，電阻的變化率為若干？

5. 假設 f 為可微分函數，試利用連鎖法則證明：

   (1) 若 f 為偶函數，則 f' 為奇函數.

   (2) 若 f 為奇函數，則 f' 為偶函數.

6. 求 $\frac{d}{dx}f(g(h(x)))$ 的公式.

7. 已知 $f(0)=0,\ f'(0)=2,\ 求\ f(f(f(x)))$ 在 $x=0$ 的導數.

8. 若 $\frac{d}{dx}f(2x)=x^2,\ 求\ f'(x).$

2.5 隱微分法

前面所討論的函數均由 $y=f(x)$ 的形式來定義. f 稱為**顯函數** (explicit function), 即, f 是完完全全僅用 x 表出者. 例如, 方程式 $y=x^2+x+1$ 定義 $f(x)=x^2+x+1$, 這種函數的導函數可以很容易求出. 但是, 並非所有的函數皆是如此定義的. 試看下面方程式：

$$x^2+y^2=1 \tag{2.7}$$

x 與 y 之間顯然不是函數關係, 但是對於函數 $f(x)=\sqrt{1-x^2}$, $x\in[-1, 1]$, 其定義域內所有 x 均可滿足 (2.7) 式, 即,

$$x^2+(\sqrt{1-x^2})^2=1$$

此時, 我們說 f 為 (2.7) 式所定義的**隱函數** (implicit function). 一般而言, 由方程式所定義的函數並不唯一. 例如, $g(x)=-\sqrt{1-x^2}$, $x\in[-1, 1]$, 亦為 (2.7) 式所定義的隱函數.

同理, 考慮下面方程式：

$$x^2-2xy+y^2=x \tag{2.8}$$

若令 $y=f(x)$, 則 $f(x)=x+\sqrt{x}$ ($0\leq x<\infty$) 滿足 (2.8) 式, 故 f 為 (2.8) 式所定義的隱函數.

若我們要求 f 的導函數, 依前面學過的微分方法, 勢必要先求出 f 來, 但是, 有時候, 要自所給的方程式解出 f 並不是一件很容易的事. 因此, 我們不必自方程式解出 f, 只要對原方程式直接微分就可求出 f 的導函數, 這種求隱函數的導函數的方法, 稱為**隱微分法** (implicit differentiation).

【例題 1】 利用隱微分法

若 $x^2+y^2=xy^2$ 定義 $y=f(x)$ 為可微分函數, 求 $\dfrac{dy}{dx}$.

【解】 $\dfrac{d}{dx}(x^2+y^2)=\dfrac{d}{dx}(xy^2)$

$\dfrac{d}{dx}x^2+\dfrac{d}{dx}y^2=x\dfrac{d}{dx}y^2+y^2\dfrac{d}{dx}x$

$$2x + 2y\frac{dy}{dx} = x\left(2y\frac{dy}{dx}\right) + y^2$$

$$(2y - 2xy)\frac{dy}{dx} = y^2 - 2x$$

$$\frac{dy}{dx} = \frac{y^2 - 2x}{2y - 2xy} = \frac{y^2 - 2x}{2y(1-x)} \quad [若\ y(1-x) \neq 0].$$

【例題 2】 利用隱微分法

求曲線 $y^2 - x + 1 = 0$ 在點 $(2, -1)$ 的切線方程式.

【解】 $\dfrac{d}{dx}(y^2 - x + 1) = 0$

可得 $2y\dfrac{dy}{dx} - 1 = 0$, 即, $\dfrac{dy}{dx} = \dfrac{1}{2y}$.

在點 $(2, -1)$ 的切線斜率為 $m = \dfrac{dy}{dx}\bigg|_{(2,-1)} = -\dfrac{1}{2}$,

故在該處的切線方程式為 $y - (-1) = -\dfrac{1}{2}(x - 2)$,

即, $x + 2y = 0$. 圖形如圖 2.6 所示.

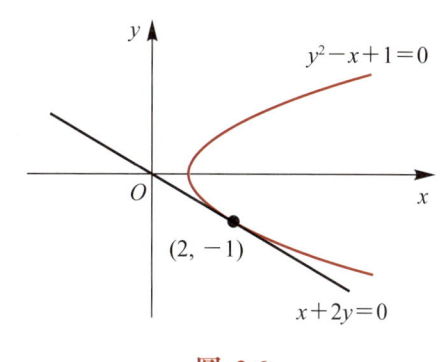

圖 2.6

【例題 3】 利用隱微分法

若 $s^2 t + t^3 = 2$, 求 $\dfrac{ds}{dt}$ 與 $\dfrac{dt}{ds}$.

56 微積分

【解】 $s^2t+t^3=2 \Rightarrow \dfrac{d}{dt}(s^2t+t^3)=\dfrac{d}{dt}(2)$

$\Rightarrow s^2+2st\dfrac{ds}{dt}+3t^2=0$

$\Rightarrow 2st\dfrac{ds}{dt}=-(s^2+3t^2)$

$\Rightarrow \dfrac{ds}{dt}=-\dfrac{s^2+3t^2}{2st}$ (若 $st \neq 0$)

$s^2t+t^3=2 \Rightarrow \dfrac{d}{ds}(s^2t+t^3)=\dfrac{d}{ds}(2)$

$\Rightarrow 2st+s^2\dfrac{dt}{ds}+3t^2\dfrac{dt}{ds}=0$

$\Rightarrow (s^2+3t^2)\dfrac{dt}{ds}=-2st$

$\Rightarrow \dfrac{dt}{ds}=-\dfrac{2st}{s^2+3t^2}$ (若 $s^2+3t^2 \neq 0$).

習題 2.5

在 1～3 題中求 $\dfrac{dy}{dx}$.

1. $x^2y+2xy^3-x=3$

2. $x^2=\dfrac{x+y}{x-y}$

3. $\dfrac{\sqrt{x}+1}{\sqrt{y}+1}=y$

4. 求曲線 $x+x^2y^2-y=1$ 在點 $(1, 1)$ 的切線與法線方程式.

5. 試證：在拋物線 $y^2=cx$ 上點 (x_0, y_0) 的切線方程式為 $y_0y=\dfrac{c}{2}(x_0+x)$.

6. 試證：在橢圓 $\dfrac{x^2}{a^2}+\dfrac{y^2}{b^2}=1$ 上點 (x_0, y_0) 的切線方程式為 $\dfrac{x_0x}{a^2}+\dfrac{y_0y}{b^2}=1$.

7. 試證：在雙曲線 $\dfrac{x^2}{a^2}-\dfrac{y^2}{b^2}=1$ 上點 (x_0, y_0) 的切線方程式為 $\dfrac{x_0x}{a^2}-\dfrac{y_0y}{b^2}=1$.

在 8～9 題中，利用兩種方法：(1) 先解 y 而用 x 表之，(2) 隱微分法，求 $\dfrac{dy}{dx}$ 在指定點的值．

8. $y^2-x+1=0$；$(5,\ 2)$ 　　9. $x^2+y^2=1$；$\left(\dfrac{\sqrt{2}}{2},\ -\dfrac{\sqrt{2}}{2}\right)$

2.6 微　分

若 $y=f(x)$，則

$$\Delta y = f(x+\Delta x) - f(x)$$

增量記號可以用在導函數的定義中，我們僅需將定義 2.3 中的 h 以 Δx 取代即可，即，

$$f'(x) = \lim_{\Delta x \to 0} \frac{f(x+\Delta x) - f(x)}{\Delta x} = \lim_{\Delta x \to 0} \frac{\Delta y}{\Delta x} \tag{2.9}$$

(2.9) 式可以敘述如下：f 的導函數為因變數的增量 Δy 與自變數的增量 Δx 的比值在 Δx 趨近零時的極限．注意，在圖 2.7 中，$\dfrac{\Delta y}{\Delta x}$ 為通過 P 與 Q 之割線的斜率．由 (2.9) 式可知，若 $f'(x)$ 存在，則

$$\frac{\Delta y}{\Delta x} \approx f'(x), \quad 當\ \Delta x \approx 0.$$

就圖形上而言，若 $\Delta x \to 0$，則通過 P 與 Q 之割線的斜率 $\dfrac{\Delta y}{\Delta x}$ 趨近在點 P 之切線 L_T 的斜率 $f'(x)$，也可寫成

$$\Delta y \approx f'(x)\,\Delta x, \quad 當\ \Delta x \approx 0.$$

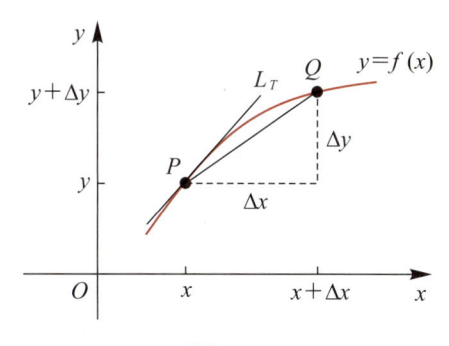

圖 2.7

58 微積分

在下面定義中，我們給 $f'(x)\,\Delta x$ 一個特別的名稱．

○ 定義 2.9

若 $y=f(x)$ 為可微分函數，Δx 為 x 的增量，則
(1) 自變數 x 的**微分** (differential) dx 為 $dx=\Delta x$．
(2) 因變數 y 的**微分** dy 為 $dy=f'(x)\,\Delta x=f'(x)\,dx$．

注意，dy 的值與 x 及 Δx 兩者有關．由定義 2.9(1) 可看出，只要涉及自變數 x，則增量 Δx 與微分 dx 沒有差別．

【例題 1】 利用定義 2.9(2)

令 $y=f(x)=\sqrt{x}$，若 $x=4$，$dx=\Delta x=3$，求 Δy 與 dy．

【解】
$$\Delta y=f(x+\Delta x)-f(x)=\sqrt{x+\Delta x}-\sqrt{x}$$

當 $x=4$，$\Delta x=3$ 時，
$$\Delta y=\sqrt{4+3}-\sqrt{4}=\sqrt{7}-2\approx 0.65$$

$$dy=f'(x)\,dx=\frac{1}{2\sqrt{x}}\,dx$$

當 $x=4$，$dx=3$ 時，
$$dy=\frac{1}{2\sqrt{4}}\cdot 3=\frac{3}{4}=0.75.$$

若 $\Delta x \to 0$，則
$$\Delta y \approx dy = f'(x)\,dx$$

因此，若 $y=f(x)$，則對微小的變化量 Δx 而言，因變數的真正變化量 Δy 可以用 dy 來近似．因 $\dfrac{dy}{dx}=f'(x)$ 為曲線 $y=f(x)$ 在點 $(x,f(x))$ 之切線的斜率，故微分 dy 與 dx 可解釋為該切線的對應**縱差** (rise) 與**橫差** (run)．由圖 2.8 可以了解增量 Δy 與微分 dy 的區別．

圖 2.9 指出，若 f 在 a 為可微分，則在點 $(a,f(a))$ 附近，切線相當近似曲線．

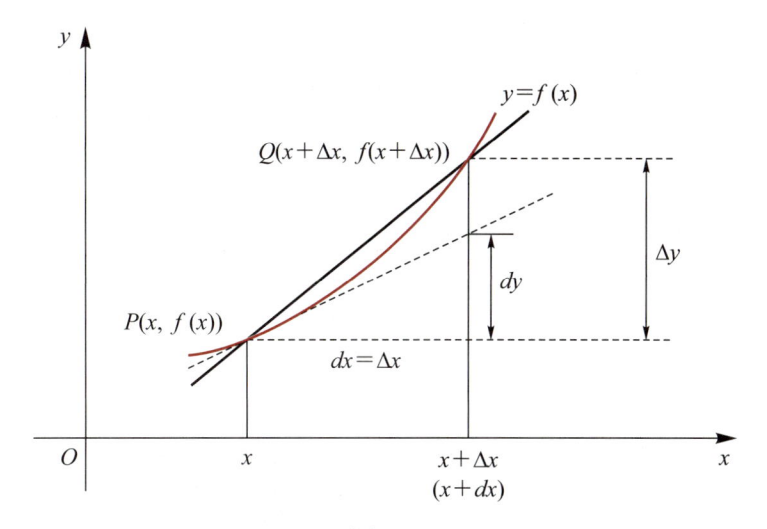

圖 2.8

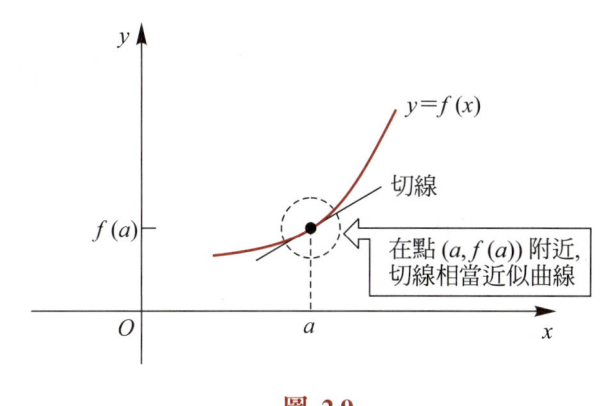

圖 2.9

因切線通過點 $(a, f(a))$ 且斜率為 $f'(a)$，故切線的方程式為

$$y - f(a) = f'(a)(x - a)$$

或

$$y = f(a) + f'(a)(x - a)$$

對於靠近 a 的 x 值而言，切線的高度 y 將與曲線的高度 $f(x)$ 很接近，所以，

$$f(x) \approx f(a) + f'(a)(x - a) \tag{2.10}$$

若令 $\Delta x = x - a$，即，$x = a + \Delta x$，則 (2.10) 式可寫成另外的形式：

$$f(a + \Delta x) \approx f(a) + f'(a) \Delta x \tag{2.11}$$

當 $\Delta x \to 0$ 時，其為最佳近似值，此結果稱為 f 在 a 附近的**線性近似** (linear approximation) 或**切線近似** (tangent line approximation)。

【例題 2】 利用 (2.11) 式

利用微分求 $\sqrt[3]{1000.06}$ 的近似值到小數第四位.

【解】 設 $f(x)=\sqrt[3]{x}$，則 $f'(x)=\dfrac{1}{3}x^{-2/3}$. 取 $a=1000$，則 $\Delta x=1000.06-1000=0.06$，可得

$$f(1000.06) \approx f(1000)+f'(1000)(0.06)$$

故

$$\sqrt[3]{1000.06} \approx 10+\dfrac{0.06}{300}=10.0002.$$

【例題 3】 利用微分

設邊長為 10 厘米的正方體鐵塊的表面鍍上 0.05 厘米厚的銅，試估計該表層銅的體積.

【解】 設正方體鐵塊的邊長為 x，則其體積為 $V=x^3$. 我們以 dV 近似銅的體積 ΔV. 令 $x=10$, $dx=\Delta x=0.05$，則

$$dV=3x^2\,dx=3(100)(0.05)=15$$

故銅的體積約為 15 立方厘米.

我們在前面提過，若 $y=f(x)$ 為可微分函數，當 $\Delta x \approx 0$ 時，$dy \approx \Delta y$，此結果在誤差傳遞的研究裡有很多的應用. 例如，在測量某物理量時，由於儀器的誤差與其他因素，通常無法得到正確值 x，但會得到 $x+\Delta x$，此處 Δx 為測量誤差. 這種記錄值可用來計算其他的量 y. 以此方法，測量誤差 Δx 傳遞到在 y 的計算值中所產生的誤差 Δy.

【例題 4】 利用微分

若測得某球的半徑為 50 厘米，可能的測量誤差為 ± 0.01 厘米，試估計球體積的計算值的可能誤差.

【解】 若球的半徑為 r，則其體積為 $V=\dfrac{4}{3}\pi r^3$. 已知半徑的誤差為 ± 0.01，我

們希望求 V 的誤差 ΔV, 因 $\Delta V \approx 0$, 故 ΔV 可由 dV 去近似. 於是,

$$\Delta V \approx dV = 4\pi r^2 \, dr$$

以 $r=50$ 與 $dr=\Delta r=\pm 0.01$ 代入上式, 可得

$$\Delta V \approx 4\pi(2500)(\pm 0.01) \approx \pm 314.16$$

所以, 體積的可能誤差約為 ± 314.16 立方厘米. ▶▶

註：在例題 4 中, r 代表半徑的正確值. 因 r 的正確值未知, 故我們代以測量值 $r=50$ 得到 ΔV. 又因為 $\Delta r \approx 0$, 所以這個結果是合理的.

若某量的正確值是 q, 而測量或計算的誤差是 Δq, 則 $\dfrac{\Delta q}{q}$ 稱為測量或計算的 相對誤差 (relative error)；當它表成百分比時, $\dfrac{\Delta q}{q}$ 稱為百分誤差 (percentage error). 實際上, 正確值通常是未知的, 以至於使用 q 的測量值或計算值, 而以 $\dfrac{dq}{q}$ 去近似相對誤差. 在例題 4 中, 半徑 r 的相對誤差 $\approx \dfrac{dr}{r} = \dfrac{\pm 0.01}{50} = \pm 0.0002$, 而百分誤差約為 $\pm 0.02\%$；體積 V 的相對誤差 $\approx \dfrac{dV}{V} = 3\dfrac{dr}{r} = \pm 0.0006$, 而百分誤差約為 $\pm 0.06\%$.

【例題 5】 **利用微分**

若測得正方形邊長的可能百分誤差為 $\pm 5\%$, 試估計正方形面積的可能百分誤差.

【解】 邊長 x 的正方形面積為 $A=x^2$, 而 A 與 x 的相對誤差分別為 $\dfrac{dA}{A}$ 與 $\dfrac{dx}{x}$. 因 $dA=2x \, dx$, 故

$$\frac{dA}{A} = \frac{2x \, dx}{A} = \frac{2x \, dx}{x^2} = 2\frac{dx}{x}$$

已知 $\dfrac{dx}{x} \approx \pm 0.05$, 可得

$$\frac{dA}{A} \approx 2(\pm 0.05) = \pm 0.1$$

62 微積分

於是，正方形面積的可能百分誤差為 ±10%.

在表 2.1 中，當以 $dx \neq 0$ 乘遍左欄的導函數公式時，可得右欄的微分公式.

表 2.1

導函數公式	微分公式
$\dfrac{dk}{dx}=0$	$dk=0$
$\dfrac{d}{dx}x^n=nx^{n-1}$	$d(x^n)=nx^{n-1}\,dx$
$\dfrac{d}{dx}(cf)=c\dfrac{df}{dx}$	$d(cf)=c\,df$
$\dfrac{d}{dx}(f\pm g)=\dfrac{df}{dx}\pm\dfrac{dg}{dx}$	$d(f\pm g)=df\pm dg$
$\dfrac{d}{dx}(fg)=f\dfrac{dg}{dx}+g\dfrac{df}{dx}$	$d(fg)=f\,dg+g\,df$
$\dfrac{d}{dx}\left(\dfrac{f}{g}\right)=\dfrac{g\dfrac{df}{dx}-f\dfrac{dg}{dx}}{g^2}$	$d\left(\dfrac{f}{g}\right)=\dfrac{g\,df-f\,dg}{g^2}$
$\dfrac{d}{dx}(f^n)=nf^{n-1}\dfrac{df}{dx}$	$d(f^n)=nf^{n-1}\,df$

【例題 6】 利用微分公式

若 $y=\dfrac{x^2}{x+1}$，求 dy.

【解】 $dy=d\left(\dfrac{x^2}{x+1}\right)=\dfrac{(x+1)d(x^2)-x^2 d(x+1)}{(x+1)^2}$

$=\dfrac{(x+1)(2x\,dx)-x^2\,dx}{(x+1)^2}=\dfrac{2x^2+2x-x^2}{(x+1)^2}\,dx$

$=\dfrac{x^2+2x}{(x+1)^2}\,dx.$

習題 2.6

1. 若 $y = 5x^2 + 4x + 1$，

   (1) 求 Δy 與 dy．

   (2) 當 $x = 6$，$\Delta x = dx = 0.02$ 時，比較 Δy 與 dy 的值．

2. 設 $s = \dfrac{1}{2-t^2}$，若 t 由 1 變到 1.02，利用 ds 去近似 Δs．

3. 利用微分求下列的近似值．

   (1) $(1.97)^6$ (2) $\sqrt[6]{64.05}$ (3) $\sqrt[3]{1.02} + \sqrt[4]{1.02}$

4. 設圓球形氣球充以氣體而膨脹，若直徑由 2 呎增為 2.02 呎，利用微分近似求氣球表面積的增量．

5. 若長為 15 厘米且直徑為 5 厘米的金屬管覆以 0.001 厘米厚的絕緣體（兩端除外），試利用微分估計絕緣體的體積．

6. 已知測得正方體的邊長為 25 厘米，可能誤差為 ±1 厘米．

   (1) 利用微分估計所計算體積的誤差．

   (2) 估計邊長與體積的百分誤差．

7. 設某電線的電阻為 $R = \dfrac{k}{r^2}$，此處 k 為常數，r 為電線的半徑．若半徑 r 的可能誤差為 ±5%，利用微分估計 R 的百分誤差．

8. 波義耳定律為：密閉容器中的氣體壓力 P 與體積 V 的關係式為 $PV = k$，其中 k 為常數．試證：
$$P\,dV + V\,dP = 0.$$

9. 若鐘擺的長度為 L（以米計）且週期為 T（以秒計），則 $T = 2\pi\sqrt{\dfrac{L}{g}}$，此處 g 為常數．利用微分證明 T 的百分誤差約為 L 的百分誤差的一半．

2.7 超越函數的導函數

三角函數、反三角函數、指數函數與對數函數皆屬超越函數，這些函數的導函數在工程應用上非常重要．首先，我們先介紹三角函數的導函數．

一、三角函數的導函數

在求三角函數的導函數之前，先討論下面的結果，它對未來的發展很重要．

定理 2.7

對任意實數 θ (以弧度計)，

$$\lim_{\theta \to 0} \frac{\sin \theta}{\theta} = 1.$$

在直觀上，我們給出定理 2.7 的一個簡單的幾何論證如下：

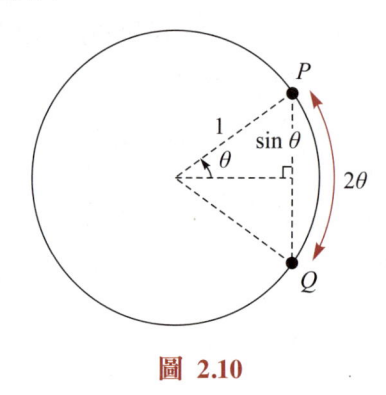

令 P 與 Q 為單位圓上相鄰的兩個點，如圖 2.10 所示，$\overline{PQ}$ 與 $\widehat{PQ}$ 分別表示連接這兩個點的弦長與弧長．當 $\widehat{PQ} \to 0$ 時，$\dfrac{\text{弦長}\ \overline{PQ}}{\text{弧長}\ \widehat{PQ}} \to 1$，此同義於當 $2\theta \to 0$ 或 $\theta \to 0$ 時，$\dfrac{2\sin\theta}{2\theta} = \dfrac{\sin\theta}{\theta} \to 1.$

圖 2.10

大略說來，定理 2.7 說明了，若 x 趨近 0，則 $\dfrac{\sin x}{x}$ 趨近 1，即，當 $x \approx 0$ 時，$\sin x \approx x$．我們給出下列幾個三角函數值的近似值：

$$\sin(0.5) \approx 0.47942554 \qquad \sin(-0.5) \approx -0.47942554$$
$$\sin(0.1) \approx 0.09983342 \qquad \sin(-0.1) \approx -0.09983342$$
$$\sin(0.05) \approx 0.04997917 \qquad \sin(-0.05) \approx -0.04997917$$
$$\sin(0.01) \approx 0.00999983 \qquad \sin(-0.01) \approx -0.00999983$$

$$\sin(0.005) \approx 0.00499998 \qquad \sin(-0.005) \approx -0.00499998$$
$$\sin(0.001) \approx 0.00100000 \qquad \sin(-0.001) \approx -0.00100000$$

【例題 1】 利用定理 2.7

求 $\lim_{x \to 0} \dfrac{\tan x}{x}$.

【解】
$$\lim_{x \to 0} \frac{\tan x}{x} = \lim_{x \to 0} \left(\frac{1}{x} \cdot \frac{\sin x}{\cos x} \right) = \left(\lim_{x \to 0} \frac{\sin x}{x} \right) \left(\lim_{x \to 0} \frac{1}{\cos x} \right)$$
$$= 1 \cdot 1 = 1.$$

【例題 2】 作代換

計算 $\lim_{\theta \to 0} \dfrac{\sin 2\theta}{\theta}$.

【解】 作代換 $\phi = 2\theta$. 因當 $\theta \to 0$ 時, $\phi \to 0$, 故我們可以寫成

$$\lim_{\theta \to 0} \frac{\sin 2\theta}{\theta} = \lim_{\phi \to 0} \frac{\sin \phi}{\dfrac{\phi}{2}} = 2 \lim_{\phi \to 0} \frac{\sin \phi}{\phi} = 2 \cdot 1 = 2.$$

◯ 定理 2.8

若 x 為弧度度量, 則

(1) $\dfrac{d}{dx} \sin x = \cos x$ \qquad (2) $\dfrac{d}{dx} \cos x = -\sin x$

(3) $\dfrac{d}{dx} \tan x = \sec^2 x$ \qquad (4) $\dfrac{d}{dx} \cot x = -\csc^2 x$

(5) $\dfrac{d}{dx} \sec x = \sec x \, \tan x$ \qquad (6) $\dfrac{d}{dx} \csc x = -\csc x \, \cot x$

若 $u = u(x)$ 為可微分函數, 則由連鎖法則可得

$$\frac{d}{dx} \sin u = \cos u \, \frac{du}{dx} \qquad \frac{d}{dx} \cos u = -\sin u \, \frac{du}{dx}$$

$$\frac{d}{dx}\tan u = \sec^2 u \; \frac{du}{dx} \qquad\qquad \frac{d}{dx}\cot u = -\csc^2 u \; \frac{du}{dx}$$

$$\frac{d}{dx}\sec u = \sec u \; \tan u \; \frac{du}{dx} \qquad\qquad \frac{d}{dx}\csc u = -\csc u \; \cot u \; \frac{du}{dx}.$$

【例題 3】 利用微分的除法法則

若 $y = \dfrac{\sin x}{1+\cos x}$，求 $\dfrac{dy}{dx}$。

【解】
$$\frac{dy}{dx} = \frac{d}{dx}\left(\frac{\sin x}{1+\cos x}\right)$$

$$= \frac{(1+\cos x)\dfrac{d}{dx}\sin x - \sin x \dfrac{d}{dx}(1+\cos x)}{(1+\cos x)^2}$$

$$= \frac{(1+\cos x)\cos x - \sin x(-\sin x)}{(1+\cos x)^2}$$

$$= \frac{\cos x + \cos^2 x + \sin^2 x}{(1+\cos x)^2}$$

$$= \frac{1+\cos x}{(1+\cos x)^2} = \frac{1}{1+\cos x}.$$

【例題 4】 利用公式

若 $y = \sin\sqrt{x} + \sqrt{\sin x}$，求 $\dfrac{dy}{dx}$。

【解】
$$\frac{dy}{dx} = \frac{d}{dx}\sin\sqrt{x} + \frac{d}{dx}\sqrt{\sin x}$$

$$= \cos\sqrt{x} \; \frac{d}{dx}\sqrt{x} + \frac{1}{2}(\sin x)^{-1/2}\frac{d}{dx}\sin x$$

$$= (\cos\sqrt{x})\left(\frac{1}{2\sqrt{x}}\right) + \frac{\cos x}{2\sqrt{\sin x}}$$

$$= \frac{1}{2}\left(\frac{\cos\sqrt{x}}{\sqrt{x}} + \frac{\cos x}{\sqrt{\sin x}}\right).$$

【例題 5】 利用點斜式

求曲線 $y = \sin x + \cos 2x$ 在點 $\left(\dfrac{\pi}{6},\ 1\right)$ 的切線方程式.

【解】 $\dfrac{dy}{dx} = \cos x - 2\sin 2x \Rightarrow m = \dfrac{dy}{dx}\bigg|_{x=\frac{\pi}{6}} = \cos\dfrac{\pi}{6} - 2\sin\dfrac{\pi}{3}$

$$= \dfrac{\sqrt{3}}{2} - \sqrt{3} = -\dfrac{\sqrt{3}}{2}.$$

所以，在點 $\left(\dfrac{\pi}{6},\ 1\right)$ 的切線方程式為

$$y - 1 = -\dfrac{\sqrt{3}}{2}\left(x - \dfrac{\pi}{6}\right)$$

即，$\sqrt{3}\,x + 2y = 2 + \dfrac{\sqrt{3}}{6}\pi.$

【例題 6】 利用隱微分法

求曲線 $y + \sin y = x$ 在點 $(0,\ 0)$ 的切線方程式.

【解】
$$\dfrac{dy}{dx} + \dfrac{d}{dx}\sin y = \dfrac{d}{dx}x$$

$$\dfrac{dy}{dx} + \cos y\,\dfrac{dy}{dx} = 1$$

$$\dfrac{dy}{dx} = \dfrac{1}{1+\cos y}$$

可得 $m = \dfrac{dy}{dx}\bigg|_{(0,\ 0)} = \dfrac{1}{1+1} = \dfrac{1}{2}$

故在點 $(0,\ 0)$ 的切線方程式為

$$y - 0 = \dfrac{1}{2}(x - 0)$$

即，$x - 2y = 0.$

【例題 7】 利用線性近似公式

利用微分求 $\sin 44°$ 的近似值.

【解】 設 $f(x) = \sin x$，則 $f'(x) = \cos x.$

令 $a = 45° = \dfrac{\pi}{4}$，則 $\Delta x = 44° - 45° = -1° = -\dfrac{\pi}{180}$.

可得
$$f\left(\dfrac{\pi}{4} - \dfrac{\pi}{180}\right) \approx f\left(\dfrac{\pi}{4}\right) + f'\left(\dfrac{\pi}{4}\right)\left(-\dfrac{\pi}{180}\right)$$

即，
$$f\left(\dfrac{11\pi}{45}\right) \approx \sin\dfrac{\pi}{4} + \left(\cos\dfrac{\pi}{4}\right)\left(-\dfrac{\pi}{180}\right)$$

故
$$\sin 44° \approx \dfrac{\sqrt{2}}{2} + \dfrac{\sqrt{2}}{2}\left(-\dfrac{\pi}{180}\right) \approx 0.6948.$$

二、反三角函數的導函數

現在，我們列出六個反三角函數的導函數公式.

○ 定理 2.9

(1) $\dfrac{d}{dx} \sin^{-1} x = \dfrac{1}{\sqrt{1-x^2}}$, $|x| < 1$.

(2) $\dfrac{d}{dx} \cos^{-1} x = \dfrac{-1}{\sqrt{1-x^2}}$, $|x| < 1$.

(3) $\dfrac{d}{dx} \tan^{-1} x = \dfrac{1}{1+x^2}$, $-\infty < x < \infty$.

(4) $\dfrac{d}{dx} \cot^{-1} x = \dfrac{-1}{1+x^2}$, $-\infty < x < \infty$.

(5) $\dfrac{d}{dx} \sec^{-1} x = \dfrac{1}{x\sqrt{x^2-1}}$, $|x| > 1$.

(6) $\dfrac{d}{dx} \csc^{-1} x = \dfrac{-1}{x\sqrt{x^2-1}}$, $|x| > 1$.

證　我們僅對 $\sin^{-1} x$ 的導函數公式予以證明.

令 $y = \sin^{-1} x$，則 $\sin y = x$，可得 $\cos y \dfrac{dy}{dx} = 1$，故 $\dfrac{dy}{dx} = \dfrac{1}{\cos y}$.

因 $-\dfrac{\pi}{2} < y < \dfrac{\pi}{2}$，可知 $\cos y > 0$，所以，$\cos y = \sqrt{1-\sin^2 y} = \sqrt{1-x^2}$。

於是，$\dfrac{d}{dx}\sin^{-1} x = \dfrac{1}{\sqrt{1-x^2}}$，$|x|<1$。

若 $u = u(x)$ 為可微分函數，則由連鎖法則可得

$$\dfrac{d}{dx}\sin^{-1} u = \dfrac{1}{\sqrt{1-u^2}}\dfrac{du}{dx}, \quad |u|<1$$

$$\dfrac{d}{dx}\cos^{-1} u = \dfrac{-1}{\sqrt{1-u^2}}\dfrac{du}{dx}, \quad |u|<1$$

$$\dfrac{d}{dx}\tan^{-1} u = \dfrac{1}{1+u^2}\dfrac{du}{dx}, \quad -\infty<u<\infty$$

$$\dfrac{d}{dx}\cot^{-1} u = \dfrac{-1}{1+u^2}\dfrac{du}{dx}, \quad -\infty<u<\infty$$

$$\dfrac{d}{dx}\sec^{-1} u = \dfrac{1}{u\sqrt{u^2-1}}\dfrac{du}{dx}, \quad |u|>1$$

$$\dfrac{d}{dx}\csc^{-1} u = \dfrac{-1}{u\sqrt{u^2-1}}\dfrac{du}{dx}, \quad |u|>1$$

【例題 8】 利用公式

若 $y = \sin^{-1}(x^3)$，求 $\dfrac{dy}{dx}$。

【解】 $\dfrac{dy}{dx} = \dfrac{d}{dx}\sin^{-1}(x^3) = \dfrac{1}{\sqrt{1-(x^3)^2}}\dfrac{d}{dx}(x^3) = \dfrac{3x^2}{\sqrt{1-x^6}}$。

【例題 9】 利用公式

若 $y = \tan^{-1}\left(\dfrac{x+1}{x-1}\right)$，求 $\dfrac{dy}{dx}$。

【解】 $\dfrac{dy}{dx} = \dfrac{d}{dx}\tan^{-1}\left(\dfrac{x+1}{x-1}\right) = \dfrac{1}{1+\left(\dfrac{x+1}{x-1}\right)^2}\dfrac{d}{dx}\left(\dfrac{x+1}{x-1}\right)$

$$= \frac{(x-1)^2}{2(x^2+1)}\left[-\frac{2}{(x-1)^2}\right] = -\frac{1}{x^2+1}.$$

三、對數函數的導函數

我們曾經在預備數學第 8 節中討論到函數 $y=(1+x)^{1/x}$，當 $x \to 0$ 時，$(1+x)^{1/x}$ 趨近一個定數，這個定數可定義如下：

$$e = \lim_{x \to 0}(1+x)^{1/x} \text{ 或 } e = \lim_{n \to \infty}\left(1+\frac{1}{n}\right)^n$$

○ **定理 2.10**

$$\frac{d}{dx}\ln x = \frac{1}{x}, \quad x > 0$$

證　$\displaystyle\frac{d}{dx}\ln x = \lim_{h \to 0}\frac{\ln(x+h)-\ln x}{h} = \lim_{h \to 0}\frac{1}{h}\ln\left(\frac{x+h}{x}\right)$

$\displaystyle\qquad = \lim_{h \to 0}\left[\frac{1}{x} \cdot \frac{x}{h}\ln\left(\frac{x+h}{x}\right)\right] = \frac{1}{x}\lim_{h \to 0}\ln\left(1+\frac{h}{x}\right)^{x/h}$

$\displaystyle\qquad = \frac{1}{x}\ln\left[\lim_{h \to 0}\left(1+\frac{h}{x}\right)^{x/h}\right]$ 　　　(依對數函數的連續性)

$\displaystyle\qquad = \frac{1}{x}\ln e = \frac{1}{x}.$

若 $u = u(x)$ 為可微分函數，則由連鎖法則可得

$$\frac{d}{dx}\ln u = \frac{1}{u}\frac{du}{dx}, \quad u > 0. \tag{2.12}$$

○ **定理 2.11**

若 $u = u(x)$ 為可微分函數，則

$$\frac{d}{dx}\ln|u| = \frac{1}{u}\frac{du}{dx}.$$

【例題 10】 利用 (2.12) 式

求 $\dfrac{d}{dx} \ln(x^3+2)$.

【解】
$$\dfrac{d}{dx} \ln(x^3+2) = \dfrac{1}{x^3+2} \dfrac{d}{dx}(x^3+2) \qquad (令\ u=\ln x)$$
$$= \dfrac{3x^2}{x^3+2}.$$

【例題 11】 利用 (2.12) 式

求 $\dfrac{d}{dx} \ln(\sin x)$.

【解】
$$\dfrac{d}{dx} \ln(\sin x) = \dfrac{1}{\sin x} \dfrac{d}{dx} \sin x \qquad (令\ u=\sin x)$$
$$= \dfrac{\cos x}{\sin x} = \cot x.$$

【例題 12】 利用 (2.12) 式

求 $\dfrac{d}{dx} \ln(\ln x)$.

【解】
$$\dfrac{d}{dx} \ln(\ln x) = \dfrac{1}{\ln x} \dfrac{d}{dx} \ln x \qquad (令\ u=\ln x)$$
$$= \dfrac{1}{\ln x} \cdot \dfrac{1}{x} = \dfrac{1}{x \ln x}.$$

【例題 13】 利用定理 2.11

求 $\dfrac{d}{dx} \ln|\sec x + \tan x|$.

【解】
$$\dfrac{d}{dx} \ln|\sec x + \tan x| = \dfrac{1}{\sec x + \tan x} \dfrac{d}{dx}(\sec x + \tan x) \qquad (令\ u=\sec x+\tan x)$$
$$= \dfrac{1}{\sec x + \tan x}(\sec x \tan x + \sec^2 x)$$
$$= \sec x.$$

定理 2.12

$$\frac{d}{dx}\log_a x = \frac{1}{x \ln a}$$

若 $u = u(x)$ 為可微分函數，則由連鎖法則可得

$$\frac{d}{dx}\log_a u = \frac{1}{u \ln a}\frac{du}{dx}. \tag{2.13}$$

定理 2.13

若 $u = u(x)$ 為可微分函數，則

$$\frac{d}{dx}\log_a |u| = \frac{1}{u \ln a}\frac{du}{dx}.$$

【例題 14】利用定理 2.13

求 $\dfrac{d}{dx}\log_2 \sqrt{\dfrac{x^2+1}{x^2-1}}$.

【解】
$$\frac{d}{dx}\log_2 \sqrt{\frac{x^2+1}{x^2-1}} = \frac{d}{dx}\left(\frac{1}{2}\log_2 \left|\frac{x^2+1}{x^2-1}\right|\right)$$

$$= \frac{1}{2}\left(\frac{d}{dx}\log_2 |x^2+1| - \frac{d}{dx}\log_2 |x^2-1|\right)$$

$$= \frac{1}{2}\left(\frac{2x}{x^2+1} - \frac{2x}{x^2-1}\right)\frac{1}{\ln 2}$$

$$= \frac{2x}{(\ln 2)(1-x^4)}.$$

【例題 15】利用隱微分法

求曲線 $3y - x^2 + \ln(xy) = 2$ 在點 $(1, 1)$ 的切線方程式.

【解】 $3y - x^2 + \ln(xy) = 2 \Rightarrow 3\dfrac{dy}{dx} - 2x + \dfrac{1}{xy}\left(x\dfrac{dy}{dx} + y\right) = 0$

$$\Rightarrow \frac{dy}{dx} = \frac{2x - \dfrac{1}{x}}{3 + \dfrac{1}{y}}$$

可得
$$\left.\frac{dy}{dx}\right|_{(1,\,1)} = \frac{2-1}{3+1} = \frac{1}{4}$$

所以，在點 (1，1) 的切線方程式為

$$y - 1 = \frac{1}{4}(x - 1)$$

即，
$$x - 4y + 3 = 0.$$

已知 $y = f(x)$，有時我們利用所謂的**對數微分法** (logarithmic differentiation) 求 $\dfrac{dy}{dx}$ 是很方便的．若 $f(x)$ 牽涉到複雜的積、商或乘冪，則此方法特別有用．

對數微分法的步驟：

1. $\ln|y| = \ln|f(x)|$
2. $\dfrac{d}{dx}\ln|y| = \dfrac{d}{dx}\ln|f(x)|$
3. $\dfrac{1}{y}\dfrac{dy}{dx} = \dfrac{d}{dx}\ln|f(x)|$
4. $\dfrac{dy}{dx} = f(x)\dfrac{d}{dx}\ln|f(x)|$

【例題 16】 利用對數微分法

若 $y = x(x-1)(x^2+1)^3$，求 $\dfrac{dy}{dx}$．

【解】 我們首先寫成

$$\ln|y| = \ln|x(x-1)(x^2+1)^3|$$
$$= \ln|x| + \ln|x-1| + 3\ln|x^2+1|$$

將上式等號兩邊對 x 微分，可得

$$\frac{d}{dx}\ln|y| = \frac{d}{dx}\ln|x| + \frac{d}{dx}\ln|x-1| + 3\frac{d}{dx}\ln|x^2+1|$$

$$\frac{1}{y}\frac{dy}{dx} = \frac{1}{x} + \frac{1}{x-1} + \frac{6x}{x^2+1}$$

$$= \frac{(x-1)(x^2+1) + x(x^2+1) + 6x^2(x-1)}{x(x-1)(x^2+1)}$$

$$= \frac{8x^3 - 7x^2 + 2x - 1}{x(x-1)(x^2+1)}$$

故

$$\frac{dy}{dx} = y \cdot \frac{8x^3 - 7x^2 + 2x - 1}{x(x-1)(x^2+1)}$$

$$= x(x-1)(x^2+1)^3 \cdot \frac{8x^3 - 7x^2 + 2x - 1}{x(x-1)(x^2+1)}$$

$$= (x^2+1)^2 (8x^3 - 7x^2 + 2x - 1).$$

四、指數函數的導函數

可以利用對數函數的導函數公式去求指數函數的導函數公式. 首先, 我們考慮以 e 為底的指數函數 (稱為自然指數函數).

○ 定理 2.14

$$\frac{d}{dx} e^x = e^x$$

證　設 $y = e^x$, 則 $\ln y = x$, 可得

$$\frac{d}{dx} \ln y = \frac{d}{dx} x$$

$$\frac{1}{y} \frac{dy}{dx} = 1$$

故

$$\frac{dy}{dx} = y$$

即,

$$\frac{d}{dx} e^x = e^x.$$

若 $u = u(x)$ 為可微分函數，則由連鎖法則可得

$$\frac{d}{dx} e^u = e^u \frac{du}{dx}. \tag{2.14}$$

【例題 17】 利用 (2.14) 式

(1) $\dfrac{d}{dx} e^{-2x} = e^{-2x} \dfrac{d}{dx}(-2x) = -2e^{-2x}$ （令 $u = -2x$）

(2) $\dfrac{d}{dx} e^{\sqrt{x+1}} = e^{\sqrt{x+1}} \dfrac{d}{dx} \sqrt{x+1} = \dfrac{e^{\sqrt{x+1}}}{2\sqrt{x+1}}$ ⏭

對以正數 a $(0 < a \neq 1)$ 為底的指數函數 a^x 微分時，可先予以換底，即，

$$a^x = e^{\ln a^x} = e^{x \ln a}$$

再將它微分，可得到下面的定理.

定理 2.15

$$\frac{d}{dx} a^x = a^x \ln a$$

若 $u = u(x)$ 為可微分函數，則由連鎖法則可得

$$\frac{d}{dx} a^u = a^u (\ln a) \frac{du}{dx}. \tag{2.15}$$

【例題 18】 利用 (2.15) 式

$\dfrac{d}{dx} 2^{\sin x} = 2^{\sin x} (\ln 2) \dfrac{d}{dx} \sin x = 2^{\sin x} (\ln 2) \cos x$

$\dfrac{d}{dx} 2^{\sqrt{x+1}} = 2^{\sqrt{x+1}} (\ln 2) \dfrac{d}{dx} \sqrt{x+1} = \dfrac{2^{\sqrt{x+1}} (\ln 2)}{2\sqrt{x+1}}.$ ⏭

【例題 19】 利用隱微分法

求曲線 $\ln y = e^y \sin x$ 在點 $(0, 1)$ 的切線方程式.

【解】 $\dfrac{d}{dx} \ln y = \dfrac{d}{dx} (e^y \sin x) \Rightarrow \dfrac{1}{y} \dfrac{dy}{dx} = e^y \cos x + e^y \sin x \dfrac{dy}{dx}$

$$\Rightarrow \left(\dfrac{1}{y} - e^y \sin x\right) \dfrac{dy}{dx} = e^y \cos x$$

$$\Rightarrow \dfrac{dy}{dx} = \dfrac{e^y \cos x}{\dfrac{1}{y} - e^y \sin x} = \dfrac{y e^y \cos x}{1 - y e^y \sin x}$$

可得 $m = \dfrac{dy}{dx}\bigg|_{(0,\,1)} = \dfrac{e}{1-0} = e$

故在點 (0，1) 的切線方程式為 $y - 1 = e(x - 0)$，即，

$$ex - y + 1 = 0.$$

【例題 20】 **利用對數微分法**

若 $y = x^x$ $(x > 0)$，求 $\dfrac{dy}{dx}$.

【解】 因 x^x 的指數是變數，故無法利用冪法則；同理，因底數不是常數，故不能利用定理 2.15.

方法 1：$y = x^x \Rightarrow \ln y = \ln x^x = x \ln x$

$$\Rightarrow \dfrac{d}{dx} \ln y = \dfrac{d}{dx} (x \ln x)$$

$$\Rightarrow \dfrac{1}{y} \dfrac{dy}{dx} = 1 + \ln x$$

$$\Rightarrow \dfrac{dy}{dx} = y(1 + \ln x) = x^x (1 + \ln x).$$

方法 2：$y = x^x = e^{\ln x^x} = e^{x \ln x}$

$$\Rightarrow \dfrac{dy}{dx} = \dfrac{d}{dx} (e^{x \ln x}) = e^{x \ln x} \dfrac{d}{dx} (x \ln x)$$

$$= e^{x \ln x} \left(x \dfrac{d}{dx} \ln x + \ln x \dfrac{d}{dx} x\right)$$

$$= x^x (1 + \ln x).$$

習題 2.7

求 1～5 題中的極限.

1. $\lim\limits_{\theta \to 0} \dfrac{\sin \theta}{\theta + \tan \theta}$
2. $\lim\limits_{x \to 0} \dfrac{\sin 6x}{\sin 8x}$
3. $\lim\limits_{\theta \to 0} \dfrac{1 - \cos \theta}{\theta}$
4. $\lim\limits_{\theta \to 0} \dfrac{\sin^2 \theta}{2\theta}$
5. $\lim\limits_{x \to 0^+} \sqrt{x}\, \csc \sqrt{x}$

在 6～20 題中求 $\dfrac{dy}{dx}$.

6. $y = 2x \sin 2x + \cos 2x$
7. $y = \cos^2 2x$
8. $y = \dfrac{1 - \cos x}{1 - \sin x}$
9. $y = \sin^{-1} \dfrac{1}{x}$
10. $y = \tan^{-1} \left(\dfrac{1-x}{1+x} \right)$
11. $y = \ln (5x^2 + 1)^3$
12. $y = \ln (x + \sqrt{x^2 - 1})$
13. $y = \sqrt{\ln \sqrt{x}}$
14. $y = \ln \sqrt{\dfrac{1 + x^2}{1 - x^2}}$
15. $y = \ln |\csc x - \cot x|$
16. $y = \ln (\ln (\ln x))$
17. $y = \ln \sqrt{e^{2x} + e^{-2x}}$
18. $y = \dfrac{e^x - e^{-x}}{e^x + e^{-x}}$
19. $y = x^{\sin x}$
20. $y = (\ln x)^x$

21. 若 $y = \sqrt[3]{\dfrac{4x - 3}{(2x+1)(3x-2)}}$，利用對數微分法求 $\dfrac{dy}{dx}$.

22. 求曲線 $y = x \sin \dfrac{1}{x}$ 在點 $\left(\dfrac{2}{\pi}, \dfrac{2}{\pi} \right)$ 的切線與法線方程式.

23. 求曲線 $y + \sin y = x$ 在點 $(0, 0)$ 的切線方程式.

24. 利用微分求 $\cos 31°$ 的近似值.

25. 計算 (1) $\dfrac{d^{99}}{dx^{99}} \sin x$, (2) $\dfrac{d^{50}}{dx^{50}} \cos 2x$.

26. 若 $\ln (2.00) \approx 0.6932$，利用微分求 $\ln (2.01)$ 的近似值.

27. 試證：對任意常數 A 與 B，函數 $y = Ae^{2x} + Be^{-4x}$ 滿足方程式 $y'' + 2y' - 8y = 0$.

28. 某電路中的電流在時間 t 為 $I(t) = I_0 e^{-Rt/L}$，其中 R 為電阻，L 為電感，I_0 為在 $t = 0$ 的電流，試證：電流在任何時間 t 的變化率與 $I(t)$ 成比例.

29. 某質點沿著 x-軸前進使得它在時間 t 的 x-坐標為 $x = ae^{kt} + be^{-kt}$ (a、b 與 k 均為常數)，試證：它的加速度與 x 成比例.

30. (1) 假設 u 與 v 皆為 x 的可微分函數，利用對數微分法證明公式：

$$\frac{d}{dx} u^v = vu^{v-1} \frac{du}{dx} + u^v (\ln u) \frac{dv}{dx}$$

(2) 當 u 為常數時，(1) 的公式為何？

(3) 當 v 為常數時，(1) 的公式為何？

3 微分的應用

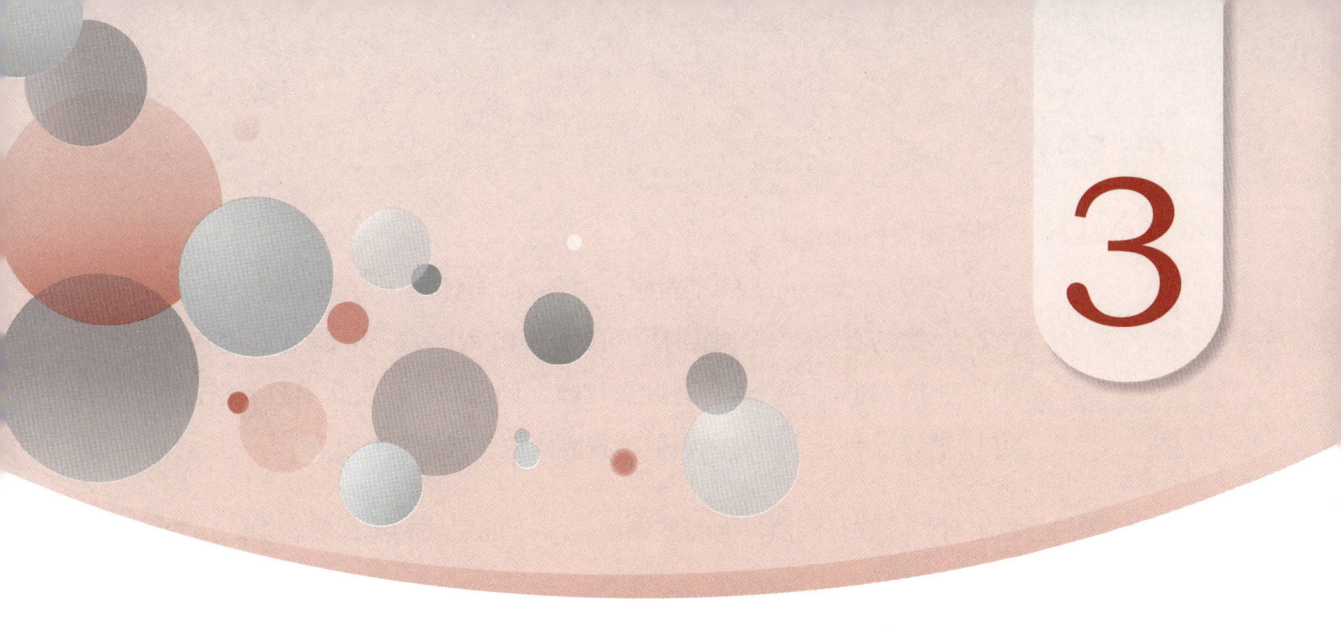

● 3.1 函數的極值

微分學裡有一些重要的應用問題，它們是所謂的 最佳化問題 (optimization problem)，其主要在於如何找出最佳決策的方法去完成工作．最佳化問題可簡化為求函數的最大值與最小值，並判斷此值發生於何處．

○ 定義 3.1

設函數 f 定義在區間 I 且 $c \in I$.
(1) 若對 I 中所有 x 恆有 $f(c) \geq f(x)$，則稱 f 在 c 處有 絕對極大值 (absolute maximum) [或全域極大值 (global maximum)]，$f(c)$ 為 f 在 I 上的 絕對極大值 (或全域極大值).
(2) 若對 I 中所有 x 恆有 $f(c) \leq f(x)$，則稱 f 在 c 處有 絕對極小值 (absolute minimum) [或全域極小值 (global minimum)]，$f(c)$ 為 f 在 I 上的 絕對極小值 (或全域極小值).
上述的 $f(c)$ 稱為 f 的 絕對極值 (absolute extremum) [或全域極值 (global extremum)].

絕對極大值又稱為 最大值 (largest value)，絕對極小值又稱為 最小值 (smallest value).

【例題 1】 判斷絕對極值

(1) 函數 $f(x) = \sin x$ 的絕對極大值為 1，絕對極小值為 -1．

(2) 函數 $f(x) = x^2$ 的絕對極小值為 $f(0) = 0$，這表示原點為拋物線 $y = x^2$ 上的最低點．然而，在此拋物線上無最高點，故此函數無絕對極大值．

(3) 若 $f(x) = x^3$，則此函數無絕對極大值也無絕對極小值． ⏭

我們已看出有些函數有極值，而有些則沒有．下面定理給出保證函數的絕對極大值與絕對極小值存在的條件．

○ 定理 3.1　極值定理 (extreme value theorem)

若函數 f 在閉區間 $[a, b]$ 為連續，則 f 在 $[a, b]$ 上不但有絕對極大值 (即，最大值) 而且有絕對極小值 (即，最小值)．

此定理的結果在直觀上是很明顯的．若我們想像成質點沿著包含兩端點的連續圖形上移動，則在整個歷程當中，一定會通過最高點與最低點．

在絕對極值定理中，f 為連續與閉區間的假設是絕對必要的．若任一假設不滿足，則不能保證絕對極大值或絕對極小值存在．

【例題 2】 絕對極小值存在

若函數 $f(x) = \begin{cases} x, & 0 \leq x < 1 \\ \dfrac{1}{2}, & 1 \leq x \leq 2 \end{cases}$

定義在閉區間 $[0, 2]$，則它有絕對極小值 0，但無絕對極大值．事實上，$f(x)$ 在 $x = 1$ 不連續． ⏭

○ 定義 3.2

設函數 f 定義在區間 I 且 $c \in I$．

(1) 若 I 內存在包含 c 的開區間，使得 $f(c) \geq f(x)$ 對該開區間中所有 x 均成立，則稱 f 在 c 處有**相對極大值** (relative maximum) [或**局部極大值** (local maximum)]，$f(c)$ 為 f 的**相對極大值** (或**局部極大值**)．

(2) 若 I 內存在包含 c 的開區間,使得 $f(c) \leq f(x)$ 對該開區間中所有 x 均成立,則稱 f 在 c 處有**相對極小值** (relative minimum) [或**局部極小值** (local minimum)],$f(c)$ 為 f 的**相對極小值** (或**局部極小值**).

上述的 $f(c)$ 稱為 f 的**相對極值** (relative extremum) [或**局部極值** (local extremum)].

若 c 為 I 的端點,則我們僅僅考慮在 I 內包含 c 的半開區間.

絕對極大值也是相對極大值,絕對極小值也是相對極小值.

如圖 3.1 所示,$f(c)$ 為相對極大值,$f'(c)=0$;$f(d)$ 為相對極小值,$f'(d)=0$;$f(e)$ 為相對極大值,但 $f'(e)$ 不存在. 這些事實可從下面定理獲知.

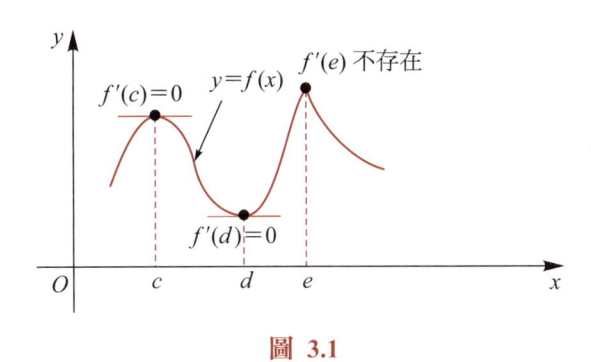

圖 3.1

○ 定理 3.2

若函數 f 在 c 處有相對極值,則 $f'(c)=0$ 抑或 $f'(c)$ 不存在.

【例題 3】 **函數在有相對極小值之處不可微分**

函數 $f(x)=|x-1|$ 在 $x=1$ 處有 (相對且絕對) 極小值,但 $f'(1)$ 不存在. ⏭

【例題 4】 **導數為零之處無任何相對極值**

若 $f(x)=x^3$,則 $f'(x)=3x^2$,故 $f'(0)=0$. 但是,f 在 0 處無相對極大值或相對極小值. $f'(0)=0$ 僅表示曲線 $y=x^3$ 在點 $(0, 0)$ 有一條水平切線. ⏭

○ 定義 3.3

設 c 為函數 f 之定義域中的一數，若 $f'(c)=0$ 抑或 $f'(c)$ 不存在，則稱 c 為 f 的**臨界數** (critical number) [或稱**臨界點** (critical point)]。

依定理 3.2，若函數有相對極值，則相對極值發生於臨界數處；但是，並非在每一個臨界數處皆有相對極值，如例題 4 所示。

若函數 f 在閉區間 $[a, b]$ 為連續，則求其絕對極值的步驟如下：

1. 在 (a, b) 中，求 f 的所有臨界數，並計算 f 在這些臨界數的值。
2. 計算 $f(a)$ 與 $f(b)$。
3. 從步驟 1 與步驟 2 中所計算的最大值即為絕對極大值，最小值即為絕對極小值。

在步驟 2 中，若 $f(a)$ 與 $f(b)$ 為絕對極大值或絕對極小值，則稱為**端點極值** (end-point extremum)。

【例題 5】 **在閉區間上求絕對極值**

求函數 $f(x)=x^3-3x^2+1$ 在區間 $[-2, 3]$ 上的絕對極大值與絕對極小值。

【解】 $f'(x)=3x^2-6x=3x(x-2)$。於是，在 $(-2, 3)$ 中，f 的臨界數為 0 與 2。f 在這些臨界數的值為

$$f(0)=1, \ f(2)=-3$$

而在兩端點的值為

$$f(-2)=-19, \ f(3)=1$$

所以，絕對極大值為 1，絕對極小值為 -19。

若函數 f 在開區間 (a, b) 為連續使得

$$\lim_{x \to a^+} f(x) = \infty \ (或 \ -\infty) \ 且 \ \lim_{x \to b^-} f(x) = \infty \ (或 \ -\infty),$$

則表 3.1 指出 f 在 (a, b) 上有 (或無) 絕對極值的情形。

表 3.1

$\lim\limits_{x \to a^+} f(x)$	$\lim\limits_{x \to b^-} f(x)$	結論 [若 f 在 (a, b) 為連續]
∞	∞	有絕對極小值但無絕對極大值
$-\infty$	$-\infty$	有絕對極大值但無絕對極小值
$-\infty$	∞	既無絕對極大值也無絕對極小值
∞	$-\infty$	既無絕對極大值也無絕對極小值

【例題 6】 在閉區間上求絕對極值

求函數 $f(x) = \dfrac{3}{x^2 - x}$ 在區間 $(0, 1)$ 上的絕對極值.

【解】 因 $\lim\limits_{x \to 0^+} f(x) = \lim\limits_{x \to 0^+} \dfrac{3}{x^2 - x} = \lim\limits_{x \to 0^+} \dfrac{3}{x(x-1)} = -\infty$

且 $\lim\limits_{x \to 1^-} f(x) = \lim\limits_{x \to 1^-} \dfrac{3}{x^2 - x} = \lim\limits_{x \to 1^-} \dfrac{3}{x(x-1)} = -\infty$

故 f 在 $(0, 1)$ 上有絕對極大值但無絕對極小值.

又 $f'(x) = -\dfrac{3(2x-1)}{(x^2-x)^2}$，可知 f 的臨界數為 $\dfrac{1}{2}$，故 f 的絕對極大值為

$$f\left(\dfrac{1}{2}\right) = -12.$$

習題 3.1

求 1～9 題中各函數在所予區間上的絕對極值.

1. $f(x) = 4x^2 - 4x + 3$; $[0, 1]$
2. $f(x) = (x-1)^3$; $[0, 4]$
3. $f(x) = x^3 - 6x^2 + 9x + 2$; $[0, 2]$
4. $f(x) = \dfrac{x}{x^2 + 2}$; $[-1, 4]$
5. $f(x) = 1 + |9 - x^2|$; $[-5, 1]$
6. $f(x) = \sin x - \cos x$; $[0, \pi]$

7. $f(x) = xe^{-x}$; [0, 2]

8. $f(x) = \dfrac{\ln x}{x}$; [1, 3]

9. $f(x) = \dfrac{x^2}{x+1}$; $(-5, -1)$

10. 設 $f(x) = x^2 + ax + b$，求 a 與 b 的值使得 $f(1) = 3$ 為 f 在 [0, 2] 上的絕對極值。它是絕對極大值或絕對極小值？

3.2　均值定理

現在，我們將給出微積分裡一個相當重要的定理，稱為均值定理 (mean value theorem)，它被用來證明很多重要的結果．

定理 3.3　均值定理

若

(i) f 在 $[a, b]$ 為連續

(ii) f 在 (a, b) 為可微分

則在 (a, b) 中存在一數 c 使得

$$\frac{f(b)-f(a)}{b-a} = f'(c).$$

就幾何意義而言，均值定理指出，在曲線 $y=f(x)$ 上的兩點 A 與 B 之間，至少存在一處 c 使得曲線在該處的切線平行於連接 A 與 B 的割線．如圖 3.2 所示，連接 $A(a, f(a))$ 與 $B(b, f(b))$ 的割線斜率為 $\dfrac{f(b)-f(a)}{b-a}$，而切線在點 $P(c, f(c))$ 的斜率為 $f'(c)$．

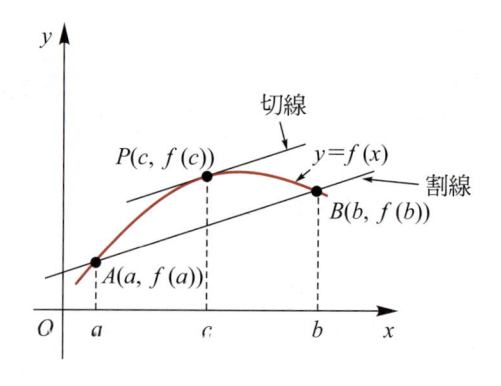

圖 3.2

【例題 1】 探究均值定理

說明 $f(x)=x^3-8x-5$ 在區間 $[1, 4]$ 上滿足均值定理的假設，並在區間 $(1, 4)$ 中求一數 c 使其滿足均值定理的結論．

【解】 因 f 為多項式函數，故它為連續且可微分．尤其，f 在 $[1, 4]$ 為連續且在 $(1, 4)$ 為可微分．因此，滿足均值定理的假設條件．

我們得知在 $(1, 4)$ 中存在一數 c 使得

$$\frac{f(4)-f(1)}{4-1}=f'(c)$$

又 $f'(x)=3x^2-8$，上式變成

$$3c^2-8=\frac{27-(-12)}{4-1}=\frac{39}{3}=13$$

可得
$$c^2=7$$

即，
$$c=\pm\sqrt{7}$$

因僅 $c=\sqrt{7}$ 在區間 $(1, 4)$ 中，故其為所求的數． ⏭

【例題 2】 利用均值定理

證明 $|\sin a-\sin b|\leq|a-b|$ 對所有實數 a 與 b 皆成立．

【證】 (1) 設 $a<b$．

令 $f(x)=\sin x$，則 $f'(x)=\cos x$．所以，f 在 $[a, b]$ 為連續，在 (a, b) 為可微分．依均值定理可知，在 (a, b) 中存在一數 c 使得

$$\frac{f(b)-f(a)}{b-a}=f'(c)$$

即，
$$\frac{\sin b-\sin a}{b-a}=\cos c$$

$$\left|\frac{\sin b-\sin a}{b-a}\right|=|\cos c|\leq 1$$

可得　　　　　　　$|\sin b-\sin a|\leq|b-a|$

故　　　　　　　　$|\sin a-\sin b|\leq|a-b|$．

(2) $b<a$ 的證明類似 (讀者自證之)． ⏭

【例題 3】　均值定理的應用

若一汽車沿著直線道路行駛，其位置函數為 $s=f(t)$（t 表時間），則它在時間區間 $[t_1, t_2]$ 中的平均速度為 $\dfrac{f(t_2)-f(t_1)}{t_2-t_1}$，在 $t=c$（$t_1 < c < t_2$）的速度為 $f'(c)$．因此，均值定理告訴我們，在 $t=c$ 時，瞬時速度 $f'(c)$ 等於平均速度．

習題 3.2

驗證 1～4 題中各函數在所予區間滿足均值定理的假設，並求 c 的所有值使其滿足定理的結論．

1. $f(x)=x^3-3x+5$；$[-1, 1]$

2. $f(x)=\cos x$；$\left[\dfrac{\pi}{2}, \dfrac{3\pi}{2}\right]$

3. $f(x)=\dfrac{x^2-1}{x-2}$；$[-1, 1]$

4. $f(x)=x+\dfrac{1}{x}$；$[3, 4]$

5. 利用均值定理求 $\sqrt[6]{64.05}$ 的近似值．

3.3　單調函數

在描繪函數的圖形時，知道何處上升與何處下降是很有用的．圖 3.3 所示的圖形由 A 上升到 B，由 B 下降到 C，然後再由 C 上升到 D．我們從該圖可知，若 x_1 與

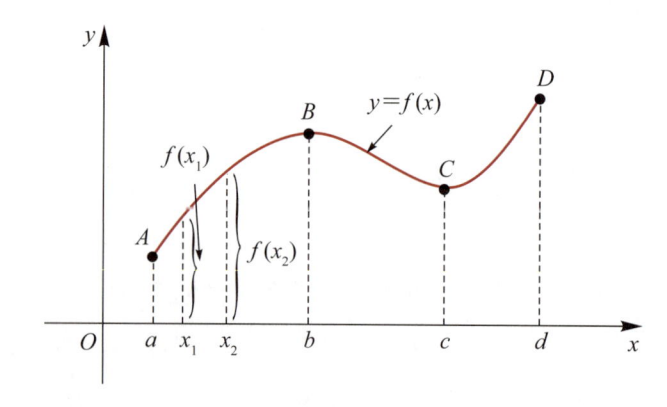

圖 3.3

x_2 為介於 a 與 b 之間的任兩數，其中 $x_1 < x_2$，則 $f(x_1) < f(x_2)$．

定義 3.4

設函數 f 定義在某區間 I．
(1) 對 I 中所有 x_1, x_2，若 $x_1 < x_2$，恆有 $f(x_1) < f(x_2)$，則稱 f 在 I 為**遞增** (increasing)，而 I 稱為 f 的**遞增區間** (interval of increase)．
(2) 對 I 中所有 x_1, x_2，若 $x_1 < x_2$，恆有 $f(x_1) > f(x_2)$，則稱 f 在 I 為**遞減** (decreasing)，而 I 稱為 f 的**遞減區間** (interval of decrease)．
(3) 若 f 在 I 為**遞增**抑或為**遞減**，則稱 f 在 I 上為**單調** (monotonic)．

函數遞增或函數遞減的定義如圖 3.4 所示．

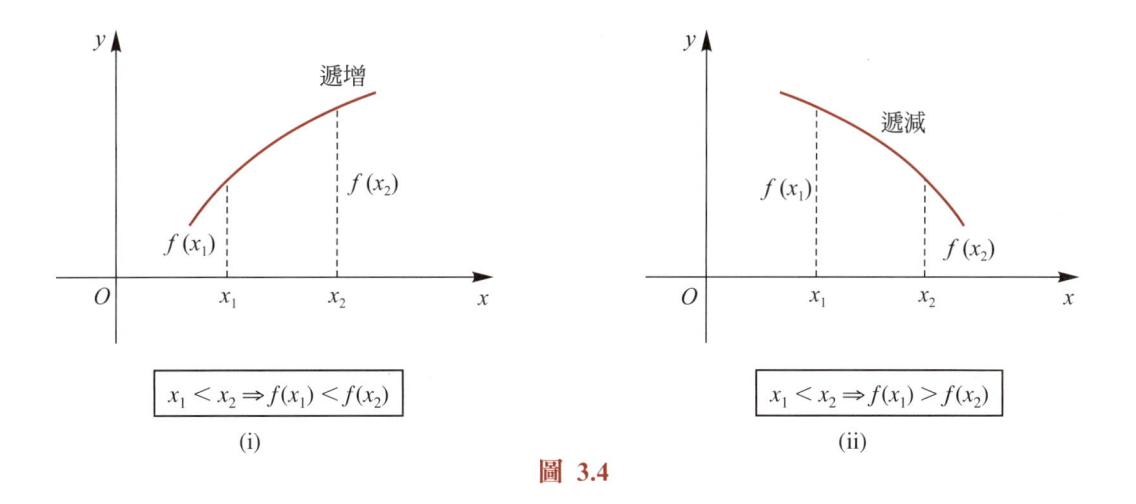

圖 3.4

【例題 1】 利用定義 3.4
(1) 函數 $f(x) = x^2$ 在 $(-\infty, 0]$ 為遞減而在 $[0, \infty)$ 為遞增，故在 $(-\infty, 0]$ 與 $[0, \infty)$ 皆為單調，但它在 $(-\infty, \infty)$ 不為單調．
(2) 函數 $f(x) = x^3$ 在 $(-\infty, \infty)$ 為單調．

圖 3.5 顯示若函數圖形在某區間的切線斜率為正，則函數在該區間為遞增；同理，若圖形的切線斜率為負，則函數為遞減．

(i) $f'(a) > 0$ (ii) $f'(a) < 0$

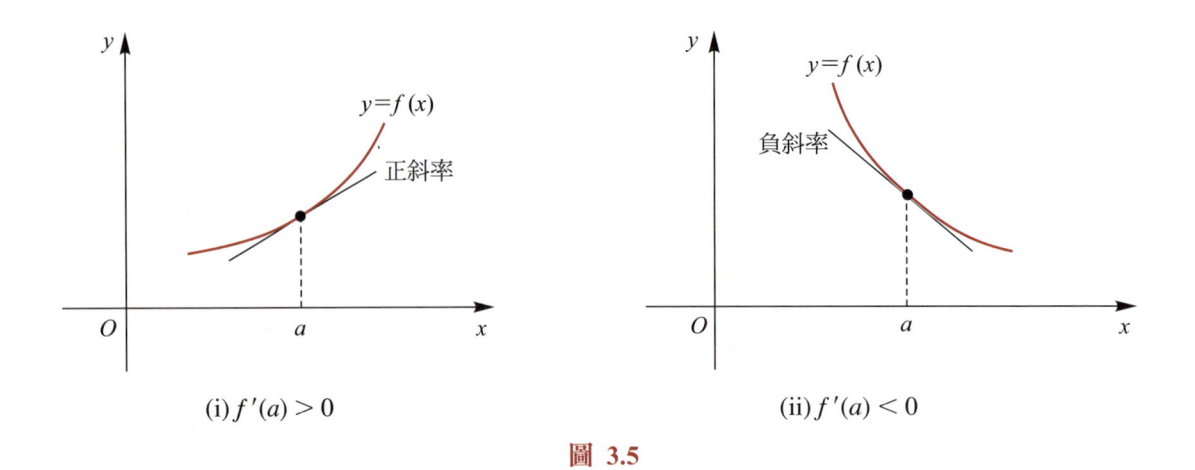

圖 3.5

下面定理指出如何利用導數來判斷函數在區間為遞增或遞減.

○ 定理 3.4　單調性檢驗法 (monotone test)

設函數 f 在開區間 I 為可微分.
(1) 若 $f'(x) > 0$ 對 I 中所有 x 皆成立，則 f 在 I 為遞增.
(2) 若 $f'(x) < 0$ 對 I 中所有 x 皆成立，則 f 在 I 為遞減.

定理 3.4 可推廣到含有端點的閉區間，但必須另外加上函數在該區間為連續的條件.

【例題 2】　利用單調性檢驗法

若 $f(x) = x^3 + x^2 - 5x + 6$，則 f 在何區間為遞增？遞減？

【解】　$f'(x) = 3x^2 + 2x - 5 = (3x + 5)(x - 1)$

得臨界數為 $x = -\dfrac{5}{3}$ 與 $x = 1$.

$x < -\dfrac{5}{3}$	$-\dfrac{5}{3}$	$-\dfrac{5}{3} < x < 1$	1	$x > 1$
$f'(x) > 0$	$f'\left(-\dfrac{5}{3}\right) = 0$	$f'(x) < 0$	$f'(1) = 0$	$f'(x) > 0$

因 f 為處處連續，故 f 在 $\left(-\infty, -\dfrac{5}{3}\right]$ 與 $[1, \infty)$ 為遞增，

在 $\left[-\dfrac{5}{3},\ 1\right]$ 為遞減.

【例題 3】 利用單調性檢驗法

函數 $f(x)=\dfrac{x}{x^2+1}$ 在何區間為遞增？遞減？求 f 的遞增區間與遞減區間.

【解】 $f'(x)=\dfrac{d}{dx}\left(\dfrac{x}{x^2+1}\right)=\dfrac{x^2+1-x(2x)}{(x^2+1)^2}=\dfrac{1-x^2}{(x^2+1)^2}$

$f'(-1)=0,\ f'(1)=0.$

$x<-1$	-1	$-1<x<1$	1	$x>1$
$f'(x)<0$	$f'(-1)=0$	$f'(x)>0$	$f'(1)=0$	$f'(x)<0$

因 f 為處處連續，故 f 在 $[-1,\ 1]$ 為遞增，在 $(-\infty,\ -1]$ 與 $[1,\ \infty)$ 為遞減. $[-1,\ 1]$ 為遞增區間，$(-\infty,\ -1]$ 與 $[1,\ \infty)$ 為遞減區間.

我們知道，欲求相對極值，首先須找出函數所有的臨界數，再檢查每一個臨界數，以決定是否有相對極值發生. 做這個檢查的方法有很多，下面的定理是根據 f 的一階導數的正負號來判斷 f 是否有相對極值. 大致說來，這個定理說明了，當 x 遞增通過臨界數 c 時，若 $f'(x)$ 變號，則 f 在 c 處有相對極大值或相對極小值；若 $f'(x)$ 不變號，則在 c 處無極值發生.

○ 定理 3.5　一階導數檢驗法 (first derivative test)

設函數 f 在包含臨界數 c 的開區間 (a, b) 為連續.
(1) 當 $a<x<c$ 時，$f'(x)>0$，且 $c<x<b$ 時，$f'(x)<0$，則 $f(c)$ 為 f 的相對極大值.
(2) 當 $a<x<c$ 時，$f'(x)<0$，且 $c<x<b$ 時，$f'(x)>0$，則 $f(c)$ 為 f 的相對極小值.
(3) 當 $a<x<b$ 時，$f'(x)$ 同號，則 $f(c)$ 不為 f 的相對極值.

圖 3.6 中的圖形可作為方便記憶一階導數檢驗法的模式.

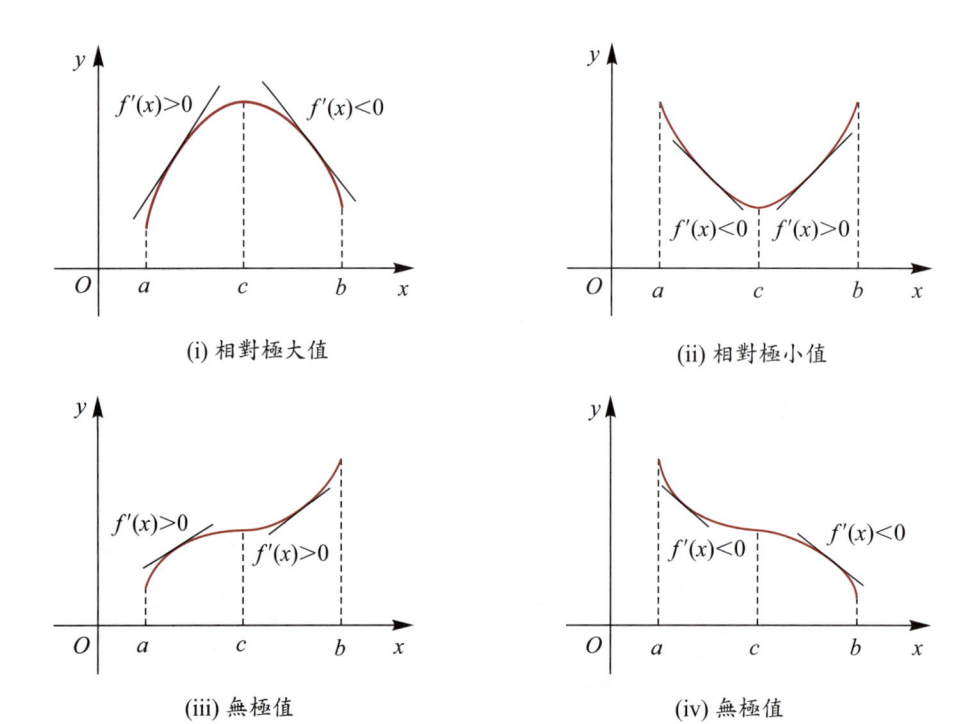

(i) 相對極大值

(ii) 相對極小值

(iii) 無極值

(iv) 無極值

圖 3.6

【例題 4】 利用一階導數檢驗法

求函數 $f(x)=x^3-3x+3$ 的相對極值.

【解】 $f'(x)=3x^2-3=3(x-1)(x+1)$. 於是, f 的臨界數為 1 與 -1.

$x<-1$	-1	$-1<x<1$	1	$x>1$
$f'(x)>0$	$f'(-1)=0$	$f'(x)<0$	$f'(1)=0$	$f'(x)>0$

依一階導數檢驗法, $f(x)$ 在 $x=-1$ 處有相對極大值 $f(-1)=5$, 在 $x=1$ 處有相對極小值 $f(1)=1$.

習題 3.3

求 1～6 題中各函數的遞增區間與遞減區間.

1. $f(x)=x^2-5x+2$　　　　**2.** $f(x)=-x^2-3x+1$

3. $f(x) = 3x^3 - 4x + 3$

4. $f(x) = (x+3)^3$

5. $f(x) = \dfrac{x}{x^2+2}$

6. $f(x) = \sin^2 2x$, $0 \leq x \leq \pi$

求 7～12 題中下列各函數的相對極值.

7. $f(x) = 2x^3 - 9x^2 + 12x$

8. $f(x) = x(x-1)^2$

9. $f(x) = x^3 - 3x^2 - 24x + 32$

10. $f(x) = \dfrac{x}{x^2+1}$

11. $f(x) = x - \ln x$

12. $f(x) = x^2 e^{-x}$

3.4 凹 性

雖然函數 f 的導數能告訴我們 f 的圖形在何處為遞增或遞減，但是它並不能顯示圖形如何彎曲. 為了研究這個問題，我們必須探討如圖 3.7 所示切線的變化情形.

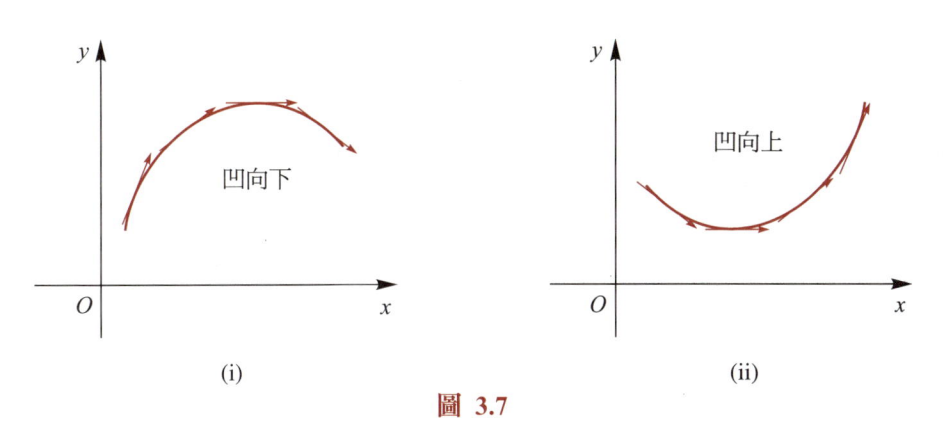

(i) 凹向下

(ii) 凹向上

圖 3.7

在圖 3.7(i) 中的曲線 (切點除外) 位於其切線的下方，稱為凹向下，當我們由左到右沿著此曲線前進時，切線旋轉，而它們的斜率遞減. 對照之下，圖 3.7(ii) 中的曲線 (切點除外) 位於其切線的上方，稱為凹向上. 當我們由左到右沿著此曲線前進時，切線旋轉，而它們的斜率遞增. 因 f 之圖形的切線斜率為 f'，故我們有下面的定義.

○ 定義 3.5

設函數 f 在某開區間為可微分.
(1) 若 f' 在該區間為遞增,則稱函數 f 的圖形在該區間為凹向上 (concave upward).
(2) 若 f' 在該區間為遞減,則稱函數 f 的圖形在該區間為凹向下 (concave downward).

註:簡便來說,凹向上的曲線"盛水",凹向下的曲線"漏水". 凹向上分為遞增凹向上、遞減凹向上,凹向下分為遞增凹向下、遞減凹向下.

因 f'' 是 f' 的導函數,故由定理 3.6 可知,若 $f''(x)>0$ 對 (a, b) 中所有 x 均成立,則 f' 在 (a, b) 為遞增;若 $f''(x)<0$ 對 (a, b) 中所有 x 均成立,則 f' 在 (a, b) 為遞減. 於是,我們有下面的結果.

○ 定理 3.6　凹性檢驗法 (concavity test)

設函數 f 在開區間 I 為二次可微分.
(1) 若 $f''(x)>0$ 對 I 中所有 x 均成立,則 f 的圖形在 I 為凹向上.
(2) 若 $f''(x)<0$ 對 I 中所有 x 均成立,則 f 的圖形在 I 為凹向下.

【例題 1】 利用凹性檢驗法

函數 $f(x)=x^3-3x^2+2$ 的圖形在何處為凹向上?凹向下?

【解】 $f'(x)=3x^2-6x$, $f''(x)=6x-6$. 若 $x>1$,則 $f''(x)>0$,故 f 的圖形在 $(1, \infty)$ 為凹向上. 若 $x<1$,則 $f''(x)<0$,故 f 的圖形在 $(-\infty, 1)$ 為凹向下.

【例題 2】 利用凹性檢驗法

函數 $f(x)=\dfrac{1}{1+x^2}$ 的圖形在何處為凹向上?凹向下?

【解】 $f'(x)=\dfrac{d}{dx}\left(\dfrac{1}{1+x^2}\right)=\dfrac{-2x}{(1+x^2)^2}=-2x(1+x^2)^{-2}$

$$f''(x) = -\frac{d}{dx} 2x(1+x^2)^{-2} = -2(1+x^2)^{-2} + 4x(1+x^2)^{-3}(2x)$$

$$= -2(1+x^2)^{-2} + 8x^2(1+x^2)^{-3} = 2(1+x^2)^{-3}(3x^2-1)$$

令 $f''(x)=0$，則 $3x^2-1=0$，得 $x=\pm\dfrac{1}{\sqrt{3}}=\pm\dfrac{\sqrt{3}}{3}$。

$x<-\dfrac{\sqrt{3}}{3}$	$-\dfrac{\sqrt{3}}{3}$	$-\dfrac{\sqrt{3}}{3}<x<\dfrac{\sqrt{3}}{3}$	$\dfrac{\sqrt{3}}{3}$	$x>\dfrac{\sqrt{3}}{3}$
$f''(x)>0$	$f''\left(-\dfrac{\sqrt{3}}{3}\right)=0$	$f''(x)<0$	$f''\left(\dfrac{\sqrt{3}}{3}\right)=0$	$f''(x)>0$

故 f 的圖形在 $\left(-\infty, -\dfrac{\sqrt{3}}{3}\right)$ 與 $\left(\dfrac{\sqrt{3}}{3}, \infty\right)$ 為凹向上，

在 $\left(-\dfrac{\sqrt{3}}{3}, \dfrac{\sqrt{3}}{3}\right)$ 為凹向下.

在例題 1 中，函數圖形在點 (1, 0) 改變圖形的凹性，而對於這種點，我們給予名稱.

◯ 定義 3.6

設函數 f 在包含 c 的開區間 (a, b) 為連續，若 f 的圖形在 (a, c) 為凹向上且在 (c, b) 為凹向下，抑或 f 的圖形在 (a, c) 為凹向下且在 (c, b) 為凹向上，則稱點 $(c, f(c))$ 為 f 之圖形上的**反曲點** (inflection point).

在例題 1 中，我們指出，f 的圖形在 $(-\infty, 1)$ 為凹向下，而在 $(1, \infty)$ 為凹向上，於是，$f(x)$ 在 $x=1$ 處有一個反曲點. 因 $f(1)=0$，故反曲點為 (1, 0).

◯ 定理 3.7 反曲點存在的必要條件

設 $(c, f(c))$ 為 f 之圖形上的反曲點，$f''(x)$ 對於包含 c 的某開區間中所有 x 均存在，則 $f''(c)=0$.

94 微積分

由定義 3.6 知，反曲點僅可能發生於 $f''(x)=0$ 抑或 $f''(x)$ 不存在的點，如圖 3.8 所示．但讀者應注意，在某處的二階導數為零，並不一定保證圖形在該處就有反曲點．

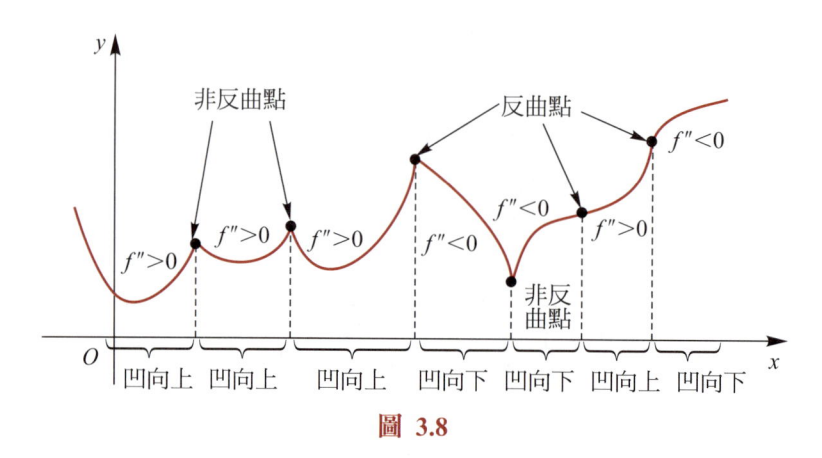

圖 3.8

例如，$f(x)=x^3$，$f''(0)=0$，點 $(0, 0)$ 是 f 之圖形的反曲點．至於 $f(x)=x^4$，雖然 $f''(0)=0$，但點 $(0, 0)$ 並非 f 之圖形的反曲點．

【例題 3】 利用定理 3.7

求 $f(x)=3x^4-4x^3+1$ 之圖形的反曲點．

【解】
$$f'(x)=12x^3-12x^2$$
$$f''(x)=36x^2-24x=12x(3x-2)$$

令 $f''(x)=0$

即，$12x(3x-2)=0$

可得 $x=0$ 或 $x=\dfrac{2}{3}$．

$x<0$	0	$0<x<\dfrac{2}{3}$	$\dfrac{2}{3}$	$x>\dfrac{2}{3}$
$f''(x)>0$	$f''(0)=0$	$f''(x)<0$	$f''\left(\dfrac{2}{3}\right)=0$	$f''(x)>0$

故反曲點分別為 $(0, 1)$ 與 $\left(\dfrac{2}{3}, \dfrac{11}{27}\right)$．

有關函數 f 的相對極值除了可用一階導數檢驗外，尚可利用二階導數檢驗．

定理 3.8　二階導數檢驗法 (second derivative test)

設函數 f 在包含 c 的開區間為可微分且 $f'(c)=0$．
(1) 若 $f''(c)>0$，則 $f(c)$ 為 f 的相對極小值．
(2) 若 $f''(c)<0$，則 $f(c)$ 為 f 的相對極大值．

【例題 4】　利用二階導數檢驗法

若 $f(x)=5+2x^2-x^4$，求 f 的相對極值．

【解】　$f'(x)=4x-4x^3=4x(1-x^2)$，$f''(x)=4-12x^2=4(1-3x^2)$．

解方程式 $f'(x)=0$，可得 f 的臨界數為 0、1 與 -1，而 f'' 在這些臨界數的值分別為

$$f''(0)=4>0,\ f''(1)=-8<0,\ f''(-1)=-8<0$$

因此，f 的相對極大值為 $f(1)=6=f(-1)$，相對極小值為 $f(0)=5$．　▶▶

【例題 5】　利用二階導數檢驗法

求 $f(x)=2\sin x+\cos 2x$ 在區間 $(0,\ 2\pi)$ 的相對極值．

【解】　$f'(x)=2\cos x-2\sin 2x=2\cos x-4\sin x\cos x$
$\qquad\quad=2\cos x(1-2\sin x)$

$f''(x)=-2\sin x-4\cos 2x$

解 $f'(x)=0$，可得 f 的臨界數為 $\dfrac{\pi}{6}$、$\dfrac{\pi}{2}$、$\dfrac{5\pi}{6}$ 與 $\dfrac{3\pi}{2}$．

$f''\left(\dfrac{\pi}{6}\right)=-3<0,\ f''\left(\dfrac{\pi}{2}\right)=2>0,\ f''\left(\dfrac{5\pi}{6}\right)=-3<0,\ f''\left(\dfrac{3\pi}{2}\right)=6>0$．

利用二階導數檢驗法，我們得知相對極大值為 $f\left(\dfrac{\pi}{6}\right)=\dfrac{3}{2}=f\left(\dfrac{5\pi}{6}\right)$，相對極小值為 $f\left(\dfrac{\pi}{2}\right)=1$ 與 $f\left(\dfrac{2\pi}{3}\right)=-3$．　▶▶

下面的定理將求絕對極值的問題簡化為求相對極值的問題.

定理 3.9

設函數 f 在某區間為連續, f 在該區間中的 c 處恰有一個相對極值.
(1) 若 $f(c)$ 為相對極大值, 則 $f(c)$ 為 f 在該區間上的絕對極大值.
(2) 若 $f(c)$ 為相對極小值, 則 $f(c)$ 為 f 在該區間上的絕對極小值.

【例題 6】 利用定理 3.9

求 $f(x)=x^3-3x^2+4$ 在區間 $(0, \infty)$ 上的極大值與極小值 (若存在).

【解】 $f'(x)=3x^2-6x=3x(x-2)$, 因此, 在 $(0, \infty)$ 中, f 的臨界數為 2. 又 $f''(x)=6x-6$, 可得 $f''(2)=6>0$, 於是, 依二階導數檢驗法, 相對極小值為 $f(2)=0$. 所以, f 的絕對極小值為 0.

習題 3.4

討論 1〜5 題中各函數圖形凹性並找出反曲點.

1. $f(x)=4+72x-3x^2-x^3$
2. $f(x)=x^4-6x^2$
3. $f(x)=(x^2-1)^3$
4. $f(x)=\dfrac{1}{x^2+1}$
5. $f(x)=xe^x$

利用二階導數檢驗法求 6〜9 題中各函數的相對極值.

6. $f(x)=x^3-3x+2$
7. $f(x)=x^4-x^2$
8. $f(x)=xe^x$
9. $f(x)=\dfrac{e^x}{x}$

10. 求 $f(x)=x^4+4x$ 在區間 $(-\infty, \infty)$ 上的絕對極大值與絕對極小值 (若存在).

11. 求 a、b 與 c 的值使得函數 $f(x)=ax^3+bx^2+cx$ 的圖形在反曲點 $(1, 1)$ 有一條水平切線.

12. 試證: 函數 $f(x)=x|x|$ 的圖形有一個反曲點 $(0, 0)$, 但 $f''(0)$ 不存在.

13. 設 $f(x)=ax^2+bx+c$, 其中 $a>0$. 試證: $f(x) \geq 0$ 對所有 x 皆成立, 若且唯若

$b^2 - 4ac \leq 0$.

14. 曲線 $y = x^3 - 3x^2 + 5x - 2$ 的最小切線斜率為何？

3.5　函數圖形的描繪

　　直角坐標的初等函數作圖法，乃先假定若干自變數的值，從而求得其對應之因變數的值，再利用描點即可作一圖形，但此法頗為不便．今應用微分方法，則作圖一事，不但簡捷，而且精確．步驟如下：

1. 確定函數的定義域．
2. 找出圖形的 x-截距與 y-截距．
3. 確定圖形有無對稱性．
4. 確定有無漸近線．
5. 確定函數遞增或遞減的區間．
6. 求出函數的相對極值．
7. 確定凹性並找出反曲點．

【例題 1】　三次函數的圖形

　　　　　作 $f(x) = x^3 - 3x + 2$ 的圖形．

【解】　(1) 定義域為 $\mathbb{R} = (-\infty, \infty)$．

(2) 令 $x^3 - 3x + 2 = 0$，則 $(x-1)^2(x+2) = 0$，可得 $x = 1$ 或 -2，故 x-截距為 1 與 -2．又 $f(0) = 2$，故 y-截距為 2．

(3) 無對稱性．

(4) 無漸近線．

(5) $f'(x) = 3x^2 - 3 = 3(x+1)(x-1)$

區間	$x+1$	$x-1$	$f'(x)$	單調性
$(-\infty, -1)$	$-$	$-$	$+$	在 $(-\infty, -1]$ 為遞增
$(-1, 1)$	$+$	$-$	$-$	在 $[-1, 1]$ 為遞減
$(1, \infty)$	$+$	$+$	$+$	在 $[1, \infty)$ 為遞增

(6) f 的臨界數為 -1 與 1。$f''(x)=6x$，$f''(-1)=-6<0$，$f''(1)=6>0$，可知 $f(-1)=4$ 為相對極大值，而 $f(1)=0$ 為相對極小值。

(7)

區間	$f''(x)$	凹性
$(-\infty, 0)$	$-$	凹向下
$(0, \infty)$	$+$	凹向上

圖形的反曲點為 $(0, 2)$。

圖形如圖 3.9 所示。

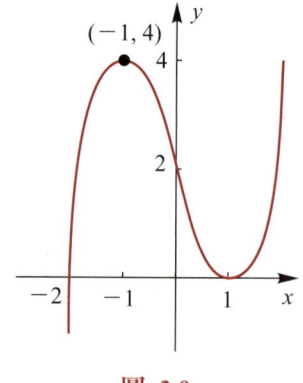

圖 3.9

【例題 2】 **有理函數的圖形**

作 $f(x)=\dfrac{2x^2}{x^2-1}$ 的圖形。

【解】 (1) 定義域為 $\{x \mid x \neq \pm 1\}=(-\infty, -1)\cup(-1, 1)\cup(1, \infty)$。

(2) x-截距與 y-截距皆為 0。

(3) 圖形對稱於 y-軸。

(4) 因 $\lim\limits_{x\to\pm\infty}\dfrac{2x^2}{x^2-1}=2$，故直線 $y=2$ 為水平漸近線。

因 $\lim\limits_{x\to 1^+}\dfrac{2x^2}{x^2-1}=\infty$，$\lim\limits_{x\to -1^+}\dfrac{2x^2}{x^2-1}=-\infty$，

故直線 $x=1$ 與 $x=-1$ 皆為垂直漸近線。

(5) $f'(x)=\dfrac{(x^2-1)(4x)-(2x^2)(2x)}{(x^2-1)^2}=\dfrac{-4x}{(x^2-1)^2}$

區間	$f'(x)$	單調性
$(-\infty, -1)$	$+$	在 $(-\infty, -1)$ 為遞增
$(-1, 0)$	$+$	在 $(-1, 0]$ 為遞增
$(0, 1)$	$-$	在 $[0, 1)$ 為遞減
$(1, \infty)$	$-$	在 $(1, \infty)$ 為遞減

(6) 唯一的臨界數為 0. 依一階導數檢驗法，$f(0)=0$ 為 f 的相對極大值.

(7) $f''(x) = \dfrac{-4(x^2-1)^2 + 16x^2(x^2-1)}{(x^2-1)^4}$

$= \dfrac{12x^2+4}{(x^2-1)^3}$

區間	$f''(x)$	凹性
$(-\infty, -1)$	$+$	凹向上
$(-1, 1)$	$-$	凹向下
$(1, \infty)$	$+$	凹向上

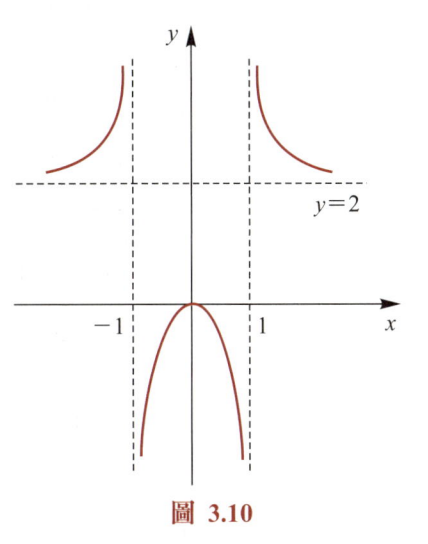

因 1 與 -1 均不在 f 的定義域內，故無反曲點. 圖形如圖 3.10 所示.

圖 3.10

【例題 3】 **有理函數的圖形**

作 $f(x) = \dfrac{x}{x^2+1}$ 的圖形.

【解】 (1) 定義域為 $I\!R = (-\infty, \infty)$.

(2) x-截距與 y-截距皆為 0.

(3) 圖形對稱於原點.

(4) 因 $\lim\limits_{x \to \infty} \dfrac{x}{x^2+1} = 0$，故直線 $y=0$ (即，x-軸) 為水平漸近線.

(5) $f'(x) = \dfrac{1-x^2}{(x^2+1)^2}$.

區間	$f'(x)$	單調性
$(-\infty, -1)$	$-$	在 $(-\infty, -1]$ 為遞減
$(-1, 1)$	$+$	在 $[-1, 1]$ 為遞增
$(1, \infty)$	$-$	在 $[1, \infty)$ 為遞減

(6) f 的臨界數為 1 與 -1. 依一階導數檢驗法，$f(1) = \dfrac{1}{2}$ 為 f 的相對

極大值，而 $f(-1)=-\dfrac{1}{2}$ 為相對極小值．

(7) $f''(x)=\dfrac{(x^2+1)^2(-2x)-(1-x^2)(4x)(x^2+1)}{(x^2+1)^4}=\dfrac{2x(x^2-3)}{(x^2+1)^3}$

區間	$f''(x)$	凹性
$(-\infty, -\sqrt{3})$	$-$	凹向下
$(-\sqrt{3}, 0)$	$+$	凹向上
$(0, \sqrt{3})$	$-$	凹向下
$(\sqrt{3}, \infty)$	$+$	凹向上

圖形的反曲點為 $\left(-\sqrt{3}, -\dfrac{\sqrt{3}}{4}\right)$、$(0, 0)$ 與 $\left(\sqrt{3}, \dfrac{\sqrt{3}}{4}\right)$．

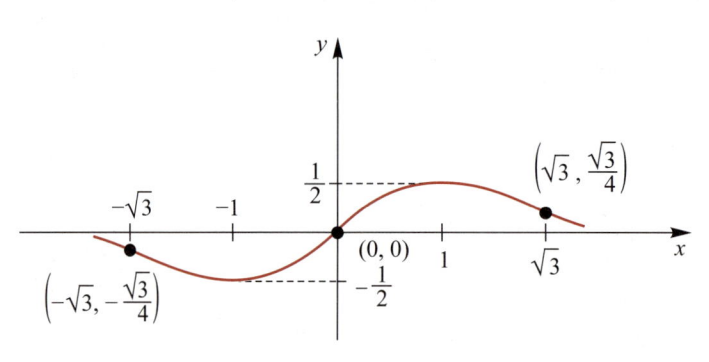

圖 3.11

習題 3.5

作 1～8 題中各函數的圖形．

1. $f(x)=x^2-x^3$
2. $f(x)=2x^3-6x+4$
3. $f(x)=(x^2-1)^2$
4. $f(x)=\dfrac{x}{x^2-1}$
5. $f(x)=\dfrac{1}{x^2+1}$
6. $f(x)=\dfrac{x}{x^2+1}$

7. $f(x) = xe^x$

8. $f(x) = \dfrac{e^x}{x}$

9. (1) 如何從 $y=f(x)$ 的圖形得到 $y=|f(x)|$ 的圖形？

   (2) 利用 $y=\sin x$ 的圖形作 $y=|\sin x|$ 的圖形．

10. (1) 如何從 $y=f(x)$ 的圖形得到 $y=f(|x|)$ 的圖形？

    (2) 利用 $y=\sin x$ 的圖形作 $y=\sin|x|$ 的圖形．

3.6　極值的應用問題

我們在前面所獲知有關求函數極值的理論可以用在一些實際的問題上，這些問題可能是以語言或以文字敘述．要解決這些問題，則必須將文字敘述用式子、函數或方程式等數學語句表示出來．因應用的範圍太廣，故很難說出一定的求解規則，但是，仍可發展出處理這類問題的一般性規則．下列的步驟常常是很有用的．

求解極值應用問題的步驟

1. 將問題仔細閱讀幾遍，考慮已知的事實，以及要求的未知量．
2. 若可能的話，畫出圖形或圖表，適當地標上名稱，並用變數來表示未知量．
3. 寫下已知的事實，以及變數間的關係，這種關係常常是用某一形式的方程式來描述．
4. 決定要使哪一變數為最大或最小，並將此變數表為其他變數的函數．
5. 求步驟 4 中所得出函數的臨界數，並逐一檢查，看看有無極大值或極小值發生．
6. 檢查極值是否發生在步驟 4 中所得出函數之定義域的端點．

這些步驟的用法在下面例題中說明．

【例題 1】　**利用二階導數檢驗法**

若二正數的和為 16，當此二數是多少時，其積為最大？

【解】　令 x 與 y 表二正數，則其積為 $P=xy$．依題意，$x+y=16$，即，$y=16-x$．因此，$P=x(16-x)=16x-x^2$，可得 $\dfrac{dP}{dx}=16-2x$，P 的臨界數為 8．又 $\dfrac{d^2P}{dx^2}=-2<0$，故 P 在 $x=8$ 時有最大值．若 $x=8$，則 $y=8$，所

以，二正數均為 8. ⏵⏵

【例題 2】 **利用二階導數檢驗法**
若二正數的積為 16，當此二數是多少時，其和為最小？

【解】 令 x 與 y 表二正數，則其和為 $S=x+y$. 依題意，$xy=16$，即，$y=\dfrac{16}{x}$.

因此，$S=x+\dfrac{16}{x}$，可得 $\dfrac{dS}{dx}=1-\dfrac{16}{x^2}=\dfrac{x^2-16}{x^2}$，$S$ 的臨界數為 4.

又 $\dfrac{d^2S}{dx^2}=\dfrac{32}{x^3}$，$\dfrac{d^2S}{dx^2}\bigg|_{x=4}=\dfrac{32}{64}=\dfrac{1}{2}>0$，故 S 在 $x=4$ 時有最小值.

若 $x=4$，則 $y=4$，所以，二正數均為 4. ⏵⏵

【例題 3】 **在閉區間上求最大值**
求內接於半徑為 r 之圓的最大矩形面積.

【解】 令 $x=$ 矩形的長，$y=$ 矩形的寬，$A=$ 矩形的面積，則 $A=xy$ (見圖 3.12).
依題意，$x^2+y^2=4r^2$，即，$y=\sqrt{4r^2-x^2}$，$0 \leq x \leq 2r$.

所以，$A=x\sqrt{4r^2-x^2}$，

可得 $\dfrac{dA}{dx}=\dfrac{2(2r^2-x^2)}{\sqrt{4r^2-x^2}}$，$A$ 的臨界數為 $\sqrt{2}r$.

我們作出下表：

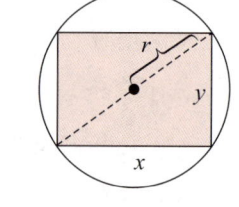

圖 3.12

x	0	$\sqrt{2}r$	$2r$
A	0	$2r^2$	0

於是，當 $x=y=\sqrt{2}r$ 時，面積為最大. 因此，面積為 $2r^2$. ⏵⏵

【例題 4】 **在閉區間上求最大值**
求內接於橢圓 $\dfrac{x^2}{a^2}+\dfrac{y^2}{b^2}=1$ ($a>0$，$b>0$) 的最大矩形面積.

【解】 如圖 3.13 所示，令 (x, y) 為位於第一象限內在橢圓上的點，則矩形的面積為 $A=(2x)(2y)=4xy$. 令 $S=A^2$，

則 $S = 16x^2y^2 = 16x^2\left[\dfrac{b^2}{a^2}(a^2-x^2)\right]$

$= 16b^2\left(x^2 - \dfrac{x^4}{a^2}\right)$, $0 \le x \le a$

可得 $\dfrac{dS}{dx} = 32b^2x\left(1 - \dfrac{2x^2}{a^2}\right)$,

S 的臨界數為 0 及 $\dfrac{\sqrt{2}}{2}a$. 但 $\dfrac{dS}{dx} = 0$

$\Leftrightarrow \dfrac{dA}{dx} = 0$, 可知 A 的臨界數也是 $\dfrac{\sqrt{2}}{2}a$.

x	0	$\dfrac{\sqrt{2}}{2}a$	a
A	0	$2ab$	0

圖 3.13

於是，最大面積為 $2ab$.

【例題 5】 **在閉區間上求最大值**

如圖 3.14 所示，內接於邊長為 6 公分、8 公分與 10 公分的直角三角形之矩形的長為 x（以公分計）、寬為 y（以公分計）. 當 x 與 y 各為多少時，矩形具有最大的面積？

【解】 矩形的面積 $A = xy$. 利用相似三角形的性質，

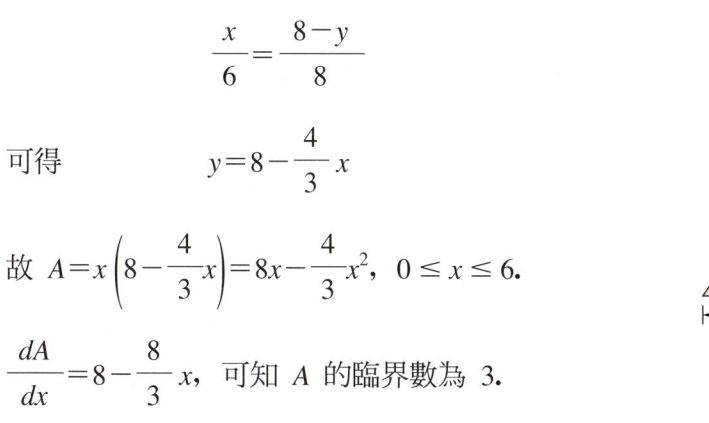

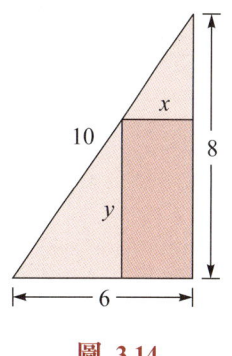

$$\dfrac{x}{6} = \dfrac{8-y}{8}$$

可得 $y = 8 - \dfrac{4}{3}x$

故 $A = x\left(8 - \dfrac{4}{3}x\right) = 8x - \dfrac{4}{3}x^2$, $0 \le x \le 6$.

$\dfrac{dA}{dx} = 8 - \dfrac{8}{3}x$, 可知 A 的臨界數為 3.

圖 3.14

我們作出下表：

x	0	3	6
A	0	12	0

所以，當 $x=3$ 公分，$y=4$ 公分時，矩形的面積最大．

【例題 6】 **在閉區間上求最大值**

我們欲從長為 30 公分且寬為 16 公分之報紙的四個角截去大小相等的正方形，並將各邊向上折疊以做成無蓋盒子．若欲使盒子的體積為最大，則四個角的正方形尺寸為何？

【解】 令　　$x=$ 所截去正方形的邊長 (以公分計)

$V=$ 所得盒子的體積 (以立方公分計)

因我們從每一個角截去邊長為 x 公分的正方形 (如圖 3.15 所示)，故所求得盒子的體積為

$$V=(30-2x)(16-2x)x=480x-92x^2+4x^3$$

在上式中的變數 x 受到某些限制．因 x 代表長度，故它不可能為負，且因報紙的寬為 16 公分，我們不可能截去邊長大於 8 公分的正方形．於是，x 必須滿足 $0 \leq x \leq 8$．因此，我們將問題簡化成求區間 $[0, 8]$ 中的 x 值使得 V 有極大值．

因

$$\begin{aligned}\frac{dV}{dx} &= 480-184x+12x^2 \\ &= 4(120-46x+3x^2) \\ &= 4(3x-10)(x-12)\end{aligned}$$

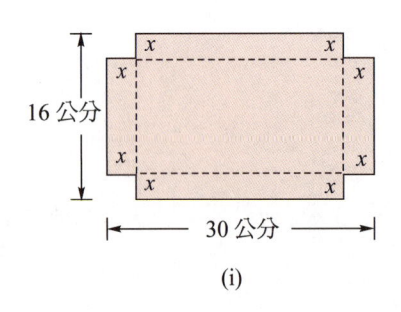

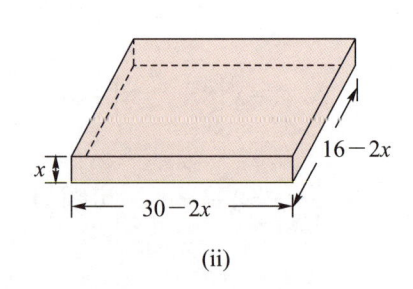

圖 3.15

故可知 V 的臨界數為 $\frac{10}{3}$. 我們作出下表：

x	0	$\frac{10}{3}$	8
V	0	$\frac{19,600}{27}$	0

由上表得知，當截去邊長為 $\frac{10}{3}$ 公分的正方形時，盒子有最大的體積 $V=\frac{19,600}{27}$ 立方公分.

【例題 7】　**在閉區間上求最大值**

蘋果園主人估計，若每公畝種 24 棵蘋果樹，成熟後每棵樹每年可收成 360 個蘋果，若每公畝再多種一棵，則每一棵樹每年會減少收成 15 個. 如果每年欲收成最多的蘋果，則每公畝應種多少棵？

【解】　令 x 表每公畝多種（超過 18 棵）的蘋果樹，則每公畝蘋果樹為 $(18+x)$ 棵，而每棵產蘋果 $(360-15x)$ 個，故每公畝的蘋果總產量為

$$f(x)=(18+x)(360-15x)=6480+90x-15x^2$$

可得 $f'(x)=90-30x$，而 f 的臨界數為 3. 又 $f''(x)=-30<0$，$f''(3)<0$，可知 f 在 $x=3$ 有相對極大值. 依定理 3.9(1)，$f(3)$ 為最大總產量，所以，每公畝應種 $18+3=21$ 棵.

習題 3.6

1. 若二數的差為 40，其積為最小，則此二數為何？
2. 若二正數的積為 64，其和為最小，則此二數為何？
3. 求內接於半徑為 r 之半圓的最大矩形面積.
4. 求內接於半徑為 r 的球且體積為最大之正圓柱的尺寸.

5. 在曲線 $y=\dfrac{1}{1+x^2}$ 上何處的切線有最大的斜率？

6. 蘋果園主人估計，若每公畝種 18 棵蘋果樹，成熟後每棵每年可收成 360 個蘋果，若每公畝再多種一棵，則每一棵樹每年會減少收成 15 個．如果每年欲收成最多的蘋果，則每公畝應種多少棵？

7. 如右圖所示，求 P 點的坐標使得內接矩形有最大的面積．

8. 假設具有變動斜率的直線 L 通過點 $(1, 3)$ 且交兩坐標軸於兩點 $(a, 0)$ 與 $(0, b)$，此處 $a>0$，$b>0$．求 L 的斜率使得具有三頂點 $(a, 0)$、$(0, b)$ 與 $(0, 0)$ 的三角形的面積最小．

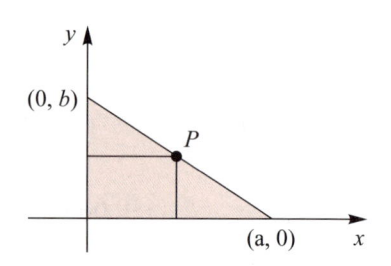

3.7　不定型

在本節中，我們將詳述求函數極限的一個重要的新方法．

在極限 $\lim\limits_{x\to 2}\dfrac{x^2-4}{x-2}$ 的分子與分母均趨近 0，我們將這種極限描述為不定型 $\dfrac{0}{0}$．使用"不定"這兩個字是因為要做更進一步的分析，才能對極限的存在與否下結論．上面極限可用代數的方法處理而獲得，即，

$$\lim_{x\to 2}\frac{x^2-4}{x-2}=\lim_{x\to 2}\frac{(x+2)(x-2)}{x-2}=\lim_{x\to 2}(x+2)=4$$

我們介紹一種處理不定型的方法，稱為 羅必達法則 (l'Hôpital's rule)．

若 $\lim\limits_{x\to a} f(x)=0$ 且 $\lim\limits_{x\to a} g(x)=0$，則稱 $\lim\limits_{x\to a}\dfrac{f(x)}{g(x)}$ 為 不定型 $\dfrac{0}{0}$ (indeterminate form $\dfrac{0}{0}$)．若 $\lim\limits_{x\to a} f(x)=\infty$ (或 $-\infty$) 且 $\lim\limits_{x\to a} g(x)=\infty$ (或 $-\infty$)，則稱 $\lim\limits_{x\to a}\dfrac{f(x)}{g(x)}$ 為 不定型 $\dfrac{\infty}{\infty}$ (indeterminate form $\dfrac{\infty}{\infty}$)．

定理 3.10　羅必達法則

設兩函數 f 與 g 在某包含 a 的開區間 I 均為可微分 (可能在 a 除外)，當 $x \neq a$ 時，$g'(x) \neq 0$，又 $\lim\limits_{x \to a} \dfrac{f(x)}{g(x)}$ 為不定型 $\dfrac{0}{0}$ 或 $\dfrac{\infty}{\infty}$．

若 $\lim\limits_{x \to a} \dfrac{f'(x)}{g'(x)}$ 存在，或 $\lim\limits_{x \to a} \dfrac{f'(x)}{g'(x)} = \infty$ (或 $-\infty$)，則

$$\lim_{x \to a} \frac{f(x)}{g(x)} = \lim_{x \to a} \frac{f'(x)}{g'(x)}.$$

註：1. 在定理 3.10 中，$x \to a$ 可代以下列的任一者：$x \to a^+$，$x \to a^-$，$x \to \infty$，$x \to -\infty$．

2. 有時，在同一個問題中，必須使用多次羅必達法則．

【例題 1】　不定型 $\dfrac{0}{0}$

求 $\lim\limits_{x \to 2} \dfrac{x^2 - 4}{x - 2}$．

【解】　因 $\lim\limits_{x \to 2}(x^2 - 4) = 0$ 且 $\lim\limits_{x \to 2}(x - 2) = 0$，故所予極限為不定型 $\dfrac{0}{0}$．

$$\lim_{x \to 2} \frac{\dfrac{d}{dx}(x^2 - 4)}{\dfrac{d}{dx}(x - 2)} = \lim_{x \to 2} \frac{2x}{1} = 4$$

於是，依羅必達法則，

$$\lim_{x \to 2} \frac{x^2 - 4}{x - 2} = 4.$$

【例題 2】　不定型 $\dfrac{0}{0}$

求 $\lim\limits_{x \to 3} \dfrac{x - 3}{3x^2 - 13x + 12}$．

【解】　所予極限為不定型 $\dfrac{0}{0}$，依羅必達法則，

$$\lim_{x\to 3}\dfrac{x-3}{3x^2-13x+12}=\lim_{x\to 3}\dfrac{1}{6x-13}=\dfrac{1}{5}.$$

註：為了簡便起見，當應用羅必達法則時，我們通常寫出所有計算之步驟．

【例題 3】　不定型 $\dfrac{0}{0}$

求 $\lim_{x\to 0}\dfrac{\sin 2x}{\sin 5x}$．

【解】　因所予極限為不定型 $\dfrac{0}{0}$，依羅必達法則，

$$\lim_{x\to 0}\dfrac{\sin 2x}{\sin 5x}=\lim_{x\to 0}\dfrac{2\cos 2x}{5\cos 5x}=\dfrac{2}{5}.$$

【例題 4】　不定型 $\dfrac{0}{0}$

求 $\lim_{x\to 0}\dfrac{e^x+e^{-x}-2}{1-\cos 2x}$．

【解】　因所予極限為不定型 $\dfrac{0}{0}$，依羅必達法則，

$$\lim_{x\to 0}\dfrac{e^x+e^{-x}-2}{1-\cos 2x}=\lim_{x\to 0}\dfrac{e^x-e^{-x}}{2\sin 2x}$$

因上式右邊的極限仍為不定型 $\dfrac{0}{0}$，故再利用羅必達法則，可得

$$\lim_{x\to 0}\dfrac{e^x-e^{-x}}{2\sin 2x}=\lim_{x\to 0}\dfrac{e^x+e^{-x}}{4\cos 2x}=\dfrac{1}{2}.$$

於是，$\lim_{x\to 0}\dfrac{e^x-e^{-x}-2}{1-\cos 2x}=\dfrac{1}{2}$．

【例題 5】 不定型 $\dfrac{\infty}{\infty}$

求 $\lim\limits_{x\to\infty} \dfrac{\ln(\ln x)}{x}$.

【解】 因所予極限為不定型 $\dfrac{\infty}{\infty}$，故依羅必達法則，

$$\lim_{x\to\infty}\frac{\ln(\ln x)}{x}=\lim_{x\to\infty}\frac{\dfrac{1}{\ln x}\cdot\dfrac{1}{x}}{1}=\lim_{x\to\infty}\frac{1}{x\ln x}=0.$$

⏭

【例題 6】 羅必達法則不適用

求 $\lim\limits_{x\to\infty} \dfrac{x+\sin x}{x}$.

【解】 所予極限為不定型 $\dfrac{\infty}{\infty}$，但是

$$\lim_{x\to\infty}\frac{\dfrac{d}{dx}(x+\sin x)}{\dfrac{d}{dx}x}=\lim_{x\to\infty}(1+\cos x)$$

此極限不存在．於是，羅必達法則在此不適用．我們另外處理如下：

$$\lim_{x\to\infty}\frac{x+\sin x}{x}=\lim_{x\to\infty}\left(1+\frac{\sin x}{x}\right)$$

$$=1+\lim_{x\to\infty}\frac{\sin x}{x}=1. \qquad \left(\text{因 } \lim_{x\to\infty}\frac{\sin x}{x}=0\right)$$

⏭

其他不定型

1. 若 $\lim\limits_{x\to a} f(x)=0$ 且 $\lim\limits_{x\to a} g(x)=\infty$ 或 $-\infty$，則稱 $\lim\limits_{x\to a}[f(x)\,g(x)]$ 為**不定型 $0\cdot\infty$**

(indeterminate form $0 \cdot \infty$)(或 $\infty \cdot 0$). 通常，我們寫成 $f(x)\,g(x) = \dfrac{f(x)}{\dfrac{1}{g(x)}}$，以便轉換成 $\dfrac{0}{0}$ 型；或寫成 $f(x) \cdot g(x) = \dfrac{g(x)}{\dfrac{1}{f(x)}}$，以便轉換成 $\dfrac{\infty}{\infty}$ 型.

【例題 7】 不定型 $\infty \cdot 0$

求 $\lim\limits_{x \to \infty} x \sin \dfrac{1}{x}$.

【解】 方法 1：因所予極限為不定型 $\infty \cdot 0$，故將它轉換成 $\dfrac{0}{0}$ 型，並利用羅必達法則如下：

$$\lim_{x \to \infty} x \sin \frac{1}{x} = \lim_{x \to \infty} \frac{\sin \dfrac{1}{x}}{\dfrac{1}{x}} = \lim_{x \to \infty} \frac{-\dfrac{1}{x^2} \cos \dfrac{1}{x}}{-\dfrac{1}{x^2}}$$

$$= \lim_{x \to \infty} \cos \frac{1}{x} = \cos 0 = 1$$

方法 2：$\lim\limits_{x \to \infty} x \sin \dfrac{1}{x} = \lim\limits_{x \to \infty} \dfrac{\sin \dfrac{1}{x}}{\dfrac{1}{x}} = \lim\limits_{h \to 0^+} \dfrac{\sin h}{h}$ $\left(令\ h = \dfrac{1}{x} \right)$

$= 1.$ ▶▶

【例題 8】 不定型 $0 \cdot \infty$

求 $\lim\limits_{x \to 0^+} x^2 \ln x$.

【解】 所予極限為不定型 $0 \cdot \infty$. 因此,

$$\lim_{x \to 0^+} x^2 \ln x = \lim_{x \to 0^+} \frac{\ln x}{\dfrac{1}{x^2}} = \lim_{x \to 0^+} \frac{\dfrac{1}{x}}{-\dfrac{2}{x^3}} \qquad \left(\dfrac{\infty}{\infty}\ 型 \right)$$

$$= \lim_{x \to 0^+} \left(-\frac{x^2}{2} \right) = 0.$$ ▶▶

2. 若 $\lim_{x \to a} f(x) = \infty$ 且 $\lim_{x \to a} g(x) = \infty$，則稱 $\lim_{x \to a} [f(x) - g(x)]$ 為**不定型** $\infty - \infty$ (indeterminate form $\infty - \infty$)；或者，若 $\lim_{x \to a} f(x) = -\infty$ 且 $\lim_{x \to a} g(x) = -\infty$，則稱 $\lim_{x \to a} [f(x) - g(x)]$ 為**不定型** $\infty - \infty$. 無論如何，此情形下，若適當改變 $f(x) - g(x)$ 的表示式，則可利用前面幾種不定型之一來處理.

【例題 9】 **不定型** $\infty - \infty$

求 $\lim_{x \to 0} \left(\dfrac{1}{x} - \dfrac{1}{\sin x} \right)$.

【解】 因 $\lim_{x \to 0^+} \dfrac{1}{x} = \infty$ 且 $\lim_{x \to 0^+} \dfrac{1}{\sin x} = \infty$，又 $\lim_{x \to 0^-} \dfrac{1}{x} = -\infty$ 且 $\lim_{x \to 0^-} \dfrac{1}{\sin x} = -\infty$，故所予極限為不定型 $\infty - \infty$. 利用通分可得

$$\lim_{x \to 0} \left(\dfrac{1}{x} - \dfrac{1}{\sin x} \right) = \lim_{x \to 0} \dfrac{\sin x - x}{x \sin x} \quad \left(\dfrac{0}{0} \text{ 型} \right)$$

$$= \lim_{x \to 0} \dfrac{\cos x - 1}{x \cos x + \sin x} \quad \left(\dfrac{0}{0} \text{ 型} \right)$$

$$= \lim_{x \to 0} \dfrac{-\sin x}{-x \sin x + \cos x + \cos x}$$

$$= \dfrac{0}{2} = 0.$$

⏭

3. 不定型 0^0、∞^0 與 1^∞ 是由極限 $\lim_{x \to a} [f(x)]^{g(x)}$ 所產生.

(1) 若 $\lim_{x \to a} f(x) = 0$ 且 $\lim_{x \to a} g(x) = 0$，則 $\lim_{x \to a} [f(x)]^{g(x)}$ 為**不定型** 0^0 (indeterminate form 0^0).

(2) 若 $\lim_{x \to a} f(x) = \infty$ 且 $\lim_{x \to a} g(x) = 0$，則 $\lim_{x \to a} [f(x)]^{g(x)}$ 為**不定型** ∞^0 (indeterminate form ∞^0).

(3) 若 $\lim_{x \to a} f(x) = 1$ 且 $\lim_{x \to a} g(x) = \infty$ 或 $-\infty$，則 $\lim_{x \to a} [f(x)]^{g(x)}$ 為**不定型** 1^∞ (indeterminate form 1^∞).

上述任一情形可用自然對數處理如下：

$$\text{令 } y=[f(x)]^{g(x)}, \text{ 則 } \ln y = g(x) \ln f(x)$$

或將函數寫成指數形式：

$$[f(x)]^{g(x)} = e^{g(x) \ln f(x)}$$

在這兩個方法的任一者中，需要先求出 $\lim\limits_{x \to a} [g(x) \ln f(x)]$，其為不定型 $0 \cdot \infty$。

在求極限時若為不定型 0^0 或 ∞^0，或 1^∞，則求 $\lim\limits_{x \to a} [f(x)]^{g(x)}$ 的步驟如下：

1. 令 $y = [f(x)]^{g(x)}$。
2. 取自然對數：$\ln y = \ln [f(x)]^{g(x)} = g(x) \ln f(x)$。
3. 求 $\lim\limits_{x \to a} \ln y$ (若極限存在)。
4. 若 $\lim\limits_{x \to a} \ln y = L$，則 $\lim\limits_{x \to a} y = e^L$。

若 $x \to \infty$，或 $x \to -\infty$，或對單邊極限，這些步驟仍可使用。

【例題 10】 不定型 0^0

求 $\lim\limits_{x \to 0^+} x^x$。

【解】 方法 1：此為不定型 0^0。利用前述步驟，

(1) $y = x^x$

(2) $\ln y = \ln x^x = x \ln x$

(3) $\lim\limits_{x \to 0^+} \ln y = \lim\limits_{x \to 0^+} (x \ln x) = \lim\limits_{x \to 0^+} \dfrac{\ln x}{\dfrac{1}{x}} = \lim\limits_{x \to 0^+} \dfrac{\dfrac{1}{x}}{-\dfrac{1}{x^2}} = -\lim\limits_{x \to 0^+} x = 0$

(4) $\lim\limits_{x \to 0^+} x^x = \lim\limits_{x \to 0^+} y = e^0 = 1$

方法 2：

$$\lim\limits_{x \to 0^+} x^x = \lim\limits_{x \to 0^+} e^{\ln x^x} = \lim\limits_{x \to 0^+} e^{x \ln x} = e^{\lim\limits_{x \to 0^+} x \ln x} = e^0 = 1.$$

【例題 11】 不定型 ∞^0

求 $\lim\limits_{x\to\infty} x^{1/x}$.

【解】 此為不定型 ∞^0，所以，

$$y = x^{1/x} \Rightarrow \ln y = \frac{\ln x}{x}$$

$$\Rightarrow \lim_{x\to\infty} \ln y = \lim_{x\to\infty} \frac{\ln x}{x} = \lim_{x\to\infty} \frac{1}{x} = 0$$

$$\Rightarrow \lim_{x\to\infty} x^{1/x} = \lim_{x\to\infty} e^{\ln y} = e^0 = 1.$$

【例題 12】 不定型 1^∞

求 $\lim\limits_{x\to 0} (1+x)^{1/x}$.

【解】 此為不定型 1^∞，所以，

$$\lim_{x\to 0} (1+x)^{1/x} = \lim_{x\to 0} e^{\frac{\ln(1+x)}{x}} = e^{\lim\limits_{x\to 0} \frac{\ln(1+x)}{x}} = e^{\lim\limits_{x\to 0} \frac{1}{1+x}} = e.$$

【例題 13】 不定型 1^∞

求 $\lim\limits_{x\to 0} (x+e^x)^{1/x}$.

【解】 此為不定型 1^∞，所以，

$$\lim_{x\to 0} (x+e^x)^{1/x} = \lim_{x\to 0} e^{\frac{\ln(x+e^x)}{x}} = e^{\lim\limits_{x\to 0} \frac{\ln(x+e^x)}{x}} = e^{\lim\limits_{x\to 0} \frac{1+e^x}{x+e^x}} = e^2.$$

習題 3.7

計算 1～24 題中的極限.

1. $\lim\limits_{x\to 5} \dfrac{\sqrt{x-1}-2}{x^2-25}$

2. $\lim\limits_{x\to 1} \dfrac{x^4-4x^3+6x^2-4x+1}{x^4-3x^3+3x^2-x}$

3. $\lim\limits_{\theta\to 0} \dfrac{\sin\theta}{\theta+\tan\theta}$

4. $\lim\limits_{\theta\to \frac{\pi}{2}} \dfrac{1-\sin\theta}{1+\cos 2\theta}$

5. $\lim\limits_{x\to 0} \dfrac{\sin x - x}{\tan x - x}$

6. $\lim\limits_{x\to 0} \dfrac{6^x-3^x}{x}$

7. $\lim\limits_{x\to 1}\dfrac{\sin(x-1)}{x^2+x-2}$

8. $\lim\limits_{x\to 1^+}\dfrac{\ln x}{\sqrt{x-1}}$

9. $\lim\limits_{x\to\infty}\dfrac{2x^2+3x+1}{5x^2+x-4}$

10. $\lim\limits_{x\to 0^+}\dfrac{\ln\sin x}{\ln\tan x}$

11. $\lim\limits_{x\to\infty}\dfrac{\ln(\ln x)}{\ln x}$

12. $\lim\limits_{x\to\infty}\dfrac{x^{99}}{e^x}$

13. $\lim\limits_{x\to 0^+}\sqrt{x}\,\ln x$

14. $\lim\limits_{x\to -\infty}x^2 e^x$

15. $\lim\limits_{x\to\infty}x(e^{1/x}-1)$

16. $\lim\limits_{x\to -\infty}x\sin\dfrac{1}{x}$

17. $\lim\limits_{x\to 0^+}\sin x\,\ln\sin x$

18. $\lim\limits_{x\to 1}\left(\dfrac{1}{x-1}-\dfrac{x}{\ln x}\right)$

19. $\lim\limits_{x\to 0}(\csc x-\cot x)$

20. $\lim\limits_{x\to\infty}[\ln 2x-\ln(x+1)]$

21. $\lim\limits_{x\to 0^+}(\sin x)^x$

22. $\lim\limits_{x\to\infty}(x+e^x)^{1/x}$

23. $\lim\limits_{x\to 0}(1+ax)^{1/x}$

24. $\lim\limits_{x\to 0}(\cos x)^{1/x}$

25. 試證：對任意正整數 n,

   (1) $\lim\limits_{x\to\infty}\dfrac{x^n}{e^x}=0$ (2) $\lim\limits_{x\to\infty}\dfrac{e^x}{x^n}=\infty$

26. 試證：對任意正整數 n,

   (1) $\lim\limits_{x\to\infty}\dfrac{\ln x}{x^n}=0$ (2) $\lim\limits_{x\to\infty}\dfrac{x^n}{\ln x}=\infty$

27. 求所有 a 與 b 的值使得

$$\lim_{x\to 0}\dfrac{a+\cos bx}{x^2}=-2.$$

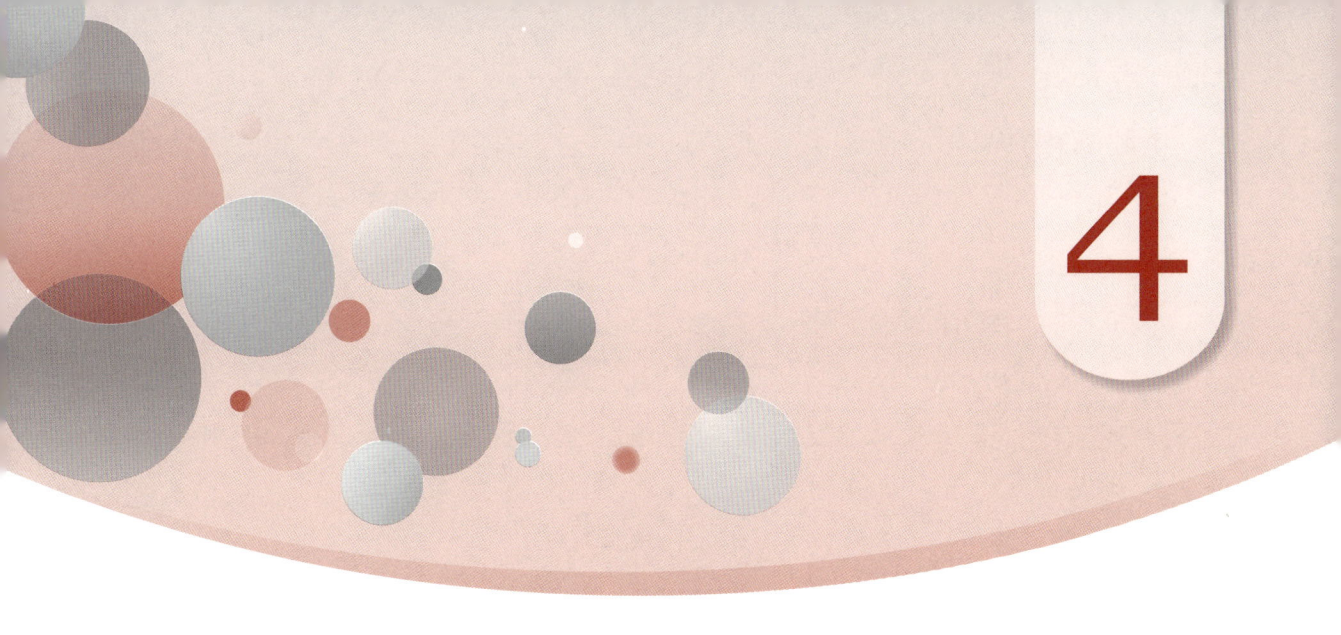

積　分

4.1　定積分

在本章中，我們將探討微積分的另一個主題，那就是積分；積分的歷史淵源，就是要尋求面積、體積、曲線長度等等.

在敘述定積分的定義之前，考慮平面上某區域的面積是非常有幫助的，要記得的一件事即在本節中所討論的面積並非視為定積分的定義，它僅僅在幫助我們誘導出定積分的定義，就像是我們利用切線的斜率來誘導導數的定義.

對於像矩形、三角形、多邊形與圓等基本幾何圖形的面積公式可追溯到最早的數學記載. 例如，矩形的面積是其長與寬之乘積，三角形的面積是底與高的乘積的一半，多邊形的面積可由所分成三角形的面積相加. 然而，要計算一個由曲線所圍成區域的面積並不是很容易的. 首先，我們將說明如何利用極限去求某些區域的面積.

現在，我們考慮下面的**面積問題**：

已知函數 f 在區間 $[a, b]$ 為連續且非負值，求由 f 的圖形、x-軸與兩直線 $x=a$ 及 $x=b$ 所圍成區域 R 的面積，如圖 4.1 所示.

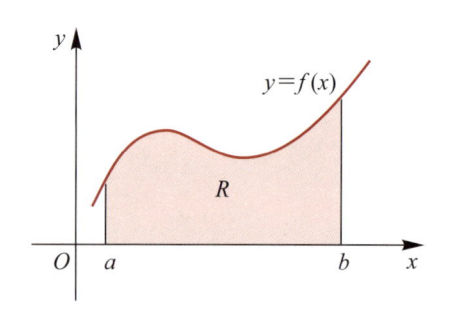

圖 4.1

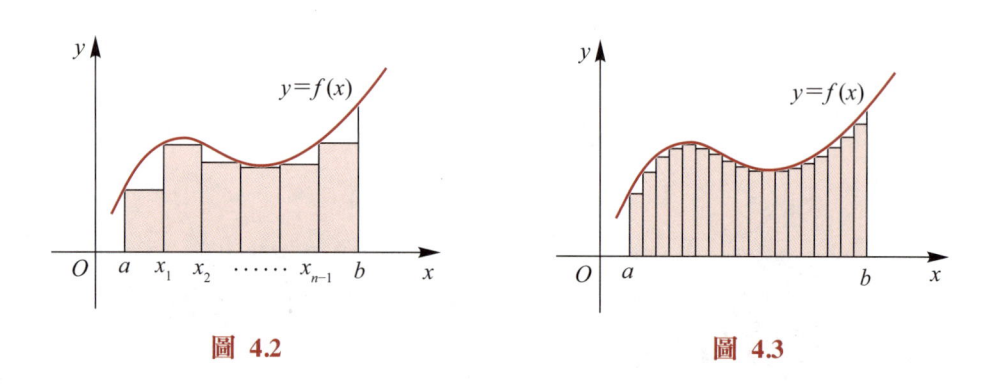

圖 4.2　　　　　　　　　**圖 4.3**

我們進行如下．首先，在 a 與 b 之間插入一些點 x_1, x_2, $\cdots$, x_{n-1}，使得 $a < x_1 < x_2 < \cdots < x_{n-1} < b$，而將區間 $[a, b]$ 分割成相等長度 $(b-a)/n$ 的 n 個子區間，通過點 a, x_1, x_2, $\cdots$, x_{n-1}, b，作出垂直線將區域 R 分割成 n 個等寬的長條．若我們以在曲線 $y = f(x)$ 下方且內接的矩形近似每一個長條（圖 4.2），則這些矩形的合併將形成區域 R_n，我們可將它看成是整個區域 R 的近似，此近似的區域面積可由各個矩形面積的和算出．此外，若 n 增加，則矩形的寬會變小，故當較小的矩形填滿在曲線下方的空隙時，R 的近似值 R_n 會更佳，如圖 4.3 所示．於是，當 n 變成無限大時，我們可將 R 的正確面積定義為近似的區域面積的極限，即，

$$A = R \text{ 的面積} = \lim_{n \to \infty} (R_n \text{ 的面積}). \tag{4.1}$$

若我們將內接矩形的高記為 h_1, h_2, $\cdots$, h_n，且每一個矩形的寬為 $\dfrac{b-a}{n}$，則

$$R_n \text{ 的面積} = h_1 \cdot \frac{b-a}{n} + h_2 \cdot \frac{b-a}{n} + \cdots + h_n \cdot \frac{b-a}{n} \tag{4.2}$$

因 f 在 $[a, b]$ 為連續，故由極值存在定理可知 f 在每一個子區間

$$[a, x_1], [x_1, x_2], \cdots, [x_{n-1}, b]$$

上有最小值. 若這些最小值發生在點 $c_1, c_2, \cdots, c_n$, 則內接矩形的高為

$$h_1 = f(c_1), \; h_2 = f(c_2), \; \cdots, \; h_n = f(c_n)$$

故 (4.2) 式可寫成

$$R_n \text{ 的面積} = f(c_1) \cdot \frac{b-a}{n} + f(c_2) \cdot \frac{b-a}{n} + \cdots + f(c_n) \cdot \frac{b-a}{n} \tag{4.3}$$

若令 $\Delta x = \dfrac{b-a}{n}$, 則 (4.3) 式變成

$$R_n \text{ 的面積} = f(c_1) \Delta x + f(c_2) \Delta x + \cdots + f(c_n) \Delta x = \sum_{i=1}^{n} f(c_i) \Delta x$$

故 (4.1) 式變成

$$A = \lim_{n \to \infty} \sum_{i=1}^{n} f(c_i) \Delta x. \tag{4.4}$$

【例題 1】 **利用內接矩形**

求在 $f(x) = 3x + 2$ 的圖形下方且在區間 $[0, 4]$ 上方之區域的面積. 首先將 $[0, 4]$ 分成 (1) 兩個相等的子區間 ($n=2$), (2) 四個相等的子區間 ($n=4$), 然後分別計算其內接矩形面積的和. 最後, 令 $n \to \infty$, 求區域的正確面積.

【解】 (1) 對 $n=2$ (兩個內接矩形), 如圖 4.4 所示.

$$\Delta x = \frac{4-0}{2} = 2$$

i	c_i	$f(c_i)$
1	$c_1 = 0 \; (c_1 = x_0)$	2
2	$c_2 = 2 \; (c_2 = x_1)$	8

$$A \approx \sum_{i=1}^{2} f(c_i) \Delta x = f(c_1) \Delta x + f(c_2) \Delta x$$
$$= 4 + 16 = 20$$

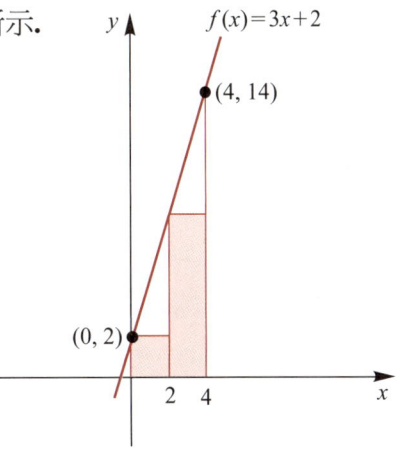

圖 4.4

(2) 對 $n=4$ (四個內接矩形)，如圖 4.5 所示.

$$\Delta x = \frac{4-0}{4} = 1$$

i	c_i	$f(c_i)$
1	$c_1=0$ $(c_1=x_0)$	2
2	$c_2=1$ $(c_2=x_1)$	5
3	$c_3=2$ $(c_3=x_2)$	8
4	$c_4=3$ $(c_4=x_3)$	11

$$A \approx \sum_{i=1}^{4} f(c_i) \Delta x$$

$$= f(c_1) \Delta x + f(c_2) \Delta x + f(c_3) \Delta x + f(c_4) \Delta x$$

$$= 2+5+8+11 = 26.$$

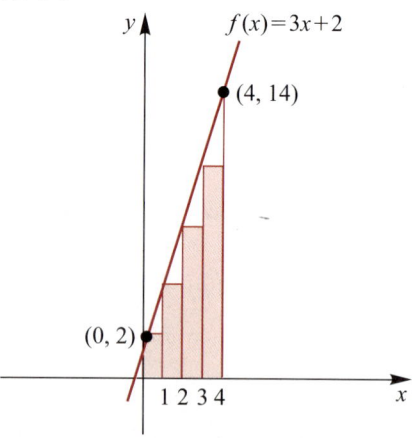

圖 4.5

但區域的實際面積為 $A = \frac{1}{2}(14+2)(4) = 32.$

令 $c_i = x_{i-1} = (i-1)\Delta x = (i-1)\frac{4}{n} = \frac{4(i-1)}{n}$，則

$$A = \lim_{n \to \infty} \sum_{i=1}^{n} f(c_i) \Delta x$$

$$= \lim_{n \to \infty} \sum_{i=1}^{n} f\left[\frac{4(i-1)}{n}\right] \frac{4}{n}$$

$$= \lim_{n \to \infty} \sum_{i=1}^{n} \left[3 \cdot \frac{4(i-1)}{n} + 2\right] \frac{4}{n}$$

$$= \lim_{n \to \infty} \sum_{i=1}^{n} \left[\frac{12(i-1)}{n} + 2\right] \frac{4}{n}$$

$$= \lim_{n \to \infty} \sum_{i=1}^{n} \left[\frac{48(i-1)}{n^2} + \frac{8}{n}\right]$$

$$= \lim_{n \to \infty} \left(\frac{48}{n^2} \sum_{i=1}^{n} i - \frac{48}{n^2} \sum_{i=1}^{n} 1 + \frac{8}{n} \sum_{i=1}^{n} 1\right)$$

$$= \lim_{n \to \infty} \left[\frac{48}{n^2} \cdot \frac{n(n+1)}{2} - \frac{48}{n^2} \cdot n + \frac{8}{n} \cdot n \right] \quad \left(\sum_{i=1}^{n} i = \frac{n(n+1)}{2}, \sum_{i=1}^{n} 1 = n \right)$$

$$= \lim_{n \to \infty} \left[\frac{24n(n+1)}{n^2} - \frac{48}{n} + 8 \right]$$

$$= 24 \lim_{n \to \infty} \frac{n^2+n}{n^2} - 48 \lim_{n \to \infty} \frac{1}{n} + \lim_{n \to \infty} 8$$

$$= 24 + 8 = 32.$$

讀者可能已想到在這個例子中，與其利用內接矩形，不如使用外接矩形，其實，若 f 在各個子區間上的最大值發生在點 $d_1, d_2, \cdots, d_n$，則由外接矩形的面積所成的和 $\sum_{i=1}^{n} f(d_i) \Delta x$ 為在直線 $y = 3x + 2$ 下方，與 x-軸，$x = 0$ 至 $x = 4$ 所圍成區域面積的近似值，如圖 4.6 所示，而正確面積為

$$A = \lim_{n \to \infty} \sum_{i=1}^{n} f(d_i) \Delta x. \tag{4.5}$$

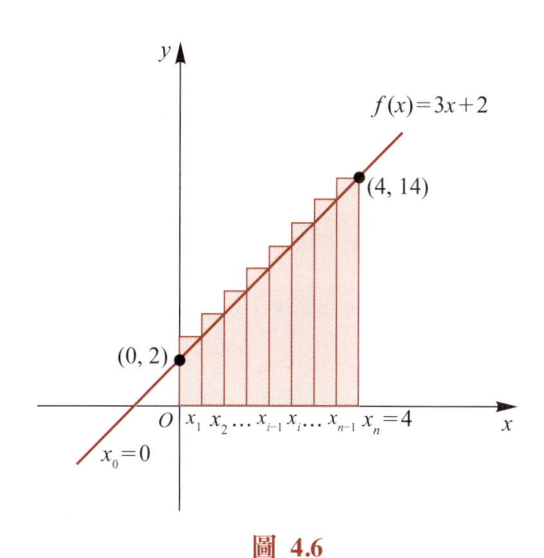

圖 4.6

【例題 2】　**利用外接矩形**

利用外接矩形法求例題 1 之區域的面積.

【解】　令 $d_i = x_i = i \Delta x = \dfrac{4i}{n}$

$$A = \lim_{n\to\infty} \sum_{i=1}^{n} f(d_i)\Delta x = \sum_{i=1}^{n} \lim_{n\to\infty} f\left(\frac{4i}{n}\right)\frac{4}{n}$$

$$= \lim_{n\to\infty} \sum_{i=1}^{n}\left(\frac{12i}{n}+2\right)\frac{4}{n} = \lim_{n\to\infty}\sum_{i=1}^{n}\left(\frac{48i}{n^2}+\frac{8}{n}\right)$$

$$= \lim_{n\to\infty}\left(\sum_{i=1}^{n}\frac{48i}{n^2}+\sum_{i=1}^{n}\frac{8}{n}\right) = \lim_{n\to\infty}\left(\frac{48i}{n^2}\sum_{i=1}^{n}i+\frac{8}{n}\sum_{i=1}^{n}1\right)$$

$$= 24\lim_{n\to\infty}\frac{n+1}{n}+\lim_{n\to\infty}8$$

$$= 24+8 = 32.$$

此結果與例題 1 中的結果一致.

註：我們可以證得利用內接矩形的方法與外接矩形的方法均可得到相同的面積.

我們在前面討論到求連續曲線 $y=f(x)$ 下方且在區間 $[a, b]$ 上方之面積的兩個同義方法：

$$A = \lim_{n\to\infty}\sum_{i=1}^{n} f(c_i)\Delta x \quad \text{(內接矩形)}$$

與

$$A = \lim_{n\to\infty}\sum_{i=1}^{n} f(d_i)\Delta x \quad \text{(外接矩形)}$$

然而，這些並非是面積 A 之僅有的可能公式. 對每一子區間而言，我們可以不選取 f 在該子區間上的最小或最大值作為矩形的高，而是選取 f 在該子區間中任一數的值作為矩形的高. 現在，我們在每一子區間 $[x_{i-1}, x_i]$ 中任取一數 x_i^*. 因 $f(c_i)$ 與 $f(d_i)$ 分別為 f 在第 i 個子區間上的最小值與最大值，可知

$$f(c_i) \leq f(x_i^*) \leq f(d_i)$$

而

$$f(c_i)\Delta x \leq f(x_i^*)\Delta x \leq f(d_i)\Delta x$$

故

$$\sum_{i=1}^{n} f(c_i)\Delta x \leq \sum_{i=1}^{n} f(x_i^*)\Delta x \leq \sum_{i=1}^{n} f(d_i)\Delta x$$

因 $\lim_{n\to\infty}\sum_{i=1}^{n} f(c_i)\Delta x = A$ 且 $\lim_{n\to\infty}\sum_{i=1}^{n} f(d_i)\Delta x = A$，故對於 x_1^*, x_2^*, $\cdots$, x_n^* 之所有可能的

選取，可得

$$A = \lim_{n \to \infty} \sum_{i=1}^{n} f(x_i^*) \Delta x.$$

定義 4.1

設函數 f 定義在 $[a, b]$，並選取分點 $a\,(=x_0),\ x_1,\ x_2,\ \cdots,\ x_{n-1},\ b\,(=x_n)$ 使得

$$a < x_1 < x_2 < \cdots < x_{n-1} < b$$

而將 $[a, b]$ 分成 n 個相等長度 $\Delta x = \dfrac{b-a}{n}$ 的子區間，在每一個子區間 $[x_{i-1},\ x_i]$ 中選取任一數 x_i^*，$i = 1, 2, \cdots, n$，則 f 由 a 到 b 的**定積分** (definite integral) $\displaystyle\int_a^b f(x)\,dx$ 定義為

$$\int_a^b f(x)\,dx = \lim_{n \to \infty} \sum_{i=1}^{n} f(x_i^*) \Delta x_i$$

倘若此極限存在．

在定義 4.1 中，和 $\displaystyle\sum_{i=1}^{n} f(x_i^*) \Delta x_i$ 稱為**黎曼和** (Riemann sum)（以德國數學家黎曼命名），定積分 $\displaystyle\int_a^b f(x)\,dx$ 又稱為**黎曼積分** (Riemann integral)，符號 $\displaystyle\int$ 稱為**積分號** (integral sign)，它可想像成一拉長的字母 S (sum 的第一個字母)。在記號 $\displaystyle\int_a^b f(x)\,dx$ 當中，$f(x)$ 稱為**被積分函數** (integrand)，a 與 b 稱為**積分界限** (limits of integration)，其中 a 稱為積分的**下限** (lower limit)，而 b 稱為積分的**上限** (upper limit)，x 稱為**積分變數** (variable of integration)。

計算積分的過程稱為**積分** (integration)。若定積分 $\displaystyle\int_a^b f(x)\,dx$ 存在，則稱 f 在 $[a, b]$ 為**可積分** (integrable) 或**黎曼可積分** (Riemann integrable)。定積分 $\displaystyle\int_a^b f(x)\,dx$ 是一個數，它與所使用的自變數符號 x 無關；事實上，我們使用 x 以外的字母並不會

改變積分的值. 於是, 若 f 在 $[a, b]$ 為可積分, 則

$$\int_a^b f(x)\,dx = \int_a^b f(s)\,ds = \int_a^b f(t)\,dt = \int_a^b f(u)\,du$$

基於此理由, 定義 4.1 中的字母 x 有時稱為**虛變數** (dummy variable).

【例題 3】 **利用定積分的定義**

在區間 $[-1, 2]$ 上將 $\lim\limits_{n\to\infty}\sum\limits_{i=1}^{n}[2(x_i^*)^2 - 3x_i^* + 5]\,\Delta x_i$ 表成定積分的形式.

【解】 比較所予極限與定義 4.1 中的極限, 我們選取

$$f(x) = 2x^2 - 3x + 5,\quad a = -1,\quad b = 2.\ \text{所以},$$

$$\lim_{n\to\infty}\sum_{i=1}^{n}[2(x_i^*)^2 - 3x_i^* + 5]\,\Delta x_i = \int_{-1}^{2}(2x^2 - 3x + 5)\,dx.$$

在定義定積分 $\int_a^b f(x)\,dx$ 時, 我們假定 $a < b$. 為了除去這個限制, 我們將它的定義推廣到 $a > b$ 或 $a = b$ 的情形如下:

○ 定義 4.2

(1) 若 $a > b$ 且 $\int_b^a f(x)\,dx$ 存在, 則 $\int_a^b f(x)\,dx = -\int_b^a f(x)\,dx.$

(2) 若 $f(a)$ 存在, 則 $\int_a^a f(x)\,dx = 0.$

因定積分定義為黎曼和的極限, 故積分的存在與否與被積分函數的性質有關. 事實上, 並非每一個函數皆為可積分的; 稍後, 我們僅提出可積分的充分條件 (非必要條件).

若存在一正數 M 使得 $|f(x)| \leq M$ 對 $[a, b]$ 中所有 x 皆成立, 則稱 f 在 $[a, b]$ 為**有界** (bounded). 在幾何上, 這表示 f 的圖形位於兩條水平線 $y = M$ 與 $y = -M$ 之間.

定理 4.1

若函數 f 在 $[a, b]$ 為有界且在 $[a, b]$ 中僅有有限個不連續點,則 f 在 $[a, b]$ 為可積分. 尤其, 若 f 在 $[a, b]$ 為連續, 則 f 在 $[a, b]$ 為可積分.

有些函數雖然是有界,但還是不可積分,如下面例題的說明:

【例題 4】 不可積分的有界函數

試證函數

$$f(x) = \begin{cases} 1, & \text{若 } x \text{ 是有理數} \\ -1, & \text{若 } x \text{ 是無理數} \end{cases}$$

在區間 $[0, 1]$ 為不可積分.

【證】 區間 $[0, 1]$ 的每一個等長子區間 $[x_{i-1}, x_i]$ 包含有理數與無理數.

(i) 若 x_i^* 是有理數,則 $f(x_i^*) = 1$,可得

$$\sum_{i=1}^{n} f(x_i^*) \Delta x_i = \sum_{i=1}^{n} \Delta x_i = 1 - 0 = 1$$

於是,$\lim_{n \to \infty} \sum_{i=1}^{n} f(x_i^*) \Delta x_i = 1.$

(ii) 若 x_i^* 是無理數,則 $f(x_i^*) = -1$,可得

$$\sum_{i=1}^{n} f(x_i^*) \Delta x_i = -\sum_{i=1}^{n} \Delta x_i = -1$$

於是,$\lim_{n \to \infty} \sum_{i=1}^{n} f(x_i^*) \Delta x_i = -1.$

因 (i) 與 (ii) 的極限值不相等,故 $\int_0^1 f(x)\, dx$ 不存在,即,f 在 $[0, 1]$ 為不可積分. ⏭

一般而言,定積分未必代表面積. 但對於正值函數,定積分可解釋為面積. 事實上,對於 $f(x) \geq 0$,

$$\int_a^b f(x)\, dx = \text{在 } f \text{ 的圖形與 } x\text{-軸之間由 } a \text{ 到 } b \text{ 之區域的面積.}$$

【例題 5】 將定積分視為面積

計算 $\int_0^2 \sqrt{4-x^2}\, dx$.

【解】 因 $y = f(x) = \sqrt{4-x^2} \geq 0$，故可將所予定積分解釋為在曲線 $y = \sqrt{4-x^2}$ 與 x-軸之間由 0 到 2 之區域的面積. 又 $y^2 = 4 - x^2$，可得 $x^2 + y^2 = 4$，因此，f 的圖形為半徑是 2 的四分之一圓，如圖 4.7 所示. 所以，$\int_0^2 \sqrt{4-x^2}\, dx = \dfrac{1}{4}\pi(2^2) = \pi.$

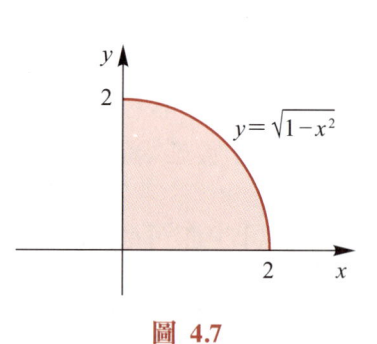

圖 4.7

若 f 在 $[a, b]$ 有正值也有負值，則定積分可解釋為面積的差：在 f 的圖形下方且在 x-軸上方由 a 到 b 的面積減去在 f 的圖形上方且在 x-軸下方由 a 到 b 的面積. 例如，見圖 4.8，

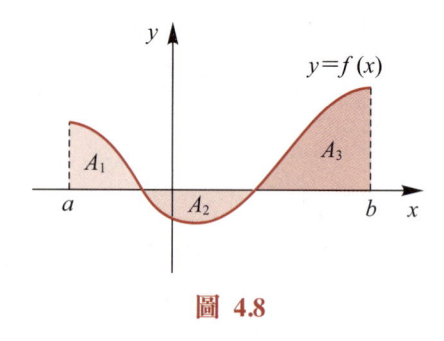

$$\int_a^b f(x)\, dx = (A_1 + A_3) - A_2$$

$\qquad\qquad$ = (在 $[a, b]$ 上方的面積) − (在 $[a, b]$ 下方的面積).

圖 4.8

【例題 6】 利用面積

計算 $\int_{-2}^3 (2-x)\, dx$.

【解】 $y = 2 - x$ 的圖形是斜率為 -1 的直線，如圖 4.9 所示.

$$\int_{-2}^3 (2-x)\, dx = A_1 - A_2$$
$$= \dfrac{1}{2}(4)(4) - \dfrac{1}{2}(1)(1)$$
$$= \dfrac{15}{2}.$$

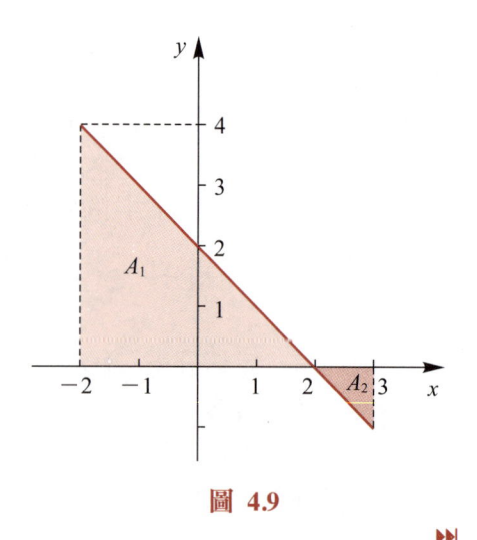

圖 4.9

【例題 7】 利用面積

計算 $\int_0^3 |x-2|\, dx$.

【解】 $y=|x-2|$ 的圖形如圖 4.10 所示.

$$\int_0^3 |x-2|\, dx = A_1 + A_2$$
$$= \frac{1}{2}(2)(2) + \frac{1}{2}(1)(1)$$
$$= \frac{5}{2}.$$

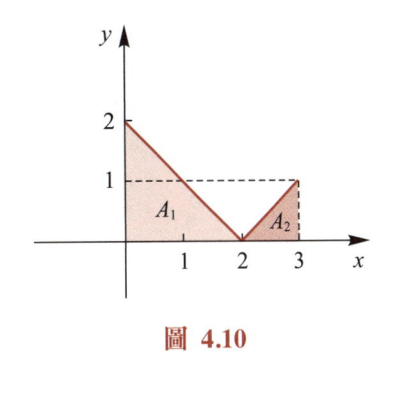

圖 4.10

現在，我們列出一些定積分的基本性質，有興趣的讀者可以加以證明.

定理 4.2

若兩函數 f 與 g 在 $[a, b]$ 均為可積分，k 為常數，則

(1) $\int_a^b k\, dx = k(b-a)$

(2) $\int_a^b k f(x)\, dx = k \int_a^b f(x)\, dx$

(3) $\int_a^b [f(x)+g(x)]\, dx = \int_a^b f(x)\, dx + \int_a^b g(x)\, dx$

(4) $\int_a^b [f(x)-g(x)]\, dx = \int_a^b f(x)\, dx - \int_a^b g(x)\, dx$

定理 4.2 的 (2) 與 (3) 也可推廣到有限個函數. 於是，若函數 $f_1, f_2, \cdots, f_n$ 在 $[a, b]$ 均為可積分，$c_1, c_2, \cdots, c_n$ 均為常數，則 $c_1 f_1 + c_2 f_2 + \cdots + c_n f_n$ 在 $[a, b]$ 為可積分，且

$$\int_a^b [c_1 f_1(x) + c_2 f_2(x) + \cdots + c_n f_n(x)]\, dx$$

$$= c_1 \int_a^b f_1(x)\,dx + c_2 \int_a^b f_2(x)\,dx + \cdots + c_n \int_a^b f_n(x)\,dx$$

若 f 在 $[a, b]$ 為連續且非負值，又 $a < c < b$，則 $A=$ 在 f 的圖形與 x-軸之間由 a 到 b 之區域的面積 $= A_1 + A_2$（見圖 4.11），即，

$$\int_a^b f(x)\,dx = \int_a^c f(x)\,dx + \int_c^b f(x)\,dx$$

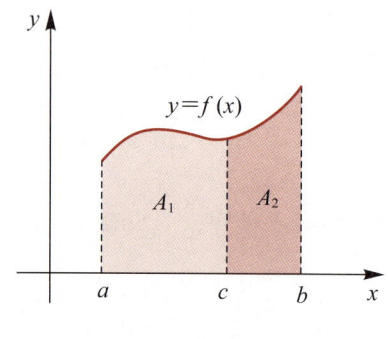

圖 4.11

此為下面定理的特殊情形.

定理 4.3 可加性 (additivity)

若函數 f 在含有任意三數 a、b 與 c 的閉區間為可積分，則

$$\int_a^b f(x)\,dx = \int_a^c f(x)\,dx + \int_c^b f(x)\,dx.$$

當被積分函數在積分界限之間改變時，定理 4.3 是相當有幫助的.

【例題 8】 利用可加性

(1) 若 n 為正整數，求 $\int_n^{n+1} [\![x]\!]\,dx$.

(2) 利用 (1) 的結果求 $\int_0^3 [\![x]\!]\,dx$.

【解】 (1) $\displaystyle\int_n^{n+1} [\![x]\!]\,dx = \int_n^{n+1} n\,dx = n(n+1-n) = n.$

(2) $\displaystyle\int_0^3 [\![x]\!]\,dx = \int_0^1 [\![x]\!]\,dx + \int_1^2 [\![x]\!]\,dx + \int_2^3 [\![x]\!]\,dx = 0+1+2 = 3.$

【例題 9】 **高斯函數的應用**

求 $\displaystyle\int_{-1}^1 [\![2x]\!]\,dx$.

【解】 $-1 \le x < -\dfrac{1}{2} \Rightarrow -2 \le 2x < -1 \Rightarrow [\![2x]\!] = -2$

$-\dfrac{1}{2} \le x < 0 \Rightarrow -1 \le 2x < 0 \Rightarrow [\![2x]\!] = -1$

$0 \le x < \dfrac{1}{2} \Rightarrow 0 \le 2x < 1 \Rightarrow [\![2x]\!] = 0$

$\dfrac{1}{2} \le x < 1 \Rightarrow 1 \le 2x < 2 \Rightarrow [\![2x]\!] = 1$

故 $\displaystyle\int_{-1}^1 [\![2x]\!]\,dx = \int_{-1}^{-1/2}[\![2x]\!]\,dx + \int_{-1/2}^0 [\![2x]\!]\,dx + \int_0^{1/2}[\![2x]\!]\,dx + \int_{1/2}^1 [\![2x]\!]\,dx$

$= (-2)\left[-\dfrac{1}{2}-(-1)\right] + (-1)\left[0-\left(-\dfrac{1}{2}\right)\right] + 0 + 1\left(1-\dfrac{1}{2}\right)$

$= -1 - \dfrac{1}{2} + \dfrac{1}{2} = -1.$

當需要比較定積分的大小時，下列幾個定理是很有用的.

定理 4.4

若函數 f 在 $[a, b]$ 為可積分且 $f(x) \ge 0$ 對 $[a, b]$ 中所有 x 皆成立，則

$$\int_a^b f(x)\,dx \ge 0$$

我們由定理 4.4 可知，若函數 f 在 $[a, b]$ 為可積分且 $f(x) \leq 0$ 對 $[a, b]$ 中所有 x 皆成立，則 $\int_a^b f(x)\,dx \leq 0$.

定理 4.5

若兩函數 f 與 g 在 $[a, b]$ 均為可積分且 $f(x) \geq g(x)$ 對 $[a, b]$ 中所有 x 均成立，則

$$\int_a^b f(x)\,dx \geq \int_a^b g(x)\,dx.$$

若 $f(x) \geq g(x) \geq 0$ 對 $[a, b]$ 中所有 x 皆成立，則在 f 的圖形與 x-軸之間由 a 到 b 之區域的面積大於或等於在 g 的圖形與 x-軸之間由 a 到 b 之區域的面積.

定理 4.6

若函數 f 在 $[a, b]$ 為可積分，則 $|f|$ 在 $[a, b]$ 為可積分，且

$$\left| \int_a^b f(x)\,dx \right| \leq \int_a^b |f(x)|\,dx.$$

定理 4.6 的逆敘述不一定成立，例如，考慮

$$f(x) = \begin{cases} 1, & \text{若 } x \text{ 是有理數} \\ -1, & \text{若 } x \text{ 是無理數} \end{cases}$$

則 $\int_0^1 |f(x)|\,dx = \int_0^1 dx = 1$，即，$|f|$ 在 $[0, 1]$ 為可積分，但 f 在 $[0, 1]$ 為不可積分 (見例題 4).

定理 4.7

若函數 f 在 $[a, b]$ 為連續，m 與 M 分別為 f 在 $[a, b]$ 上的最小值與最大值，則

$$m(b-a) \leq \int_a^b f(x)\,dx \leq M(b-a)$$

已知 n 個數 $y_1, y_2, \cdots, y_n$，我們很容易計算它們的算術平均值 y_{ave}：

$$y_{\text{ave}} = \frac{y_1 + y_2 + \cdots + y_n}{n}$$

一般而言，我們也可計算函數 f 在 $[a, b]$ 的平均值。首先，我們將 $[a, b]$ 分割成等長 $\left(\Delta x = \dfrac{b-a}{n}\right)$ 的 n 個子區間 $[x_{i-1}, x_i]$，$i = 1, 2, \cdots, n$，然後，在每一個 $[x_{i-1}, x_i]$ 中選取任一數 x_i^*，則 $f(x_1^*), f(x_2^*), \cdots, f(x_n^*)$ 的算術平均值為

$$\frac{f(x_1^*) + f(x_2^*) + \cdots + f(x_n^*)}{n}$$

因 $n = \dfrac{b-a}{\Delta x}$，故算術平均值變成

$$\frac{f(x_1^*) + f(x_2^*) + \cdots + f(x_n^*)}{\dfrac{b-a}{\Delta x}} = \frac{1}{b-a}[f(x_1^*)\Delta x + f(x_2^*)\Delta x + \cdots + f(x_n^*)\Delta x]$$

$$= \frac{1}{b-a}\sum_{i=1}^{n} f(x_i^*)\Delta x$$

令 $n \to \infty$，則 $\displaystyle\lim_{n\to\infty} \frac{1}{b-a}\sum_{i=1}^{n} f(x_i^*)\Delta x = \frac{1}{b-a}\int_a^b f(x)\,dx$。

○ 定義 4.3

若函數 f 在 $[a, b]$ 為可積分，則 f 在 $[a, b]$ 上的平均值 (average value) 定義為

$$f_{\text{ave}} = \frac{1}{b-a}\int_a^b f(x)\,dx.$$

【例題 10】利用定義 4.3

求 $f(x) = \sqrt{4-x^2}$ 在 $[0, 2]$ 上的平均值。

【解】 $\displaystyle\int_0^2 f(x)\,dx = \int_0^2 \sqrt{4-x^2}\,dx = \frac{1}{4}(\pi)(2^2) = \pi$ （見例題 5）

所以，$f_{\text{ave}} = \dfrac{1}{2-0}\displaystyle\int_0^2 f(x)\,dx = \dfrac{\pi}{2}$.

如今，問題出現了：是否存在一數 c 使得 f 在 c 的值正好等於 f 的平均值，即，$f(c)=f_{\text{ave}}$？下面的定理說明了此結果對連續函數而言是成立的，它就是**積分的均值定理** (mean value theorem for integral)。

○ 定理 4.8 積分的均值定理

若函數 f 在 $[a, b]$ 為連續，則在 $[a, b]$ 中存在一數 c 使得

$$\int_a^b f(x)\,dx = f(c)(b-a).$$

若 $f(x) \geq 0$ 對 $[a, b]$ 中所有 x 均成立，則定理 4.8 的幾何意義如下：

$$\int_a^b f(x)\,dx = \text{底為 } (b-a) \text{ 且高為 } f(c) \text{ 之矩形區域的面積}$$

(見圖 4.12).

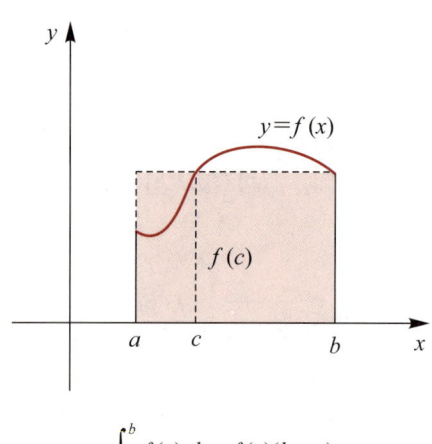

$$\int_a^b f(x)\,dx = f(c)(b-a)$$

圖 4.12

【例題 11】 利用積分的均值定理

因 $f(x)=\sqrt{4-x^2}$ 在 [0，2] 為連續，故在 [0，2] 中存在一數 c 使得

$$\int_0^2 \sqrt{4-x^2}\, dx = f(c)(2-0)$$

我們由例題 10 得知 $f_{\text{ave}}=\dfrac{\pi}{2}$，故 $f(c)=f_{\text{ave}}=\dfrac{\pi}{2}$。因此，$\sqrt{4-c^2}=\dfrac{\pi}{2}$，即，$c=\pm\dfrac{\sqrt{16-\pi^2}}{2}$。

於是，$c=\dfrac{\sqrt{16-\pi^2}}{2}$ 是 [0，2] 中的一數，此為我們所求者。

習題 4.1

在 1～3 題中將區間 $[a, b]$ 分割成 $n=4$ 個等長的子區間，分別計算在 f 的圖形下方且在 $[a, b]$ 上方的 (1) 內接矩形的面積和，(2) 外接矩形的面積和。

1. $f(x)=-x^2+2x$；$a=1$，$b=2$
2. $f(x)=\dfrac{1}{x}$；$a=2$，$b=10$
3. $f(x)=\sin x$；$a=0$，$b=\pi$

在 4～6 題中利用 (1) 內接矩形 (2) 外接矩形，求在 f 的圖形與 x-軸之間由 a 到 b 之區域的面積。

4. $f(x)=x^2+2$；$a=1$，$b=3$
5. $f(x)=9-x^2$；$a=0$，$b=3$
6. $f(x)=4x^2+3x+2$；$a=1$，$b=5$

7. 設 $f(x)=x^2-4$ 且由 $x_0=-2$，$x_1=-\dfrac{1}{2}$，$x_2=0$，$x_3=1$，$x_4=\dfrac{7}{4}$ 及 $x_5=3$ 將 $[-2, 3]$ 分成五個子區間。若 $x_1^*=-1$，$x_2^*=-\dfrac{1}{4}$，$x_3^*=\dfrac{1}{2}$，$x_4^*=\dfrac{3}{2}$，$x_5^*=\dfrac{5}{2}$，求黎曼和。

8. 在區間 $[-4,-3]$ 上將 $\displaystyle\lim_{n\to\infty}\sum_{i=1}^n \left(\sqrt[3]{x_i^*}+2x_i^*\right)\Delta x_i$ 表成定積分的形式。

9. 計算 $\int_{-1}^{1} \sqrt{1-x^2}\, dx$.

10. 計算 $\int_{-2}^{0} (\sqrt{4-x^2}+1)\, dx$.

11. 計算 $\int_{1}^{3} (2x+1)\, dx$.

12. 計算 $\int_{-1}^{2} |2x-3|\, dx$.

13. 若 $\int_{0}^{1} f(x)\, dx = 2$, $\int_{0}^{4} f(x)\, dx = -6$, $\int_{3}^{4} f(x)\, dx = 1$, 求 $\int_{1}^{3} f(x)\, dx$.

14. 計算 $\int_{-1}^{5} \left[x+\dfrac{1}{2}\right] dx$.

15. 計算 $\int_{-1}^{4} \left[\dfrac{x}{2}\right] dx$.

16. 計算 $f(x)=2+|x|$ 在 $[-3, 1]$ 上的平均值，並求在積分的均值定理中所述 c 的所有值.

● 4.2　不定積分

在第 2 及第 3 章中，我們已知道如何求解導函數問題：給予一函數，求它的導函數．但是，在許多問題中，常常需要求解導函數問題的相反問題：給予一函數 f，求出一函數 F 使得 $F'=f$．若這樣的函數存在，則它稱為 f 的一反導函數．

○ 定義 4.4

若 $F'=f$，則稱函數 F 為函數 f 的一**反導函數** (anti-derivative)．

例如，函數 $\dfrac{2}{3}x^3$, $\dfrac{2}{3}x^3+2$, $\dfrac{2}{3}x^3-5$ 皆為 $f(x)=2x^2$ 的反導函數，

因為 $\dfrac{d}{dx}\left(\dfrac{2}{3}x^3\right)=\dfrac{d}{dx}\left(\dfrac{2}{3}x^3+2\right)=\dfrac{d}{dx}\left(\dfrac{2}{3}x^3-5\right)=2x^2$.

事實上，一個函數的反導函數並不唯一．若 F 為 f 的反導函數，則對每一常數 C，由 $G(x)=F(x)+C$ 所定義的函數 G 也為 f 的反導函數．

定理 4.9

若 f 與 g 皆為可微分函數且 $f'(x)=g'(x)$ 對 $[a, b]$ 中所有 x 皆成立，則 $f(x)=g(x)+C$ 對 $[a, b]$ 中所有 x 皆成立，此處 C 為任意常數．

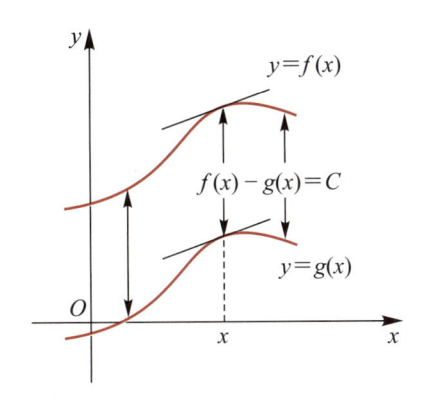

圖 4.13

依定理 4.9，若 $f'(x)=0$ 對 $[a, b]$ 中所有 x 皆成立，則 f 在 $[a, b]$ 上為常數函數．

求反導函數的過程稱為**反微分** (anti-differentiation) 或**積分** (integration)．

若 $\dfrac{d}{dx}[F(x)]=f(x)$，則形如 $F(x)+C$ 的函數皆是 $f(x)$ 的反導函數．

定義 4.5

函數 f [或 $f(x)$] 的**不定積分** (indefinite integral) 為

$$\int f(x)\,dx=F(x)+C$$

此處 $F'(x)=f(x)$，且 C 為任意常數．

不定積分 $\int f(x)\,dx$ 僅是指明 $f(x)$ 的反導函數是形如 $F(x)+C$ 的函數之另一方式而已，$f(x)$ 稱為**被積分函數**，dx 稱為**積分變數 x 的微分**，C 稱為**不定積分常數**.

我們從定義 4.5 中的式子可得

$$\frac{d}{dx}\left[\int f(x)\,dx\right]=F'(x)=f(x)$$

或

$$d\int f(x)\,dx=f(x)\,dx$$

由此可知 $\dfrac{d}{dx}\displaystyle\int(\ )\,dx$ 或 $d\displaystyle\int$ 連寫在一起時，其結果等於互相消除，故微分與積分互為逆運算. 又

$$\int d\,F(x)=\int f(x)\,dx=F(x)+C$$

故 $\displaystyle\int d$ 連寫一起時，互消後相差一常數.

若我們記住導函數公式，則可得知對應的積分公式. 例如，導函數公式 $\dfrac{d}{dx}\left(\dfrac{x^{r+1}}{r+1}\right)=x^r$ 產生積分公式 $\displaystyle\int x^r\,dx=\dfrac{x^{r+1}}{r+1}+C\ (r\neq-1)$；同理，$\dfrac{d}{dx}\sin x=\cos x$ 產生積分公式 $\displaystyle\int \cos x\,dx=\sin x+C$.

今列出一些積分公式如下：

$$\int x^r\,dx=\frac{x^{r+1}}{r+1}+C\ (r\neq-1) \qquad \int \sin x\,dx=-\cos x+C$$

$$\int \cos x\,dx=\sin x+C \qquad \int \sec^2 x\,dx=\tan x+C$$

$$\int \csc^2 x\,dx=-\cot x+C \qquad \int \sec x\tan x\,dx=\sec x+C$$

$$\int \csc x \cot x \, dx = -\csc x + C \qquad \int \frac{1}{x} dx = \ln |x| + C$$

$$\int e^x \, dx = e^x + C \qquad \int a^x \, dx = \frac{a^x}{\ln a} + C \ (a > 0, \ a \neq 1)$$

註：往後，有時為了書寫簡潔起見，式子 $\int f(x) \, dx$ 的 dx 可被納入 $f(x)$ 當中．例如，

$\int 1 \, dx$ 可寫成 $\int dx$，而 $\int \frac{1}{x} dx$ 可寫成 $\int \frac{dx}{x}$ …，等等．

【例題 1】 利用公式

(1) $\displaystyle\int x^2 \, dx = \frac{x^3}{3} + C$

(2) $\displaystyle\int \frac{1}{x^3} dx = \int x^{-3} \, dx = \frac{x^{-3+1}}{-3+1} + C = -\frac{1}{2x^2} + C$

(3) $\displaystyle\int \sqrt{x} \, dx = \int x^{1/2} \, dx = \frac{x^{1/2+1}}{\frac{1}{2}+1} + C = \frac{2}{3} x^{3/2} + C$.

【例題 2】 分子利用二倍角公式

求 $\displaystyle\int \frac{\sin 2x}{\cos x} dx$．

【解】 $\displaystyle\int \frac{\sin 2x}{\cos x} dx = \int \frac{2 \sin x \cos x}{\cos x} dx = 2 \int \sin x \, dx = -2 \cos x + C$．

【例題 3】 原分式化成兩個分式的積

求 $\displaystyle\int \frac{\sin x}{\cos^2 x} dx$．

【解】 $\displaystyle\int \frac{\sin x}{\cos^2 x} dx = \int \left(\frac{1}{\cos x} \cdot \frac{\sin x}{\cos x} \right) dx = \int \sec x \tan x \, dx = \sec x + C$．

【例題 4】 利用公式

(1) $\int \dfrac{1}{2x}\,dx = \dfrac{1}{2}\int \dfrac{1}{x}\,dx = \dfrac{1}{2}\ln|x| + C.$

(2) $\int 2^x\,dx = \dfrac{2^x}{\ln 2} + C.$

【例題 5】 積分一次

求函數 $f(x)$ 使得 $f'(x) + \sin x = 0$ 且 $f(0) = 2$.

【解】 由 $f'(x) = -\sin x$，可得 $f(x) = -\int \sin x\,dx = \cos x + C.$

依題意，$f(0) = 1 + C = 2$，可得 $C = 1$，故 $f(x) = \cos x + 1$.

○ 定理 4.10

(1) $\int cf(x)\,dx = c\int f(x)\,dx$，此處 c 為常數.

(2) $\int [f(x) \pm g(x)]\,dx = \int f(x)\,dx \pm \int g(x)\,dx.$

定理 4.10 可以推廣如下：

$$\int [c_1 f_1(x) \pm c_2 f_2(x) \pm \cdots \pm c_n f_n(x)]\,dx$$
$$= c_1 \int f_1(x)\,dx \pm c_2 \int f_2(x)\,dx \pm \cdots \pm c_n \int f_n(x)\,dx$$

此處 $c_1, c_2, \cdots, c_n$ 均為常數.

【例題 6】 逐項積分

求 $\int (3x^6 - 5x^2 + 7x + 1)\,dx.$

【解】 $\int (3x^6 - 5x^2 + 7x + 1)\,dx = 3\int x^6\,dx - 5\int x^2\,dx + 7\int x\,dx + \int 1\,dx$

$$= \frac{3}{7} x^7 - \frac{5}{3} x^3 + \frac{7}{2} x^2 + x + C.$$

【例題 7】 逐項積分

求 $\int \frac{x^{-1} - x^{-2} + x^{-3}}{x^2} dx$.

【解】
$$\int \frac{x^{-1} - x^{-2} + x^{-3}}{x^2} dx = \int \frac{x^{-1}}{x^2} dx - \int \frac{x^{-2}}{x^2} dx + \int \frac{x^{-3}}{x^2} dx$$
$$= \int x^{-3} dx - \int x^{-4} dx + \int x^{-5} dx$$
$$= -\frac{1}{2} x^{-2} + \frac{1}{3} x^{-3} - \frac{1}{4} x^{-4} + C.$$

○ 定理 4.11　不定積分一般乘冪公式

若 $f(x)$ 為可微分函數，則

$$\int [f(x)]^r f'(x) dx = \frac{[f(x)]^{r+1}}{r+1} + C, \text{ 此處 } r \neq -1.$$

【例題 8】 利用定理 4.11

求 $\int x^2 (x^3 - 1)^4 dx$.

【解】 視 $f(x) = x^3 - 1$，則 $f'(x) = 3x^2$，

$$\int x^2 (x^3 - 1)^4 dx = \frac{1}{3} \int (x^3 - 1)^4 (3x^2) dx = \frac{1}{15} (x^3 - 1)^5 + C.$$

【例題 9】 利用定理 4.11

求 $\int \frac{x^2}{(x^3 - 1)^2} dx$.

【解】 視 $f(x) = x^3 - 1$，則 $f'(x) = 3x^2$，

$$\int \frac{x^2}{(x^3-1)^2}\,dx = \frac{1}{3}\int (x^3-1)^{-2}(3x^2)\,dx = -\frac{1}{3(x^3-1)}+C.$$

一、不定積分在幾何上的應用

當我們了解不定積分的意義與計算之後，我們再來探討有關不定積分的幾何意義．

函數 $f(x)$ 的反導函數 $F(x)$ 的圖形稱為函數 $f(x)$ 的**積分曲線** (integral curve)，其方程式以 $y=F(x)$ 表示之．由於 $F'(x)=f(x)$，因此對於積分曲線上的點而言，在 x 處的切線斜率，等於函數 $f(x)$ 在 x 處的函數值．如果我們將該條積分曲線沿 y-軸方向上下平移，且平移的寬度為 C 時，則我們可得到另外一條積分曲線 $y=F(x)+C$，函數 $f(x)$ 的每一條積分曲線皆可由這種方法得到．因此，不定積分的圖形就是這樣得到的．全部積分曲線所成的曲線族稱為**積分曲線族** (family of integral curve)．另外，如果我們在每一條積分曲線上橫坐標相同的點處作切線，則這些切線必定會互相平行，如圖 4.14 所示．

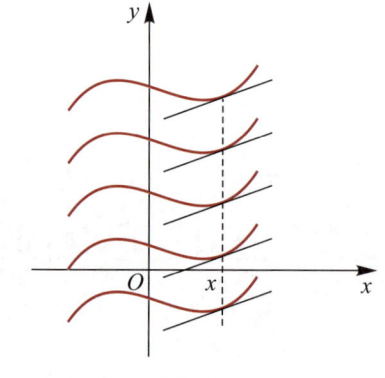

圖 4.14

【例題 10】 利用積分

設某曲線族的切線斜率為 $3x^2-1$，求此曲線族的方程式．

【解】 由題意知，

$$\frac{dy}{dx}=3x^2-1,\ \text{即}\ dy=(3x^2-1)\,dx.$$

可得

$$y=\int (3x^2-1)\,dx = x^3-x+C$$

其中 C 為不定積分常數，故所求曲線族的方程式為 $y=x^3-x+C$，其圖形如圖 4.15 所示．

圖 4.15

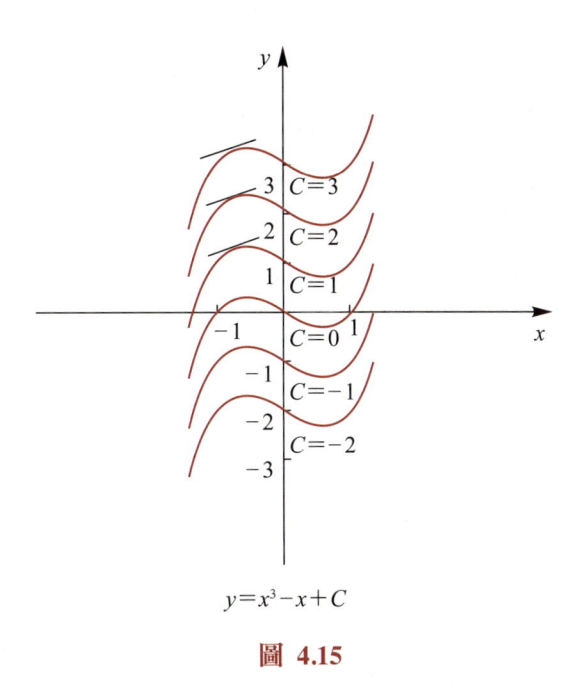

$y = x^3 - x + C$

【例題 11】 利用積分

已知某曲線族的切線斜率為 $\dfrac{x+1}{y-1}$，求該曲線族的方程式，並求通過點 (1, 1) 的曲線的方程式．

【解】 因 $\dfrac{dy}{dx} = \dfrac{x+1}{y-1}$，故

$$(y-1)\,dy = (x+1)\,dx$$

$$\int (y-1)\,dy = \int (x+1)\,dx$$

可得 $\dfrac{1}{2}y^2 - y = \dfrac{1}{2}x^2 + x + C$，此為曲線族的方程式．

欲求通過點 (1, 1) 的曲線方程式，可用該點代入上式，

可得 $\qquad 0 = 2 + C$，即，$C = -2$．

所以，曲線的方程式為 $\dfrac{1}{2}y^2 - y = \dfrac{1}{2}x^2 + x - 2$

即， $\qquad (x+1)^2 - (y-1)^2 = 4$．

二、不定積分在物理上的應用

若沿著直線運動的某質點在時間 t 的位置函數為 $s=s(t)$，則該質點在時間 t 的速度為 $v(t)=\dfrac{ds}{dt}=s'(t)$，而加速度為 $a(t)=\dfrac{dv}{dt}=s''(t)$。反之，如果已知在時間 t 的速度（或加速度）及某一特定時刻的位置，則其運動方程式可由不定積分求得。現舉例說明如下：

【例題 12】 積分二次

設某質點沿著直線運動，其加速度為 $a(t)=6t+2$ 厘米／秒^2，初速為 $v(0)=6$ 厘米／秒，最初位置為 $s(0)=9$ 厘米，求它的位置函數 $s(t)$。

【解】 因 $v'(t)=a(t)=6t+2$，故

$$v(t)=\int a(t)\,dt=\int (6t+2)\,dt=3t^2+2t+C_1$$

以 $v(0)=6$ 代入可得 $C_1=6$，故

$$v(t)=3t^2+2t+6$$

因 $s'(t)=v(t)=3t^2+2t+6$，故

$$s(t)=\int v(t)\,dt=\int (3t^2+2t+6)\,dt=t^3+t^2+6t+C_2$$

以 $s(0)=9$ 代入，可得 $C_2=9$，故所求位置函數為

$$s(t)=t^3+t^2+6t+9\ (厘米)。$$

【例題 13】 在最大高度時的速度為零

若一球以初速 56 呎／秒（忽略空氣阻力）垂直上拋，則該球所到達的最大高度為何？

【解】 假設以地面為原點，向上的方向為正。

由 $a(t)=v'(t)=-32$，可得 $v(t)=-32t+C_1$。

依題意，$v(0)=56$，可得 $C_1=56$，故 $v(t)=-32t+56$，

因而 $s(t)=-16t^2+56t+C_2$。

依題意，$s(0)=0$，可得 $C_2=0$，故 $s(t)=-16t^2+56t$.

該球到達最高點時，$v(t)=0$，即，$56-32t=0$，可得 $t=\dfrac{7}{4}$，

故最大高度為 $s\left(\dfrac{7}{4}\right)=-16\left(\dfrac{7}{4}\right)^2+56\left(\dfrac{7}{4}\right)=49$ (呎). ▶▶

【例題 14】 利用積分

某電路中的電流為 $I(t)=t^3+3t^2$ 安培，求 2 秒末通過某一點的電量.（假設最初電量為零.）

【解】 $Q(t)=\displaystyle\int I(t)\,dt=\int (t^3+3t^2)\,dt=\dfrac{t^4}{4}+t^3+C$

當 $t=0$ 時，$Q=0$，可得 $C=0$. 於是，$Q(t)=\dfrac{t^4}{4}+t^3$.

以 $t=2$ 代入，可得 $Q(2)=12$ (庫侖). ▶▶

習題 4.2

求 1～9 題的積分.

1. $\displaystyle\int x^3\sqrt{x}\,dx$

2. $\displaystyle\int (x^{2/3}-4x^{-1/5}+4)\,dx$

3. $\displaystyle\int (1+x^2)(2-x)\,dx$

4. $\displaystyle\int (\sec x - \tan x)^2\,dx$

5. $\displaystyle\int \dfrac{1}{1-\sin x}\,dx$

6. $\displaystyle\int \sec x\,(\sec x + \tan x)\,dx$

7. $\displaystyle\int x\sec^2(x^2)\,dx$

8. $\displaystyle\int \dfrac{\cos x}{\sec x + \tan x}\,dx$

9. $\displaystyle\int (1+\sin^2\theta\csc\theta)\,d\theta$

10. 求函數 $f(x)$ 使得 $f''(x)=x+\cos x$ 且 $f(0)=1$，$f'(0)=2$.

11. 求 $\displaystyle\int \left(1+\dfrac{1}{x}\right)^3 \dfrac{1}{x^2}\,dx$.

12. 已知某曲線族的切線斜率為 $\dfrac{5-x}{y-3}$，求其方程式，並求通過點 $(2,-1)$ 的曲線的方程式.

13. 設一球自離地面 144 呎高處垂直拋下 (忽略空氣阻力)，若 2 秒後到達地面，則其初速為何？

14. 若 C 與 F 分別表示攝氏與華氏溫度計的刻度，則 F 對 C 的變化率為 $\dfrac{dF}{dC}=\dfrac{9}{5}$. 若在 $C=0$ 時，$F=32$，試用反微分求出以 C 表 F 的通式.

15. 某溶液的溫度 T 的變化率為 $\dfrac{dT}{dt}=\dfrac{1}{4}t+10$，其中 t 表時間 (以分計)，T 表攝氏溫度的度數. 若在 $t=0$ 時，溫度 T 為 5°C，求溫度 T 在時間 t 的公式.

16. 設 F 為 f 的反導函數，試證：
    (1) 若 F 為偶函數，則 f 為奇函數.
    (2) 若 F 為奇函數，則 f 為偶函數.

17. 試證：$F(x)=\begin{cases} x, & x>0 \\ -x, & x<0 \end{cases}$ 與 $G(x)=\begin{cases} x+2, & x>0 \\ -x-1, & x<0 \end{cases}$ 皆為 $f(x)=\begin{cases} 1, & x>0 \\ -1, & x<0 \end{cases}$

    的反導函數，但 $G(x)\neq F(x)$ 加上一常數. 此結果牴觸定理 4.9 嗎？請解釋之.

● 4.3 微積分基本定理

利用黎曼和的極限計算一個定積分的工作即使在最簡單的情形下也是困難多了．本節中介紹一個不需利用和的極限而可以求出定積分的原理，由於它在計算定積分中之重要性且因為它表示出微分與積分的關連，該定理稱為**微積分基本定理** (fundamental theorem of Calculus)，是微積分學的精髓；此定理被**牛頓**與**萊布尼茲**分別提出，而這兩位突出的數學家被公認為是微積分的發明者．

定理 4.12　微積分基本定理

設函數 f 在 $[a, b]$ 為連續.

第 I 部分：若令 $F(x) = \int_a^x f(t)\, dt,\ x \in [a, b]$，則 $F'(x) = f(x)$.

第 II 部分：若令 $F'(x) = f(x),\ x \in [a, b]$，則

$$\int_a^b f(x)\, dx = F(b) - F(a).$$

若 $F'(x) = f(x)$，則我們通常寫成

$$\int_a^b f(x)\, dx = F(b) - F(a)$$

$F(b) - F(a)$ 記為 $\left[F(x) \right]_{x=a}^{x=b}$ 或 $\left[F(x) \right]_a^b$．

【例題 1】 利用微積分基本定理第 I 部分

求 $\dfrac{d}{dx} \displaystyle\int_1^x \dfrac{\sin t}{t}\, dt$．

【解】 令 $F(x) = \displaystyle\int_1^x \dfrac{\sin t}{t}\, dt,\ f(t) = \dfrac{\sin t}{t}$，則

$$\dfrac{d}{dx} \int_1^x \dfrac{\sin t}{t}\, dt = \dfrac{d}{dx} F(x) = F'(x) = f(x) = \dfrac{\sin x}{x}.$$

【例題 2】 利用微積分基本定理第 I 部分

求 $\dfrac{d}{dx} \displaystyle\int_x^2 \sqrt{t+1}\, dt$．

【解】 $\dfrac{d}{dx} \displaystyle\int_x^2 \sqrt{t+1}\, dt = \dfrac{d}{dx} \left(-\int_2^x \sqrt{t+1}\, dt \right)$

$$= -\dfrac{d}{dx} \int_2^x \sqrt{t+1}\, dt = -\sqrt{x+1}.$$

利用連鎖法則可將微積分基本定理的第 I 部分推廣如下：

1. 若函數 g 為可微分，且函數 f 在 $[a, g(x)]$ 為連續，則

$$\frac{d}{dx}\left(\int_a^{g(x)} f(t)\,dt\right) = f(g(x))\,\frac{d}{dx}g(x). \tag{4.6}$$

2. 若函數 g 與 h 均為可微分，且函數 f 在 $[g(x), a]$ 與 $[a, h(x)]$ 為連續，則

$$\frac{d}{dx}\int_{g(x)}^{h(x)} f(t)\,dt = f(h(x))\,\frac{d}{dx}h(x) - f(g(x))\,\frac{d}{dx}g(x). \tag{4.7}$$

【例題 3】 利用 (4.6) 式

求 $\dfrac{d}{dx}\left(\displaystyle\int_3^{\sin x} \dfrac{1}{1+t^2}\,dt\right).$

【解】 $\dfrac{d}{dx}\left(\displaystyle\int_3^{\sin x} \dfrac{1}{1+t^2}\,dt\right) = \dfrac{1}{1+\sin^2 x}\,\dfrac{d}{dx}\sin x$

$$= \dfrac{\cos x}{1+\sin^2 x}.$$

⏭

【例題 4】 逐項積分

計算 $\displaystyle\int_0^3 (x^3 - 4x + 2)\,dx.$

【解】 $\displaystyle\int_0^3 (x^3 - 4x + 2)\,dx = \left[\dfrac{x^4}{4} - 2x^2 + 2x\right]_0^3 = \dfrac{81}{4} - 18 + 6 = \dfrac{33}{4}.$

⏭

【例題 5】 逐項積分

計算 $\displaystyle\int_1^4 \dfrac{x^2 - 1}{\sqrt{x}}\,dx.$

【解】 $\displaystyle\int_1^4 \dfrac{x^2-1}{\sqrt{x}}\,dx = \int_1^4 (x^{3/2} - x^{-1/2})\,dx = \left[\dfrac{2}{5}x^{5/2} - 2x^{1/2}\right]_1^4$

$$= \dfrac{64}{5} - 4 - \left(\dfrac{2}{5} - 2\right) = \dfrac{52}{5}.$$

⏭

【例題 6】 去掉絕對值符號

若 $f(x)=2x-x^2-x^3$,計算 $\int_{-1}^{1}|f(x)|\,dx$.

【解】 $f(x)=x(1-x)(2+x)$

若 $-1 \leq x < 0$,則 $f(x) < 0$;若 $0 \leq x \leq 1$,則 $f(x) \geq 0$. 因此,

$$\int_{-1}^{1}|f(x)|\,dx = -\int_{-1}^{0} f(x)\,dx + \int_{0}^{1} f(x)\,dx$$

$$= \int_{-1}^{0}(x^3+x^2-2x)\,dx + \int_{0}^{1}(2x-x^2-x^3)\,dx$$

$$= \left[\frac{1}{4}x^4+\frac{1}{3}x^3-x^2\right]_{-1}^{0} + \left[x^2-\frac{1}{3}x^3-\frac{1}{4}x^4\right]_{0}^{1}$$

$$= -\left(\frac{1}{4}-\frac{1}{3}-1\right)+\left(1-\frac{1}{3}-\frac{1}{4}\right)=\frac{3}{2}.$$

習題 4.3

1. 令 $F(x)=\int_{x}^{0}\dfrac{\cos t}{t^2+2}\,dt$,求 $F'(0)$.

2. 若 $\int_{0}^{x} f(t)\,dt = x\cos \pi x$,求 $f(2)$.

3. 若 $F(x)=\int_{x}^{2} f(t)\,dt$,$f(t)=\int_{1}^{2t}\dfrac{\sin u}{u}\,du$,求 $F''\left(\dfrac{\pi}{4}\right)$.

求 4～9 題的積分.

4. $\int_{0}^{3}(x-1)(x+1)^2\,dx$

5. $\int_{1}^{3} x\left(\sqrt{x}+\dfrac{1}{\sqrt{x}}\right)^2 dx$

6. $\int_{0}^{\pi/2}(\cos\theta + 2\sin\theta)\,d\theta$

7. $\int_{\pi/6}^{\pi/2}\dfrac{\sin 2x}{\sin x}\,dx$

146　微積分

8. $\int_0^8 |x^2-6x+8|\,dx$

9. $\int_1^2 \dfrac{x+1}{x^2}\,dx$

在 10～11 題中求 (1) $f(x)$ 在指定區間上的平均值，(2) 積分的均值定理中所述 c 的所有值．

10. $f(x)=x^3$；$[1,\,2]$

11. $f(x)=\sin x$；$[-\pi,\,\pi]$

4.4　利用代換求積分

　　在本節中，我們將討論求積分的一種方法，稱為 ***u*-代換** (*u*-substitution)，它通常可用來將複雜的積分轉換成比較簡單者．

　　若 F 為 f 的反導函數，g 為 x 的可微分函數，則由連鎖法則可得

$$\dfrac{d}{dx}F(g(x))=F'(g(x))\,g'(x)=f(g(x)\,g'(x))$$

於是，得到積分公式

$$\int f(g(x))\,g'(x)\,dx = F(g(x))+C,\ \text{其中}\ F'=f.$$

在上式中，若令 $u=g(x)$，則 $du=g'(x)\,dx$，可得下面的定理．

定理 4.13　不定積分代換定理

若 F 為 f 的反導函數，$u=g(x)$，則

$$\int f(g(x))\,g'(x)\,dx = \int f(u)\,du = F(u)+C = F(g(x))+C.$$

註：在作代換 $u=g(x)$，$du=g'(x)\,dx$ 之後，整個積分必須以 u 表示，沒有出現 x；否則，對 u 作另外的選取．

【例題 1】 作 *u*-代換

求 $\int 3x^2\sqrt{x^3+2}\,dx$．

第 4 章　積　分　**147**

【解】　令 $u=x^3+2$，則 $du=3x^2\,dx$，故

$$\int 3x^2\sqrt{x^3+2}\,dx=\int\sqrt{u}\,du=\frac{2}{3}u^{3/2}+C=\frac{2}{3}(x^3+2)^{3/2}+C.$$　⏭

【例題 2】　作 u-代換

求 $\displaystyle\int\frac{\cos\sqrt{x}}{\sqrt{x}}\,dx.$

【解】　令 $u=\sqrt{x}$，則 $du=\dfrac{1}{2\sqrt{x}}\,dx$，$2\,du=\dfrac{1}{\sqrt{x}}\,dx$，故

$$\int\frac{\cos\sqrt{x}}{\sqrt{x}}\,dx=2\int\cos u\,du=2\sin u+C=2\sin\sqrt{x}+C.$$　⏭

【例題 3】　作 u-代換

求 $\displaystyle\int\sin(x+5)\,dx.$

【解】　方法 1：
$$\begin{aligned}\int\sin(x+5)\,dx&=\int\sin u\,du &&(\text{令 }u=x+5)\\&=-\cos u+C\\&=-\cos(x+5)+C\end{aligned}$$

方法 2：
$$\begin{aligned}\int\sin(x+5)\,dx&=\int\sin(x+5)\,d(x+5) &&[d(x+5)=dx]\\&=\int\sin u\,du &&(\text{令 }u=x+5)\\&=-\cos u+C\\&=-\cos(x+5)+C.\end{aligned}$$　⏭

【例題 4】　利用二倍角公式

求 $\displaystyle\int\sin^2 x\,dx.$

【解】　$\displaystyle\int\sin^2 x\,dx=\int\frac{1-\cos 2x}{2}\,dx$　　$\left(\sin^2 x=\dfrac{1-\cos 2x}{2}\right)$

$$= \frac{1}{2}\int dx - \frac{1}{2}\int \cos 2x\, dx$$

$$= \frac{x}{2} - \frac{1}{4}\int \cos 2x\, d(2x)$$

$$= \frac{x}{2} - \frac{1}{4}\int \cos u\, du \qquad (\text{令 } u=2x)$$

$$= \frac{x}{2} - \frac{\sin u}{4} + C = \frac{x}{2} - \frac{\sin 2x}{4} + C \qquad \blacktriangleright\blacktriangleright$$

【例題 5】 利用 $\tan x = \sin x/\cos x$

求 $\int \tan x\, dx$.

【解】 $\int \tan x\, dx = \int \frac{\sin x}{\cos x}\, dx = -\int \frac{1}{u}\, du \qquad (\text{令 } u=\cos x)$

$$= -\ln|u| + C = -\ln|\cos x| + C = \ln|\sec x| + C'. \qquad \blacktriangleright\blacktriangleright$$

【例題 6】 作 u-代換

求 $\int e^{5x}\, dx$.

【解】 $\int e^{5x}\, dx = \frac{1}{5}\int e^{5x}\, d(5x) = \frac{1}{5}\int e^u\, du \qquad (\text{令 } u=5x)$

$$= \frac{1}{5}e^u + C = \frac{1}{5}e^{5x} + C. \qquad \blacktriangleright\blacktriangleright$$

○ 定理 4.14　定積分代換定理

設函數 g 在 $[a, b]$ 具有連續的導函數，f 在 $g(a)$ 至 $g(b)$ 為連續，令 $u = g(x)$，則

$$\int_a^b f(g(x))\, g'(x)\, dx = \int_{g(a)}^{g(b)} f(u)\, du.$$

第 4 章 積 分 **149**

【例題 7】 作 u-代換

求 $\int_0^2 2x(x^2+2)^3\,dx.$

【解】 方法 1：令 $u=x^2+2$，則 $du=2x\,dx.$

當 $x=0$ 時，$u=2$；當 $x=2$ 時，$u=6.$

於是，$\int_0^2 2x(x^2+2)^3\,dx = \int_2^6 u^3\,du = \left[\dfrac{u^4}{4}\right]_2^6 = 324-4=320$

方法 2：$\int 2x(x^2+2)^3\,dx = \int u^3\,du$ （令 $u=x^2+2$）

$$= \dfrac{u^4}{4}+C = \dfrac{(x^2+2)^4}{4}+C$$

於是，$\int_0^2 2x(x^2+2)^3\,dx = \left[\dfrac{(x^2+2)^4}{4}\right]_0^2 = 324-4=320.$ ⏭

【例題 8】 作 u-代換

求 $\int_0^{\pi/8} \sin^5 2\theta \cos 2\theta\,d\theta.$

【解】 令 $u=\sin 2\theta$，則 $du=2\cos 2\theta\,d\theta$ 或 $\dfrac{1}{2}du=\cos 2\theta\,d\theta.$

當 $\theta=0$ 時，$u=0$；當 $\theta=\dfrac{\pi}{8}$ 時，$u=\dfrac{\sqrt{2}}{2}.$ 於是，

$$\int_0^{\pi/8} \sin^5 2\theta \cos 2\theta\,d\theta = \dfrac{1}{2}\int_0^{\sqrt{2}/2} u^5\,du = \left[\dfrac{u^6}{12}\right]_0^{\sqrt{2}/2}$$

$$= \dfrac{1}{96}.$$ ⏭

【例題 9】 作 u-代換

求 $\int_{-1}^0 \dfrac{x}{x^2+5}\,dx.$

【解】 令 $u=x^2+5$，則 $du=2x\,dx$ 或 $\dfrac{1}{2}du=x\,dx.$

當 $x=-1$ 時，$u=6$；當 $x=0$ 時，$u=5$. 於是，

$$\int_{-1}^{0} \frac{x}{x^2+5} dx = \frac{1}{2} \int_{6}^{5} \frac{1}{u} du = \left[\frac{1}{2} \ln|u| \right]_{6}^{5}$$

$$= \frac{1}{2}(\ln 5 - \ln 6) = \frac{1}{2} \ln \frac{5}{6}.$$

○ 定理 4.15　對稱定理

設函數 f 在 $[-a, a]$ 為連續.

(1) 若 f 為偶函數，則

$$\int_{-a}^{a} f(x) dx = 2 \int_{0}^{a} f(x) dx.$$

(2) 若 f 為奇函數，則

$$\int_{-a}^{a} f(x) dx = 0.$$

【例題 10】　利用定理 4.15(2)

求 $\displaystyle\int_{-2}^{2} x\sqrt{x^2+1}\, dx$.

【解】　令 $f(x) = x\sqrt{x^2+1}$，則 $f(-x) = -x\sqrt{x^2+1} = -f(x)$，

可知 f 為奇函數，故 $\displaystyle\int_{-2}^{2} x\sqrt{x^2+1}\, dx = 0$.

○ 定理 4.16　週期函數的定積分

若 f 為週期 p 的週期函數，則

$$\int_{a+p}^{b+p} f(x) dx = \int_{a}^{b} f(x) dx.$$

【例題 11】 利用定理 4.16

求 $\int_0^{2\pi} |\sin x|\, dx$.

【解】 $f(x) = |\sin x|$ 為週期 π 的週期函數，其圖形如圖 4.16 所示．

$$\int_0^{2\pi} |\sin x|\, dx = \int_0^{\pi} |\sin x|\, dx + \int_{\pi}^{2\pi} |\sin x|\, dx$$

$$= \int_0^{\pi} |\sin x|\, dx + \int_0^{\pi} |\sin x|\, dx = 2\int_0^{\pi} \sin x\, dx$$

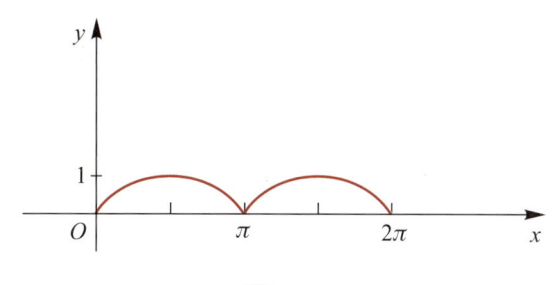

$$= 2\Big[-\cos x\Big]_0^{\pi} = -2(-1-1) = 4.$$

圖 4.16

習題 4.4

求 1～18 題的積分．

1. $\displaystyle\int \frac{x}{\sqrt{x+1}}\, dx$

2. $\displaystyle\int (x+1)\sqrt{2-x}\, dx$

3. $\displaystyle\int \sqrt[n]{ax+b}\, dx\ (a \neq 0)$

4. $\displaystyle\int \frac{\sin\sqrt{x}}{\sqrt{x}}\, dx$

5. $\displaystyle\int 5\cos(\pi x - 3)\, dx$

6. $\displaystyle\int \cot x\, dx$

7. $\displaystyle\int \sin(\sin\theta)\cos\theta\, d\theta$

8. $\displaystyle\int \tan^2 x\, \sec^2 x\, dx$

9. $\displaystyle\int \tan x\, \sec^3 x\, dx$

10. $\displaystyle\int \sqrt{e^x}\, dx$

11. $\displaystyle\int 2^{5x}\, dx$

12. $\displaystyle\int_1^3 \frac{x+2}{\sqrt{x^2+4x+7}}\, dx$

13. $\displaystyle\int_1^2 \frac{dx}{x^2-6x+9}$

14. $\displaystyle\int_0^{\ln 2} e^{-3x}\,dx$

15. $\displaystyle\int_1^e \frac{\ln x}{x}\,dx$

16. $\displaystyle\int_{-2}^2 \sqrt{2+|x|}\,dx$

17. $\displaystyle\int_{-1}^1 \frac{\tan x}{x^4+x^2+1}\,dx$

18. $\displaystyle\int_0^{2\pi} |\sin 2x|\,dx$

19. 若 $\displaystyle\int_0^3 f(x)\,dx=6$, 求 $\displaystyle\int_0^1 f(3x)\,dx$.

20. 求 $f(x)=\sin^2 x$ 在 $[0,\pi]$ 上的平均值.

21. (1) 試證：若 m 與 n 均為正整數, 則

$$\int_0^1 x^m(1-x)^n\,dx = \int_0^1 x^n(1-x)^m\,dx.$$

(2) 計算 $\displaystyle\int_0^1 x(1-x)^6\,dx$.

22. 試證：若 n 為正整數, 則

$$\int_0^{\pi/2} \sin^n x\,dx = \int_0^{\pi/2} \cos^n x\,dx.$$

(提示：令 $u=\dfrac{\pi}{2}-x$.)

5　積分的方法

5.1　不定積分的基本公式

在本節中，我們將複習前面學過的積分公式．我們以 u 為積分變數而不以 x 為積分變數，重新敘述那些積分公式，因為當使用代換時，若出現該形式，則可立即獲得結果．今列出一些基本公式，如下：

$$\int u^r \, du = \frac{u^{r+1}}{r+1} + C \quad (r \neq -1)$$

$$\int \frac{du}{u} = \ln |u| + C$$

$$\int e^u \, du = e^u + C$$

$$\int a^u \, du = \frac{a^u}{\ln a} + C \quad (a > 0, \ a \neq 1)$$

$$\int \sin u \, du = -\cos u + C$$

$$\int \cos u \, du = \sin u + C$$

$$\int \tan u \, du = -\ln|\cos u| + C = \ln|\sec u| + C$$

$$\int \cot u \, du = \ln|\sin u| + C = -\ln|\csc u| + C$$

$$\int \sec u \, du = \ln|\sec u + \tan u| + C$$

$$\int \csc u \, du = \ln|\csc u - \cot u| + C$$

$$\int \sec^2 u \, du = \tan u + C$$

$$\int \csc^2 u \, du = -\cot u + C$$

$$\int \sec u \, \tan u \, du = \sec u + C$$

$$\int \csc u \, \cot u \, dt = -\csc u + C$$

$$\int \frac{du}{\sqrt{a^2 - u^2}} = \sin^{-1}\frac{u}{a} + C \ (a > 0)$$

$$\int \frac{du}{a^2 + u^2} = \frac{1}{a}\tan^{-1}\frac{u}{a} + C \ (a \neq 0)$$

$$\int \frac{du}{u\sqrt{u^2 - a^2}} = \frac{1}{a}\sec^{-1}\frac{u}{a} + C \ (a > 0)$$

【例題 1】 作 u-代換

求 $\int \dfrac{\sin x}{2 + \cos x} dx.$

【解】 令 $u = 2 + \cos x$，則 $du = -\sin x \, dx$，故

$$\int \frac{\sin x}{2 + \cos x} dx = -\int \frac{du}{u} = -\ln|u| + C$$

$$= -\ln|2 + \cos x| + C = -\ln(2 + \cos x) + C.$$

【例題 2】 作 u-代換

求 $\displaystyle\int_1^4 \frac{e^{\sqrt{x}}}{\sqrt{x}}\,dx$.

【解】 令 $u=\sqrt{x}$，則 $du=\dfrac{dx}{2\sqrt{x}}$，$\dfrac{dx}{\sqrt{x}}=2\,du$.

當 $x=1$ 時，$u=1$；當 $x=4$ 時，$u=2$. 所以，

$$\int_1^4 \frac{e^{\sqrt{x}}}{\sqrt{x}}\,dx = \int_1^2 2e^u\,du = 2\int_1^2 e^u\,du = 2\Big[e^u\Big]_1^2$$
$$= 2(e^2-e) = 2e(e-1).$$

【例題 3】 作 u-代換

求 $\dfrac{dx}{\sqrt{9-4x^2}}$.

【解】 令 $u=2x$，則 $du=2dx$，故

$$\int \frac{dx}{\sqrt{9-4x^2}} = \frac{1}{2}\int \frac{du}{\sqrt{9-u^2}} = \frac{1}{2}\sin^{-1} u + C$$
$$= \frac{1}{2}\sin^{-1}\left(\frac{2x}{3}\right) + C.$$

習題 5.1

求 1～11 題的積分.

1. $\displaystyle\int x^2\cos(1-x^3)\,dx$
2. $\displaystyle\int \frac{2^{1/x}}{x^2}\,dx$
3. $\displaystyle\int \frac{\cos x}{3-\sin x}\,dx$
4. $\displaystyle\int \frac{dx}{(x+1)\sqrt{x}}$
5. $\displaystyle\int \frac{\sec^2 x}{\sqrt{2-\tan x}}\,dx$
6. $\displaystyle\int \frac{(\ln x)^n}{x}\,dx$
7. $\displaystyle\int_e^{e^4} \frac{dx}{x\sqrt{\ln x}}$
8. $\displaystyle\int \frac{dx}{x(\ln x)^2}$
9. $\displaystyle\int \frac{e^x}{\sqrt{e^x-1}}\,dx$

10. $\displaystyle\int \frac{3^{\tan x}}{\cos^2 x}\, dx$

11. $\displaystyle\int_0^{\pi/6} \frac{\sec^2 x}{\sqrt{1-\tan^2 x}}\, dx$

5.2 分部積分法

若 f 與 g 皆為可微分函數，則

$$\frac{d}{dx}[f(x)\,g(x)] = f'(x)\,g(x) + f(x)\,g'(x)$$

積分上式可得

$$\int [f'(x)\,g(x) + f(x)\,g'(x)]\,dx = f(x)\,g(x)$$

或

$$\int f'(x)\,g(x)\,dx + \int f(x)\,g'(x)\,dx = f(x)\,g(x)$$

上式可整理成

$$\int f(x)\,g'(x)\,dx = f(x)\,g(x) - \int f'(x)\,g(x)\,dx$$

若令 $u=f(x)$ 且 $v=g(x)$，則 $du=f'(x)\,dx$，$dv=g'(x)\,dx$，故上面的公式可寫成

$$\int u\,dv = uv - \int v\,du \tag{5.1}$$

在利用 (5.1) 式時，如何選取 u 及 dv，並無一定的步驟可循．通常儘量將可積分的部分視為 dv，而其他式子視為 u．基於此理由，利用 (5.1) 式求不定積分的方法稱為**分部積分法** (integration by parts)．對於定積分所對應的公式為

$$\int_a^b f(x)\,g'(x)\,dx = \Big[f(x)\,g(x)\Big]_a^b - \int_a^b f'(x)\,g(x)\,dx \tag{5.2}$$

現在，我們提出可利用分部積分法計算的一些積分型：

1. $\int x^n e^{ax} dx$, $\int x^n \sin ax \, dx$, $\int x^n \cos ax \, dx$, 其中 n 為正整數.

此處, 令 $u = x^n$, $dv = $ 剩下部分.

【例題 1】 利用分部積分法

求 $\int x e^x dx$.

【解】 令 $u = x$, $dv = e^x dx$, 則 $du = dx$, $v = \int e^x dx = e^x$,

故 $\int x e^x dx = x e^x - \int e^x dx = x e^x - e^x + C.$

註：在上面例題中，我們由 dv 計算 v 時，省略積分常數，而寫成 $v = \int e^x dx = e^x$. 假使我們放入一個積分常數，而寫成 $v = \int e^x dx = e^x + C_1$, 則常數 C_1 最後將抵銷. 在分部積分法中總是如此，因此，我們由 dv 計算 v 時，通常省略積分常數.

讀者應注意，欲成功地利用分部積分法，必須選取適當的 u 與 dv, 使得新積分較原積分容易. 例如，假使我們在例題 1 中令 $u = e^x$, $dv = x \, dx$, 則 $du = e^x dx$, $v = \frac{1}{2} x^2$, 故

$$\int x e^x dx = \frac{1}{2} x^2 e^x - \frac{1}{2} \int x^2 e^x dx$$

上式右邊的積分比原積分複雜，這是由於 dv 的選取不當所致.

【例題 2】 利用分部積分法

求 $\int x \sin x \, dx$.

【解】 令 $u = x$, $dv = \sin x \, dx$, 則 $du = dx$, $v = -\cos x$,

故 $\int x \sin x \, dx = -x \cos x + \int \cos x \, dx$

$= -x \cos x + \sin x + C.$

2. $\int x^m (\ln x)^n \, dx$, $m \neq -1$, n 為正整數.

此處，令 $u = (\ln x)^n$, $dv = x^m \, dx$.

【例題 3】 利用分部積分法

求 $\int \ln x \, dx$.

【解】 令 $u = \ln x$, $dv = dx$, 則 $du = \dfrac{dx}{x}$, $v = x$,

故 $\int \ln x \, dx = x \ln x - \int x \cdot \dfrac{dx}{x} = x \ln x - x + C.$

【例題 4】 利用分部積分法

求 $\int x \ln x \, dx$.

【解】 令 $u = \ln x$, $dv = x \, dx$, 則 $du = \dfrac{dx}{x}$, $v = \dfrac{x^2}{2}$,

故 $\int x \ln x \, dx = \dfrac{x^2}{2} \ln x - \int \dfrac{x}{2} \, dx$

$= \dfrac{x^2}{2} \ln x - \dfrac{x^2}{4} + C.$

另外，若 $p(x)$ 為 n 次多項式，$F_1(x)$, $F_2(x)$, $F_3(x)$, $\cdots$, $F_{n+1}(x)$ 為 $f(x)$ 之依次的積分，則我們可以重複地利用分部積分法證得

$$\int p(x) f(x) \, dx = p(x) F_1(x) - p'(x) F_2(x) + p''(x) F_3(x) - \cdots$$
$$+ (-1)^n p^{(n)}(x) F_{n+1}(x) + C \tag{5.3}$$

上式等號右邊的結果可用下面的處理方式去獲得.

首先，列出下表：

$p(x)$ 及其依次的導函數		$f(x)$ 及其依次的積分
$p(x)$	$(+)$	$F(x)$
$p'(x)$	$(-)$	$F_1(x)$
$p''(x)$	$(+)$	$F_2(x)$
$p'''(x)$	$(-)$	$F_3(x)$
$\vdots$	$\vdots$	$\vdots$
0		$F_{n+1}(x)$

表中 $p(x) \xrightarrow{(+)} F_1(x)$ 表示 $p(x)$ 與 $F_1(x)$ 相乘並取正號，其餘類推，依序求出乘積，再相加就可得到最後結果.

【例題 5】 利用表列形式

求 $\int x^2 e^x \, dx$.

【解】

x^2	$(+)$	e^x
$2x$	$(-)$	e^x
2	$(+)$	e^x
0		e^x

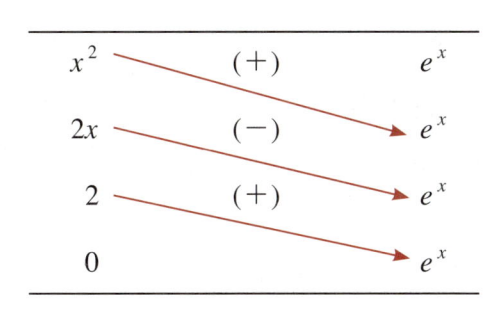

$$\int x^2 e^x \, dx = x^2 e^x - 2x e^x + 2 e^x + C.$$

【例題 6】 利用表列形式

求 $\int x^3 \cos x \, dx$.

【解】

x^3	$(+)$	$\cos x$
$3x^2$	$(-)$	$\sin x$
$6x$	$(+)$	$-\cos x$
6	$(-)$	$-\sin x$
0		$\cos x$

$$\int x^3 \cos x \, dx = x^3 \sin x + 3x^2 \cos x - 6x \sin x - 6 \cos x + C.$$

3. $\int e^{ax} \sin bx \, dx, \quad \int e^{ax} \cos bx \, dx$

此處，令 $u = e^{ax}$, $dv = $ 剩下部分；或令 $dv = e^{ax} dx$, $u = $ 剩下部分.

【例題 7】 使用分部積分法二次

求 $\int e^x \sin x \, dx$.

【解】 令 $u = e^x$, $dv = \sin x \, dx$, 則 $du = e^x dx$, $v = -\cos x$,

故 $$\int e^x \sin x \, dx = -e^x \cos x + \int e^x \cos x \, dx$$

其次，對上式右邊的積分再利用分部積分法.

令 $u = e^x$, $dv = \cos x \, dx$, 則 $du = e^x dx$, $v = \sin x$,

故 $$\int e^x \cos x \, dx = e^x \sin x - \int e^x \sin x \, dx$$

可得 $$\int e^x \sin x \, dx = -e^x \cos x + e^x \sin x - \int e^x \sin x \, dx$$

$$2 \int e^x \sin x \, dx = -e^x \cos x + e^x \sin x$$

故
$$\int e^x \sin x \, dx = \frac{1}{2} e^x (\sin x - \cos x) + C.$$

分部積分法有時可用來求出積分的**降冪公式** (reduction formula)，這些公式能用來將含有乘冪項的積分以較低次乘冪項的積分表示.

【例題 8】 利用分部積分法

求 $\int \sin^n x \, dx$ 的降冪公式，此處 $n \geq 2$.

【解】 令 $u = \sin^{n-1} x$, $dv = \sin x \, dx$，則

$$du = (n-1) \sin^{n-2} x \cos x \, dx, \quad v = -\cos x,$$

故

$$\int \sin^n x \, dx = -\cos x \sin^{n-1} x + (n-1) \int \sin^{n-2} x \cos^2 x \, dx$$

$$= -\cos x \sin^{n-1} x + (n-1) \int \sin^{n-2} x \, dx - (n-1) \int \sin^n x \, dx$$

可得

$$\int \sin^n x \, dx + (n-1) \int \sin^n x \, dx = -\cos x \sin^{n-1} x + (n-1) \int \sin^{n-2} x \, dx$$

即，$\int \sin^n x \, dx = -\frac{1}{n} \cos x \sin^{n-1} x + \frac{n-1}{n} \int \sin^{n-2} x \, dx \quad (n \geq 2).$

【例題 9】 利用例題 8 的降冪公式

求 $\int_0^{\pi/2} \sin^4 x \, dx$.

【解】
$$\int_0^{\pi/2} \sin^n x \, dx = \left[-\frac{\cos x \sin^{n-1} x}{n} \right]_0^{\pi/2} + \frac{n-1}{n} \int_0^{\pi/2} \sin^{n-2} x \, dx$$

$$= \frac{n-1}{n} \int_0^{\pi/2} \sin^{n-2} x \, dx$$

故 $$\int_0^{\pi/2} \sin^4 x\, dx = \frac{3}{4}\int_0^{\pi/2}\sin^2 x\, dx = \frac{3}{4}\cdot\frac{1}{2}\int_0^{\pi/2} dx$$

$$= \frac{3}{4}\cdot\frac{1}{2}\cdot\frac{\pi}{2} = \frac{3\pi}{16}.$$

下面公式留給讀者去證明.

$$\int \cos^n x\, dx = \frac{1}{n}\cos^{n-1} x \sin x + \frac{n-1}{n}\int \cos^{n-2} x\, dx \ (n\geq 2).$$

習題 5.2

求 1～13 題的積分.

1. $\displaystyle\int x\, e^{-x}\, dx$

2. $\displaystyle\int x\, e^{2x}\, dx$

3. $\displaystyle\int x\, \sin 2x\, dx$

4. $\displaystyle\int x^3 \ln x\, dx$

5. $\displaystyle\int e^{2x}\cos 3x\, dx$

6. $\displaystyle\int e^{-3x}\sin 3x\, dx$

7. $\displaystyle\int x\tan^2 x\, dx$

8. $\displaystyle\int_0^1 \ln(1+x)\, dx$

9. $\displaystyle\int (\ln x)^2\, dx$

10. $\displaystyle\int \sin\sqrt{x}\, dx$

11. $\displaystyle\int_0^1 e^{\sqrt{x}}\, dx$

12. $\displaystyle\int_0^1 x^3 e^{-x^2}\, dx$

13. $\displaystyle\int_0^1 \frac{x^3}{\sqrt{x^2+1}}\, dx$

5.3 三角函數乘冪積分法

在本節裡,我們將利用三角恆等式去求被積分函數含有三角函數乘冪的積分.

$\int \sin^m x \cos^n x \, dx$ 型

(1) 若 m 為正奇數，則保留一個因子 $\sin x$，並利用 $\sin^2 x = 1 - \cos^2 x$，可得

$$\int \sin^m x \cos^n x \, dx = \int \sin^{m-1} x \cos^n x \sin x \, dx$$

$$= \int (1 - \cos^2 x)^{(m-1)/2} \cos^n x \sin x \, dx$$

然後以 $u = \cos x$ 代換．

(2) 若 n 為正奇數，則保留一個因子 $\cos x$，並利用 $\cos^2 x = 1 - \sin^2 x$，可得

$$\int \sin^m x \cos^n x \, dx = \int \sin^m x \cos^{n-1} x \cos x \, dx$$

$$= \int \sin^m x (1 - \sin^2 x)^{(n-1)/2} \cos x \, dx$$

然後以 $u = \sin x$ 代換．

(3) 若 m 與 n 皆為正偶數，則利用半角公式

$$\sin^2 x = \frac{1}{2}(1 - \cos 2x), \quad \cos^2 x = \frac{1}{2}(1 + \cos 2x)$$

有時候，利用公式 $\sin x \cos x = \frac{1}{2} \sin 2x$ 是很有幫助的．

【例題 1】 作代換 $u = \cos x$

求 $\int \sin^3 x \cos^2 x \, dx$．

【解】 令 $u = \cos x$，則 $du = -\sin x \, dx$，並將 $\sin^3 x$ 寫成 $\sin^3 x = \sin^2 x \sin x$．
於是，

$$\int \sin^3 x \cos^2 x \, dx = \int \sin^2 x \cos^2 x \sin x \, dx$$

$$= \int (1 - \cos^2 x) \cos^2 x \sin x \, dx = \int (1 - u^2) u^2 (-du)$$

$$= \int (u^4 - u^2)\ du = \frac{1}{5} u^5 - \frac{1}{3} u^3 + C$$

$$= \frac{1}{5} \cos^5 x - \frac{1}{3} \cos^3 x + C.$$

【例題 2】 作代換 $u = \sin x$

求 $\int \sin^2 x \cos^5 x\ dx$.

【解】 令 $u = \sin x$，則 $du = \cos x\ dx$，於是，

$$\int \sin^2 x \cos^5 x\ dx = \int \sin^2 x (1 - \sin^2 x)^2 \cos x\ dx$$

$$= \int u^2 (1 - u^2)^2\ du = \int (u^2 - 2u^4 + u^6)\ du$$

$$= \frac{1}{3} u^3 - \frac{2}{5} u^5 + \frac{1}{7} u^7 + C$$

$$= \frac{1}{3} \sin^3 x - \frac{2}{5} \sin^5 x + \frac{1}{7} \sin^7 x + C.$$

$\int \tan^m x \sec^n x\ dx$ 型

(1) 若 n 為正偶數，則保留一個因子 $\sec^2 x$，並利用 $\sec^2 x = 1 + \tan^2 x$，可得

$$\int \tan^m x \sec^n x\ dx = \int \tan^m x \sec^{n-2} x \sec^2 x\ dx$$

$$= \int \tan^m x (1 + \tan^2 x)^{(n-2)/2} \sec^2 x\ dx$$

然後以 $u = \tan x$ 代換.

(2) 若 m 為正奇數，則保留一個因子 $\sec x \tan x$，並利用 $\tan^2 x = \sec^2 x - 1$，可得

$$\int \tan^m x \sec^n x\ dx = \int \tan^{m-1} x \sec^{n-1} x \sec x \tan x\ dx$$

$$= \int (\sec^2 x - 1)^{(m-1)/2} \sec^{n-1} x \sec x \tan x \, dx$$

然後以 $u = \sec x$ 代換.

(3) 若 m 為正偶數且 n 為正奇數，則將被積分函數化成 $\sec x$ 之乘冪的和. $\sec x$ 的乘冪需利用分部積分法.

【例題 3】 作代換 $u = \tan x$

求 $\int \tan^6 x \sec^4 x \, dx$.

【解】 令 $u = \tan x$，則 $du = \sec^2 x \, dx$,

故 $\int \tan^6 x \sec^4 x \, dx = \int \tan^6 x \sec^2 x \sec^2 x \, dx$

$$= \int \tan^6 x (1 + \tan^2 x) \sec^2 x \, dx = \int u^6 (1 + u^2) \, du$$

$$= \int (u^6 + u^8) \, du = \frac{1}{7} u^7 + \frac{1}{9} u^9 + C$$

$$= \frac{1}{7} \tan^7 x + \frac{1}{9} \tan^9 x + C.$$

【例題 4】 作代換 $u = \sec x$

求 $\int_0^{\pi/3} \tan^5 x \sec^3 x \, dx$.

【解】 令 $u = \sec x$，則 $du = \sec x \tan x \, dx$.

當 $x = 0$ 時，$u = 1$；當 $x = \frac{\pi}{3}$ 時，$u = 2$.

所以，

$$\int_0^{\pi/3} \tan^5 x \sec^3 x \, dx = \int_0^{\pi/3} (\sec^2 x - 1)^2 \sec^2 x \sec x \tan x \, dx$$

$$= \int_1^2 (u^2 - 1)^2 u^2 \, du = \int_1^2 (u^6 - 2u^4 + u^2) \, du$$

$$= \left[\frac{1}{7}u^7 - \frac{2}{5}u^5 + \frac{1}{3}u^3\right]_1^2$$

$$= \left(\frac{128}{7} - \frac{64}{5} + \frac{8}{3}\right) - \left(\frac{1}{7} - \frac{2}{5} + \frac{1}{3}\right)$$

$$= \frac{848}{105}.$$

$\int \tan^n x \, dx$ 與 $\int \cot^n x \, dx$ 型 (其中 n 為正整數且 $n \geq 2$)

$$\int \tan^n x \, dx = \int \tan^{n-2} x \, \tan^2 x \, dx = \int \tan^{n-2} x \, (\sec^2 x - 1) \, dx$$

$$= \int \tan^{n-2} x \, \sec^2 x \, dx - \int \tan^{n-2} x \, dx$$

$$= \int \tan^{n-2} x \, d(\tan x) - \int \tan^{n-2} x \, dx$$

$$= \frac{\tan^{n-1} x}{n-1} - \int \tan^{n-2} x \, dx \quad (n \geq 2)$$

同理,

$$\int \cot^n x \, dx = -\frac{\cot^{n-1} x}{n-1} - \int \cot^{n-2} x \, dx \quad (n \geq 2)$$

以上兩公式分別稱為 $\int \tan^n x \, dx$ 與 $\int \cot^n x \, dx$ 的**降冪公式**.

【例題 5】 利用降冪公式

求 $\int \tan^3 x \, dx$.

【解】
$$\int \tan^3 x \, dx = \int \tan x \, \tan^2 x \, dx = \int \tan x \, (\sec^2 x - 1) \, dx$$

$$= \int \tan x \, \sec^2 x \, dx - \int \tan x \, dx$$

$$= \frac{1}{2}\tan^2 x - \ln|\sec x| + C.$$

形如 $\int \cot^m x \csc^n x \, dx$ 的積分可用類似的方法計算.

對於形如：(1) $\int \sin mx \cos nx \, dx$, (2) $\int \sin mx \sin nx \, dx$, (3) $\int \cos mx \cos nx \, dx$ 等的積分，我們可以利用恆等式：

$$\sin \alpha \cos \beta = \frac{1}{2}[\sin(\alpha+\beta) + \sin(\alpha-\beta)]$$

$$\sin \alpha \sin \beta = \frac{1}{2}[\cos(\alpha-\beta) - \cos(\alpha+\beta)]$$

$$\cos \alpha \cos \beta = \frac{1}{2}[\cos(\alpha+\beta) + \cos(\alpha-\beta)].$$

【例題 6】 利用積化和的公式

求 $\int \sin 7x \cos 3x \, dx$.

【解】 因 $\sin 7x \cos 3x = \frac{1}{2}(\sin 10x + \sin 4x)$，故

$$\int \sin 7x \cos 3x \, dx = \frac{1}{2}\int (\sin 10x + \sin 4x) \, dx$$

$$= -\frac{1}{20}\cos 10x - \frac{1}{8}\cos 4x + C.$$

【例題 7】 利用積化差的公式

若 m 及 n 皆為正整數，證明：

$$\int_{-\pi}^{\pi} \sin mx \sin nx \, dx = \begin{cases} 0, & \text{若 } n \neq m \\ \pi, & \text{若 } n = m. \end{cases}$$

【解】　若 $m \neq n$,

$$\int_{-\pi}^{\pi} \sin mx \, \sin nx \, dx$$

$$= -\frac{1}{2} \int_{-\pi}^{\pi} [\cos(m+n)x - \cos(m-n)x] \, dx$$

$$= -\frac{1}{2} \left[\frac{1}{m+n} \sin(m+n)x - \frac{1}{m-n} \sin(m-n)x \right]_{-\pi}^{\pi}$$

$$= 0$$

若 $m = n$,

$$\int_{-\pi}^{\pi} \sin mx \, \sin nx \, dx = -\frac{1}{2} \int_{-\pi}^{\pi} (\cos 2mx - 1) \, dx$$

$$= -\frac{1}{2} \left[\frac{1}{2m} \sin 2mx - x \right]_{-\pi}^{\pi}$$

$$= -\frac{1}{2}(-2\pi) = \pi.$$

習題 5.3

求 1～12 題的積分.

1. $\int \sin^3 x \, \cos^3 x \, dx$

2. $\int \sin^2 x \, \cos^3 x \, dx$

3. $\int \sin^2 2\theta \, \cos^3 2\theta \, d\theta$

4. $\int \cos^3 2x \, dx$

5. $\int \sin^2 x \, \cos^2 x \, dx$

6. $\int \tan^3 x \, \sec^4 x \, dx$

7. $\int \cot^3 x \, \csc^3 x \, dx$

8. $\int \frac{\sec x}{\cot^5 x} \, dx$

9. $\int \tan^3 3x \, dx$

10. $\int \sin 5x \, \sin 3x \, dx$

11. $\int \sin 2x \, \cos 5x \, dx$

12. $\int_0^3 \cos \dfrac{2\pi x}{3} \cos \dfrac{5\pi x}{3} dx$

5.4　三角代換法

若被積分函數含有 $\sqrt{a^2-x^2}$ 或 $\sqrt{a^2+x^2}$ 或 $\sqrt{x^2-a^2}$（此處 $a>0$），即，根號內是平方和或平方差的形式，則利用下表列出的三角代換可消去根號.

式　子	三角代換	恆等式
$\sqrt{a^2-x^2}$	$x=a\sin\theta,\ -\dfrac{\pi}{2}\le\theta\le\dfrac{\pi}{2}$	$1-\sin^2\theta=\cos^2\theta$
$\sqrt{a^2+x^2}$	$x=a\tan\theta,\ -\dfrac{\pi}{2}<\theta<\dfrac{\pi}{2}$	$1+\tan^2\theta=\sec^2\theta$
$\sqrt{x^2-a^2}$	$x=a\sec\theta,\ 0\le\theta<\dfrac{\pi}{2}$ 或 $\pi\le\theta<\dfrac{3\pi}{2}$	$\sec^2\theta-1=\tan^2\theta$

【例題 1】　作代換 $x=a\sin\theta$

求 $\int \dfrac{dx}{\sqrt{a^2-x^2}}\ (a>0)$.

【解】　令 $x=a\sin\theta\left(0\le\theta<\dfrac{\pi}{2}\right)$，則 $dx=a\cos\theta\,d\theta$，可得

$$\int \dfrac{dx}{\sqrt{a^2-x^2}} = \int \dfrac{a\cos\theta}{a\cos\theta}d\theta = \int d\theta = \theta + C = \sin^{-1}\dfrac{x}{a} + C.$$

【例題 2】　作代換 $x=3\tan\theta$

求 $\int \dfrac{dx}{\sqrt{9+x^2}}$.

【解】　令 $x=3\tan\theta\left(0\le\theta<\dfrac{\pi}{2}\right)$，則 $dx=3\sec^2\theta\,d\theta$，可得

$$\int \frac{dx}{\sqrt{9+x^2}} = \int \frac{3\sec^2\theta}{3\sec\theta}\,d\theta = \int \sec\theta\,d\theta$$

$$= \ln|\sec\theta + \tan\theta| + C'$$

參考圖 5.1，可知

$$\sec\theta = \frac{\sqrt{9+x^2}}{3},\quad \tan\theta = \frac{x}{3}$$

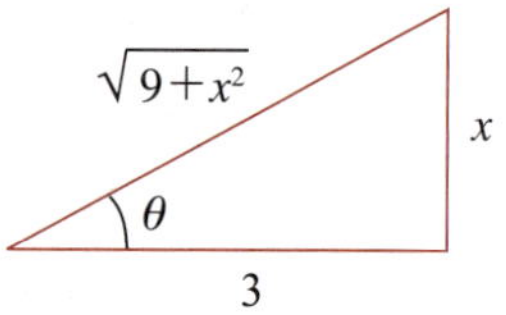

故 $\displaystyle\int \frac{dx}{\sqrt{9+x^2}} = \ln\left|\frac{\sqrt{9+x^2}}{3} + \frac{x}{3}\right| + C'$

$$= \ln|\sqrt{9+x^2} + x| + C,$$

其中 $C = C' - \ln 3$.

圖 5.1

若被積分函數中含有二次式 ax^2+bx+c $(b\neq 0)$ 的積分無法利用前面幾節的方法完成，則常常可先配方，如下：

$$ax^2+bx+c = a\left(x^2+\frac{b}{a}x\right)+c$$

$$= a\left(x^2+\frac{b}{a}x+\frac{b^2}{4a^2}\right)+c-\frac{b^2}{4a}$$

$$= a\left(x+\frac{b}{2a}\right)^2+c-\frac{b^2}{4a}$$

於此，代換 $u=x+\dfrac{b}{2a}$ 將 ax^2+bx+c 化成 au^2+d（此處 $d=c-\dfrac{b^2}{4a}$），即，平方和或平方差，然後利用積分的基本公式或三角代換完成積分.

【例題 3】 分母化成平方和

求 $\displaystyle\int \frac{dx}{x^2+6x+10}$.

【解】 配方可得

$$x^2+6x+10 = (x+3)^2+1$$

所以，$$\int \frac{dx}{x^2+6x+10} = \int \frac{dx}{(x+3)^2+1} = \int \frac{d(x+3)}{(x+3)^2+1}$$
$$= \tan^{-1}(x+3) + C.$$

【例題 4】 根號內化成平方差

求 $\int \frac{dx}{\sqrt{2x-x^2}}$．

【解】 配方可得
$$2x - x^2 = 1 - (x-1)^2$$

所以，$$\int \frac{dx}{\sqrt{2x-x^2}} = \int \frac{dx}{\sqrt{1-(x-1)^2}} = \int \frac{d(x-1)}{\sqrt{1-(x-1)^2}}$$
$$= \sin^{-1}(x-1) + C.$$

習題 5.4

求 1～10 題的積分．

1. $\int \frac{x^2}{\sqrt{4-x^2}} dx$
2. $\int \frac{dx}{x^2\sqrt{16-x^2}}$
3. $\int_0^5 \frac{dx}{\sqrt{25+x^2}}$

4. $\int \frac{\sqrt{x^2-9}}{x} dx$
5. $\int \frac{dx}{x^2\sqrt{x^2-16}}$
6. $\int \frac{dx}{x^2+4x+5}$

7. $\int \frac{2x+6}{x^2+4x+8} dx$
8. $\int_1^2 \frac{dx}{\sqrt{4x-x^2}}$
9. $\int \frac{dx}{\sqrt{x^2-6x+10}}$

10. $\int \frac{dx}{x^4+2x^2+1}$

11. 以三角代換或代換 $u = x^2+4$ 可計算積分 $\int \frac{x}{x^2+4} dx$．利用此兩種方法求之，並說明所得結果是相同的．

5.5 部分分式法

在代數裡，我們學過將兩個或更多的分式合併為一個分式．例如，

$$\frac{1}{x}+\frac{2}{x-1}+\frac{3}{x+2}=\frac{(x-1)(x+2)+2x(x+2)+3x(x-1)}{x(x-1)(x+2)}$$

$$=\frac{6x^2+2x-2}{x^3+x^2-2x}$$

然而，上式的左邊比右邊容易積分．於是，若我們知道如何從上式的右邊開始而獲得左邊，則將是很有幫助的．處理這個問題的方法稱為部分分式法 (method of partial fractions)．

若多項式 $P(x)$ 的次數小於多項式 $Q(x)$ 的次數，則有理函數 $\dfrac{P(x)}{Q(x)}$ 稱為真有理函數 (proper rational function)；否則，它稱為假有理函數 (improper rational function)．在理論上，實係數多項式恆可分解成實係數的一次因式與實係數的二次質因式的乘積．因此，若 $\dfrac{P(x)}{Q(x)}$ 為真有理函數，則

$$\frac{P(x)}{Q(x)}=F_1(x)+F_2(x)+\cdots+F_k(x)$$

此處每一 $F_i(x)$ 的形式為下列其中之一：

$$\frac{A}{(ax+b)^m} \quad 或 \quad \frac{Ax+B}{(ax^2+bx+c)^n}$$

其中 m 與 n 均為正整數，而 ax^2+bx+c 為二次質因式，換句話說，$ax^2+bx+c=0$ 沒有實根，即，$b^2-4ac<0$．和 $F_1(x)+F_2(x)+\cdots+F_k(x)$ 稱為 $\dfrac{P(x)}{Q(x)}$ 的部分分式分解 (partial fraction decomposition)，而每一個 $F_i(x)$ 稱為部分分式 (partial fraction)．

若 $\dfrac{P(x)}{Q(x)}$ 為真有理函數，則可化成部分分式分解的形式，方法如下：

1. 先將 $Q(x)$ 完完全全地分解為一次因式 $px+q$ 與二次質因式 ax^2+bx+c 的乘積，然後集中所有的重複因式，因此，$Q(x)$ 表為形如 $(px+q)^m$ 與 $(ax^2+bx+c)^n$ 之不同因式的乘積，其中 m 與 n 均為正整數.

2. 再應用下列的規則：

規則 1. 對於形如 $(px+q)^m$ 的每一個因式，此處 $m \geq 1$，部分分式分解含有 m 個部分分式的和，其形式為

$$\frac{A_1}{px+q} + \frac{A_2}{(px+q)^2} + \cdots + \frac{A_m}{(px+q)^m}$$

其中 A_1, A_2, $\cdots$, A_m 均為待定常數.

規則 2. 對於形如 $(ax^2+bx+c)^n$，此處 $n \geq 1$，且 $b^2-4ac < 0$，部分分式分解含有 n 個部分分式的和，其形式為

$$\frac{A_1 x + B_1}{ax^2+bx+c} + \frac{A_2 x + B_2}{(ax^2+bx+c)^2} + \cdots + \frac{A_n x + B_n}{(ax^2+bx+c)^n}$$

其中 A_1, A_2, $\cdots$, A_n 均為待定係數；B_1, B_2, $\cdots$, B_n 也均為待定常數.

【例題 1】 利用規則 1

求 $\displaystyle\int \frac{dx}{x^2+x-2}$.

【解】 因 $x^2+x-2 = (x-1)(x+2)$，故令

$$\frac{1}{x^2+x-2} = \frac{A}{x-1} + \frac{B}{x+2}$$

以 $(x-1)(x+2)$ 乘上式等號的兩邊，得到

$$1 = A(x+2) + B(x-1) \quad\cdots\cdots\cdots\cdots\cdots\cdots (*)$$

即，$1 = (A+B)x + (2A-B)$.

比較上式等號兩邊同次項的係數，可知

$$\begin{cases} A+B = 0 \\ 2A - B = 1 \end{cases}$$

解得：$A = \dfrac{1}{3}$, $B = -\dfrac{1}{3}$.

於是,

$$\frac{1}{x^2+x-2} = \frac{\frac{1}{3}}{x-1} + \frac{-\frac{1}{3}}{x+2}$$

所以,
$$\int \frac{dx}{x^2+x-2} = \frac{1}{3}\int \frac{dx}{x-1} - \frac{1}{3}\int \frac{dx}{x+2}$$

$$= \frac{1}{3}\int \frac{d(x-1)}{x-1} - \frac{1}{3}\int \frac{d(x+2)}{x+2}$$

$$= \frac{1}{3}\ln|x-1| - \frac{1}{3}\ln|x+2| + C$$

$$= \frac{1}{3}\ln\left|\frac{x-1}{x+2}\right| + C.\quad \blacktriangleright\blacktriangleright$$

在例題 1 中，因式全部為一次式且不重複，利用使各因式為零的值代 x，可求出 A、B 與 C 的值. 若在 (*) 式中令 $x=1$，可得 $1=3A$ 或 $A=\dfrac{1}{3}$. 在 (*) 式中令 $x=-2$，可得 $1=-3B$ 或 $B=-\dfrac{1}{3}$.

【例題 2】 利用規則 1

計算 $\int \dfrac{dx}{x^2-a^2}$，此處 $a \neq 0$.

【解】 令 $\dfrac{1}{x^2-a^2} = \dfrac{A}{x-a} + \dfrac{B}{x+a}$，則

$$1 = A(x+a) + B(x-a) = (A+B)x + (A-B)a$$

可知
$$\begin{cases} A+B = 0 \\ A-B = \dfrac{1}{a} \end{cases}$$

解得：$A=\dfrac{1}{2a}$，$B=-\dfrac{1}{2a}$.

於是，

$$\frac{1}{x^2-a^2}=\frac{\dfrac{1}{2a}}{x-a}+\frac{-\dfrac{1}{2a}}{x+a}$$

所以，
$$\int\frac{dx}{x^2-a^2}=\frac{1}{2a}\int\frac{dx}{x-a}-\frac{1}{2a}\int\frac{dx}{x+a}$$

$$=\frac{1}{2a}\ln|x-a|-\frac{1}{2a}\ln|x+a|$$

$$=\frac{1}{2a}\ln\left|\frac{x-a}{x+a}\right|+C.$$

利用例題 2 的結果，若 u 為 x 的可微分函數，則有下面的積分公式：

$$\int\frac{du}{u^2-a^2}=\frac{1}{2a}\ln\left|\frac{u-a}{u+a}\right|+C\ (a\neq 0) \tag{5.4}$$

【例題 3】 利用規則 1

計算 $\displaystyle\int\frac{dx}{(x-1)(x+2)(x-3)}$.

【解】 令 $\dfrac{1}{(x-1)(x+2)(x-3)}=\dfrac{A}{x-1}+\dfrac{B}{x+2}+\dfrac{C}{x-3}$，則

$$1=A(x+2)(x-3)+B(x-1)(x-3)+C(x-1)(x+2)\cdots\cdots(*)$$

以 $x=1$ 代入 (*) 式可得 $1=-6A$，即，$A=-\dfrac{1}{6}$.

以 $x=-2$ 代入 (*) 式可得 $1=15B$，即，$B=\dfrac{1}{15}$.

以 $x=3$ 代入 (*) 式可得 $1=10C$，即，$C=\dfrac{1}{10}$.

於是，

$$\frac{1}{(x-1)(x+2)(x-3)} = \frac{-\frac{1}{6}}{x-1} + \frac{\frac{1}{15}}{x+2} + \frac{\frac{1}{10}}{x-3}$$

所以，

$$\int \frac{dx}{(x-1)(x+2)(x-3)} = -\frac{1}{6}\int\frac{dx}{x-1} + \frac{1}{15}\int\frac{dx}{x+2} + \frac{1}{10}\int\frac{dx}{x-3}$$

$$= -\frac{1}{6}\ln|x-1| + \frac{1}{15}\ln|x+2|$$

$$+ \frac{1}{10}\ln|x-3| + K, \text{此處 } K \text{ 為任意常數.}$$

【例題 4】 利用規則 1

計算 $\int \dfrac{x+2}{x^3-2x^2}\,dx$.

【解】 因 $x^3-2x^2 = x^2(x-2)$，故令

$$\frac{x+2}{x^3-2x^2} = \frac{A}{x} + \frac{B}{x^2} + \frac{C}{x-2}$$

可得

$$x+2 = Ax(x-2) + B(x-2) + Cx^2$$
$$= (A+C)x^2 + (-2A+B)x - 2B$$

比較對應項的係數，可知

$$\begin{cases} A+C=0 \\ -2A+B=1 \\ -2B=2 \end{cases}$$

解得：$A=-1$, $B=-1$, $C=1$. 於是，

$$\frac{x+2}{x^3-2x^2} = \frac{-1}{x} + \frac{-1}{x^2} + \frac{1}{x-2}$$

所以，

$$\int \frac{x+2}{x^3-2x^2}\,dx = -\int \frac{dx}{x} - \int \frac{dx}{x^2} + \int \frac{dx}{x-2}$$

$$= -\ln|x| + \frac{1}{x} + \ln|x-2| + K.$$

【例題 5】 利用規則 1

計算 $\int \dfrac{x^2}{(x+2)^3}\,dx.$

【解】 方法 1：令 $\dfrac{x^2}{(x+2)^3} = \dfrac{A}{x+2} + \dfrac{B}{(x+2)^2} + \dfrac{C}{(x+2)^3}$，則

$$x^2 = A(x+2)^2 + B(x+2) + C$$
$$= Ax^2 + (4A+B)x + (4A+2B+C)$$

可知
$$\begin{cases} A = 1 \\ 4A + B = 0 \\ 4A + 2B + C = 0 \end{cases}$$

解得：$A=1$，$B=-4$，$C=4$. 於是，

$$\frac{x^2}{(x+2)^3} = \frac{1}{x+2} + \frac{-4}{(x+2)^2} + \frac{4}{(x+2)^3}$$

所以，

$$\int \frac{x^2}{(x+2)^3}\,dx = \int \frac{dx}{x+2} - 4\int \frac{dx}{(x+2)^2} + 4\int \frac{dx}{(x+2)^3}$$

$$= \ln|x+2| + \frac{4}{x+2} - \frac{2}{(x+2)^2} + K.$$

方法 2：令 $u = x+2$，則 $x = u-2$，可得

$$\frac{x^2}{(x+2)^3} = \frac{(u-2)^2}{u^3} = \frac{u^2-4u+4}{u^3} = \frac{1}{u} - \frac{4}{u^2} + \frac{4}{u^3}$$

$$= \frac{1}{x+2} - \frac{4}{(x+2)^2} + \frac{4}{(x+2)^3}$$

所以，

$$\int \frac{x^2}{(x+2)^3} dx = \int \frac{dx}{x+2} - 4\int \frac{dx}{(x+2)^2} + 4\int \frac{dx}{(x+2)^3}$$

$$= \ln|x+2| + \frac{4}{x+2} - \frac{2}{(x+2)^2} + K.$$

【例題 6】 利用規則 1 及 2

計算 $\int \frac{x^2+x-2}{(3x-1)(x^2+1)} dx.$

【解】 令 $\dfrac{x^2+x-2}{(3x-1)(x^2+1)} = \dfrac{A}{3x-1} + \dfrac{Bx+C}{x^2+1}$，則

$$x^2+x-2 = A(x^2+1)+(Bx+C)(3x-1)$$

$$= (A+3B)x^2+(-B+3C)x+(A-C)$$

可知 $\begin{cases} A+3B=1 \\ -B+3C=1 \\ A-C=-2 \end{cases}$

解得：$A=-\dfrac{7}{5},\ B=\dfrac{4}{5},\ C=\dfrac{3}{5}.$ 於是，

$$\frac{x^2+x-2}{(3x-1)(x^2+1)} = \frac{-\dfrac{7}{5}}{3x-1} + \frac{\dfrac{4}{5}x+\dfrac{3}{5}}{x^2+1}$$

所以，

$$\int \frac{x^2+x-2}{(3x-1)(x^2+1)} dx = -\frac{7}{5}\int \frac{dx}{3x-1} + \frac{4}{5}\int \frac{x}{x^2+1} dx + \frac{3}{5}\int \frac{dx}{x^2+1}$$

$$= -\frac{7}{15}\ln|3x-1| + \frac{2}{5}\ln(x^2+1) + \frac{3}{5}\tan^{-1}x + K.$$

習題 5.5

求 1～13 題的積分.

1. $\displaystyle\int \frac{x}{(x-2)(x-3)}\, dx$

2. $\displaystyle\int \frac{5x-4}{x^2-4x}\, dx$

3. $\displaystyle\int \frac{11x+17}{(2x-1)(x+4)}\, dx$

4. $\displaystyle\int \frac{3x^2-10}{(x-2)^2}\, dx$

5. $\displaystyle\int \frac{x^3}{(x-1)(x-2)}\, dx$

6. $\displaystyle\int \frac{2x^2+3}{x(x-1)^2}\, dx$

7. $\displaystyle\int \frac{2x^2-2x-1}{x^3-x^2}\, dx$

8. $\displaystyle\int \frac{2x^2+3x+3}{(x+1)^3}\, dx$

9. $\displaystyle\int \frac{dx}{x(x+1)(x-1)}$

10. $\displaystyle\int \frac{2x^2+4x-8}{x(x+2)(x-2)}\, dx$

11. $\displaystyle\int \frac{dx}{x^3+x}$

12. $\displaystyle\int \frac{x^2+2x-1}{x(2x-1)(x+2)}\, dx$

13. $\displaystyle\int \frac{dx}{e^x-e^{-x}}$

5.6 瑕積分

在第 4 章中，我們所涉及到的定積分具有兩個重要的假設：

1. 區間 $[a, b]$ 必須為有限.
2. 被積分函數 f 在 $[a, b]$ 必須為連續，或者，若不連續，也得在 $[a, b]$ 中為有界.

若不合乎此等假設之一者，就稱為 瑕積分 (improper integral).

一、積分區間為無限的積分

因函數 $f(x) = \dfrac{1}{x^2}$ 在 $[1, \infty)$ 為連續且非負值，故在 f 的圖形與 x-軸之間由 1 到 t 之區域的面積 $A(t)$ 為

$$A(t) = \int_1^t \frac{1}{x^2}\, dx = \left[-\frac{1}{x}\right]_1^t = 1 - \frac{1}{t}$$

其圖形如圖 5.2 所示.

無論我們選擇多大的 t 值，$A(t) < 1$，且

$$\lim_{t \to \infty} A(t) = \lim_{t \to \infty} \left(1 - \frac{1}{t}\right) = 1$$

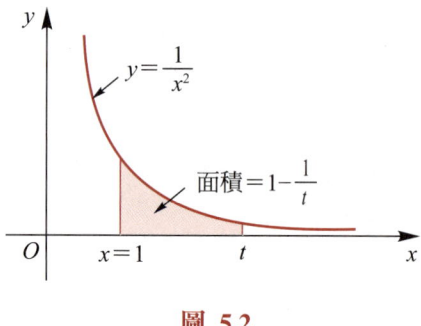

圖 5.2

上式的極限可以解釋為位於 f 的圖形下方與 x-軸上方以及 $x = 1$ 右方的無界區域的面積，並以符號 $\displaystyle\int_1^\infty \frac{1}{x^2}\, dx$ 來表示此數值，故

$$\int_1^\infty \frac{1}{x^2}\, dx = \lim_{t \to \infty} \int_1^t \frac{1}{x^2}\, dx = 1$$

因此，我們有下面的定義.

○ 定義 5.1

(1) 對每一數 $t \geq a$，若 $\displaystyle\int_a^t f(x)\, dx$ 存在，則定義

$$\int_a^\infty f(x)\, dx = \lim_{t \to \infty} \int_a^t f(x)\, dx$$

(2) 對每一數 $t \leq b$，若 $\displaystyle\int_t^b f(x)\, dx$ 存在，則定義

$$\int_{-\infty}^b f(x)\, dx = \lim_{t \to -\infty} \int_t^b f(x)\, dx.$$

以上各式若極限存在，則稱該瑕積分為 收斂 (convergent) 或 收斂瑕積分 (convergent improper integral)，而極限值即為積分的值。若極限不存在，則稱該瑕積分為 發散 (divergent) 或 發散瑕積分 (divergent improper integral)。

(3) 若 $\int_{c}^{\infty} f(x)\,dx$ 與 $\int_{-\infty}^{c} f(x)\,dx$ 均為收斂，則稱瑕積分 $\int_{-\infty}^{\infty} f(x)\,dx$ 為 收斂 或 收斂瑕積分，定義為

$$\int_{-\infty}^{\infty} f(x)\,dx = \int_{-\infty}^{c} f(x)\,dx + \int_{c}^{\infty} f(x)\,dx$$

若上式等號右邊任一積分發散，則稱 $\int_{-\infty}^{\infty} f(x)\,dx$ 為 發散 或 發散瑕積分。

上述的瑕積分均稱為 第一類型瑕積分 (improper integral of first kind)。

【例題 1】 利用定義 5.1(1)

計算 $\int_{1}^{\infty} \dfrac{dx}{x^3}$.

【解】 $\int_{1}^{\infty} \dfrac{dx}{x^3} = \lim\limits_{t\to\infty} \int_{1}^{t} \dfrac{dx}{x^3} = \lim\limits_{t\to\infty} \left[-\dfrac{1}{2x^2}\right]_{1}^{t} = \lim\limits_{t\to\infty} \left(-\dfrac{1}{2t^2} + \dfrac{1}{2}\right) = \dfrac{1}{2}.$

【例題 2】 利用定義 5.1(1)

計算 $\int_{0}^{\infty} xe^{-x^2}\,dx.$

【解】 $\int_{0}^{\infty} xe^{-x^2}\,dx = \lim\limits_{t\to\infty} \int_{0}^{t} xe^{-x^2}\,dx = \lim\limits_{t\to\infty} \left(-\dfrac{1}{2}\int_{0}^{t} e^{-x^2}\,d(-x^2)\right)$

$= \lim\limits_{t\to\infty} \left[-\dfrac{1}{2} e^{-x^2}\right]_{0}^{t} = \lim\limits_{t\to\infty} \left(-\dfrac{1}{2e^{t^2}} + \dfrac{1}{2}\right) = \dfrac{1}{2}.$

【例題 3】 利用定義 5.1(1)

計算 $\int_{0}^{\infty} \cos x\,dx.$

【解】 $\displaystyle\int_0^\infty \cos x\, dx = \lim_{t\to\infty}\int_0^t \cos x\, dx = \lim_{t\to\infty}\Big[\sin x\Big]_0^t = \lim_{t\to\infty}\sin t$ 不存在

故所予瑕積分發散.

【例題 4】 利用定義 5.1(2)

計算 $\displaystyle\int_{-\infty}^0 xe^x\, dx$.

【解】 $\displaystyle\int_{-\infty}^0 xe^x\, dx = \lim_{t\to -\infty}\int_t^0 xe^x\, dx$

利用分部積分法，令 $u=x$, $dv=e^x\, dx$, 則 $du=dx$, $v=e^x$. 所以,

$$\int_t^0 xe^x\, dx = \Big[xe^x\Big]_t^0 - \int_t^0 e^x\, dx = -te^t - 1 + e^t$$

我們知道當 $t\to -\infty$ 時，$e^t\to 0$, 利用羅必達法則可得

$$\lim_{t\to -\infty} te^t = \lim_{t\to -\infty}\frac{t}{e^{-t}} = \lim_{t\to -\infty}\frac{1}{-e^{-t}} = \lim_{t\to -\infty}(-e^t) = 0$$

故 $\displaystyle\int_{-\infty}^0 xe^x\, dx = \lim_{t\to -\infty}(-te^t - 1 + e^t) = -1$.

【例題 5】 利用定義 5.1(3)

計算 $\displaystyle\int_{-\infty}^\infty \frac{1}{1+x^2}\, dx$.

【解】 令 $c=0$, 則

$$\int_{-\infty}^\infty \frac{1}{1+x^2}\, dx = \int_{-\infty}^0 \frac{1}{1+x^2}\, dx + \int_0^\infty \frac{1}{1+x^2}\, dx$$

$$\int_0^\infty \frac{1}{1+x^2}\, dx = \lim_{t\to\infty}\int_0^t \frac{dx}{1+x^2} = \lim_{t\to\infty}\Big[\tan^{-1} x\Big]_0^t$$

$$= \lim_{t\to\infty}(\tan^{-1} t - \tan^{-1} 0) = \lim_{t\to\infty}\tan^{-1} t = \frac{\pi}{2}$$

$$\int_{-\infty}^{0} \frac{1}{1+x^2} dx = \lim_{t \to -\infty} \int_{t}^{0} \frac{1}{1+x^2} dx = \lim_{t \to -\infty} \left[\tan^{-1} x \right]_{t}^{0}$$

$$= \lim_{t \to \infty} (\tan^{-1} 0 - \tan^{-1} t) = 0 - \left(-\frac{\pi}{2}\right) = \frac{\pi}{2}$$

故 $\quad \int_{-\infty}^{\infty} \frac{1}{1+x^2} dx = \frac{\pi}{2} + \frac{\pi}{2} = \pi.$ ⏭

【例題 6】 利用定義 5.1(1)

試求使瑕積分 $\int_{1}^{\infty} \frac{dx}{x^p}$ 收斂的 p 值.

【解】 I. 若 $p \neq 1$，則 $\int_{1}^{\infty} \frac{dx}{x^p} = \lim_{t \to \infty} \int_{1}^{t} \frac{dx}{x^p} = \lim_{t \to \infty} \left[\frac{x^{-p+1}}{-p+1} \right]_{1}^{t}$

$$= \lim_{t \to \infty} \frac{1}{1-p} \left(\frac{1}{t^{p-1}} - 1 \right)$$

(i) 若 $p > 1$，則 $p-1 > 0$，而當 $t \to \infty$ 時，$\frac{1}{t^{p-1}} \to 0$. 所以,

$$\int_{1}^{\infty} \frac{dx}{x^p} = \frac{1}{p-1}$$

(ii) 若 $p < 1$，則 $1-p > 0$，而當 $t \to \infty$ 時，$\frac{1}{t^{p-1}} = t^{1-p} \to \infty$. 所以,

$$\int_{1}^{\infty} \frac{dx}{x^p} = \infty$$

II. 若 $p=1$，則 $\int_{1}^{\infty} \frac{dx}{x^p} = \lim_{t \to \infty} \int_{1}^{t} \frac{dx}{x} = \lim_{t \to \infty} \left[\ln x \right]_{1}^{t}$

$$= \lim_{t \to \infty} \ln t = \infty.$$ ⏭

綜合例題 6 的結果，可得下面的結論：

若 $p > 1$，則 $\int_1^\infty \dfrac{dx}{x^p}$ 收斂；若 $p \leq 1$，則 $\int_1^\infty \dfrac{dx}{x^p}$ 發散.

二、不連續被積分函數的積分

若函數 f 在閉區間 $[a, b]$ 為連續，則定積分 $\int_a^b f(x)\,dx$ 存在．若 f 在區間內某一數的值為無限，則仍有可能求得積分值．例如，我們假設 f 在半開區間 $[a, b)$ 為連續且不為負值而 $\lim\limits_{x \to b^-} f(x) = \infty$．若 $a < t < b$，則在 f 的圖形與 x-軸之間由 a 到 t 的區域面積 $A(t)$ 為

$$A(t) = \int_a^t f(x)\,dx$$

如圖 5.3 所示．當 $t \to b^-$ 時，若 $A(t)$ 趨近一個定數 A，則

$$\int_a^b f(x)\,dx = \lim_{t \to b^-} \int_a^t f(x)\,dx$$

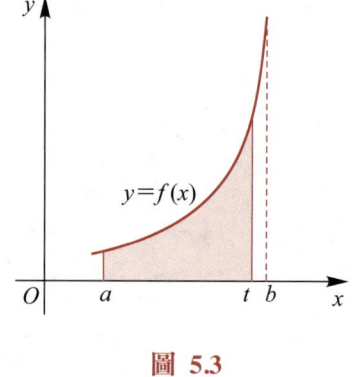

圖 5.3

若 $\lim\limits_{x \to b^-} \int_a^t f(x)\,dx$ 存在，則此極限可解釋為在 f 的圖形下方且在 x-軸上方以及 $x = a$ 與 $x = b$ 之間的無界區域的面積．

○ 定義 5.2

(1) 若 f 在 $[a, b)$ 為連續且當 $x \to b^-$ 時，$|f(x)| \to \infty$，則定義

$$\int_a^b f(x)\,dx = \lim_{t \to b^-} \int_a^t f(x)\,dx$$

(2) 若 f 在 $(a, b]$ 為連續且當 $x \to a^+$ 時，$|f(x)| \to \infty$，則定義

$$\int_a^b f(x)\,dx = \lim_{t \to a^+} \int_t^b f(x)\,dx$$

以上各式若極限存在，則稱該瑕積分為**收斂**或**收斂瑕積分**，而極限值即為積分的值。若極限不存在，則稱該瑕積分為**發散**或**發散瑕積分**。

(3) 若 $x \to c$ 時，$|f(x)| \to \infty$，且 $\int_a^c f(x)\,dx$ 與 $\int_c^b f(x)\,dx$ 均為收斂，則稱瑕積分 $\int_a^b f(x)\,dx$ 為**收斂**或**收斂瑕積分**，定義為

$$\int_a^b f(x)\,dx = \int_a^c f(x)\,dx + \int_c^b f(x)\,dx$$

若上式等號右邊任一積分發散，則稱 $\int_a^b f(x)\,dx$ 為**發散**或**發散瑕積分**。

上述的瑕積分均稱為**第二類型瑕積分** (improper integral of second kind)。

【例題 7】 利用定義 5.2(1)

計算 $\displaystyle\int_0^1 \frac{dx}{\sqrt{1-x}}$.

【解】 當 $x \to 1^-$ 時，$\dfrac{1}{\sqrt{1-x}} \to \infty$.

$$\int_0^1 \frac{dx}{\sqrt{1-x}} = \lim_{t \to 1^-} \int_0^t \frac{dx}{\sqrt{1-x}} = \lim_{t \to 1^-} \left[-2\sqrt{1-x} \right]_0^t$$

$$= \lim_{t \to 1^-} (-2\sqrt{1-t} + 2) = 2.$$

【例題 8】 利用定義 5.2(2)

計算 $\displaystyle\int_0^{\pi/2} \frac{\sin x}{1-\cos x}\,dx$.

【解】 $\displaystyle\int_0^{\pi/2} \frac{\sin x}{1-\cos x}\,dx = \lim_{t \to 0^+} \int_t^{\pi/2} \frac{\sin x}{1-\cos x}\,dx = \lim_{t \to 0^+} \int_t^{\pi/2} \frac{d(1-\cos x)}{1-\cos x}$

$\displaystyle = \lim_{t \to 0^+} \Big[\ln|1-\cos x|\Big]_t^{\pi/2} = \lim_{t \to 0^+} (-\ln|1-\cos t|)$

$$= \lim_{t \to 0^+} \ln|1-\cos t| = -(-\infty) = \infty.$$

故所予積分發散.

【例題 9】 利用定義 5.2(3)

$\int_0^3 \dfrac{dx}{x-1}$ 是否收斂？

【解】 被積分函數在 $x=1$ 無定義. 令 $c=1$，則

$$\int_0^3 \frac{dx}{x-1} = \int_0^1 \frac{dx}{x-1} + \int_1^3 \frac{dx}{x-1}$$

對右邊第一個積分利用定義 5.2(1) 可得

$$\int_0^1 \frac{dx}{x-1} = \lim_{t \to 1^-} \int_0^t \frac{dx}{x-1} = \lim_{t \to 1^-} \Big[\ln|x-1|\Big]_0^t$$

$$= \lim_{t \to 1^-} (\ln|t-1| - \ln|-1|)$$

$$= \lim_{t \to 1^-} \ln(1-t) = -\infty$$

因 $\int_0^1 \dfrac{dx}{x-1}$ 發散，故原積分發散.

由於例題 9 中的被積分函數在 $[0, 3]$ 為不連續，故不能應用微積分基本定理求之. 因此，

$$\int_0^3 \frac{dx}{x-1} = \Big[\ln|x-1|\Big]_0^3 = \ln 2 - \ln 1 = \ln 2$$

是錯誤的.

【例題 10】 利用定義 5.2(2)

試求使瑕積分 $\int_0^1 \dfrac{dx}{x^p}$ 收斂的 p 值.

【解】 I. 若 $p \neq 1$，則 $\displaystyle\int_0^1 \frac{dx}{x^p} = \lim_{t \to 0^+} \int_t^1 \frac{dx}{x^p} = \lim_{t \to 0^+} \left[\frac{x^{-p+1}}{-p+1} \right]_t^1$

$$= \lim_{t \to 0^+} \frac{1}{1-p}\left(1 - \frac{1}{t^{p-1}}\right)$$

$$= \begin{cases} \dfrac{1}{1-p}, & \text{若 } p < 1 \\ \infty, & \text{若 } p > 1 \end{cases}$$

II. 若 $p = 1$，則

$$\int_0^1 \frac{dx}{x^p} = \lim_{t \to 0^+} \int_t^1 \frac{dx}{x^p} = \lim_{t \to 0^+} \left[\ln x\right]_t^1 = \lim_{t \to 0^+} (-\ln t) = \infty.$$

綜合例題 10 的結果，可得下面的結論：

若 $p < 1$，則 $\displaystyle\int_0^1 \frac{dx}{x^p}$ 收斂；若 $p \geq 1$，則 $\displaystyle\int_0^1 \frac{dx}{x^p}$ 發散。

習題 5.6

在 1～15 題中何者為收斂積分？發散積分？收斂積分的值為何？

1. $\displaystyle\int_1^\infty \frac{dx}{x^{4/3}}$

2. $\displaystyle\int_0^\infty \frac{dx}{4x^2+1}$

3. $\displaystyle\int_{-\infty}^2 \frac{dx}{5-2x}$

4. $\displaystyle\int_1^\infty \frac{\ln x}{x}\, dx$

5. $\displaystyle\int_3^\infty \frac{dx}{x^2-1}$

6. $\displaystyle\int_0^\infty xe^{-x}\, dx$

7. $\displaystyle\int_{-\infty}^0 \frac{dx}{x^2-3x+2}$

8. $\displaystyle\int_0^1 \frac{dx}{\sqrt{1-x^2}}$

9. $\displaystyle\int_0^{\pi/2} \frac{\sin x}{1-\cos x}\, dx$

10. $\displaystyle\int_0^1 \frac{\ln x}{x}\, dx$

11. $\displaystyle\int_0^{1/2} \frac{dx}{x(\ln x)^2}$ 12. $\displaystyle\int_0^2 \frac{dx}{(x-1)^2}$

13. $\displaystyle\int_0^4 \frac{dx}{x^2-x-2}$ 14. $\displaystyle\int_{-1}^1 \ln|x|\, dx$

15. $\displaystyle\int_0^\infty e^{-x}\cos x\, dx$

16. (1) 試證：瑕積分 $\displaystyle\int_{-\infty}^\infty x\, dx$ 為發散．

(2) 試證：$\displaystyle\lim_{t\to\infty}\int_{-t}^t x\, dx = 0$．

6 積分的應用

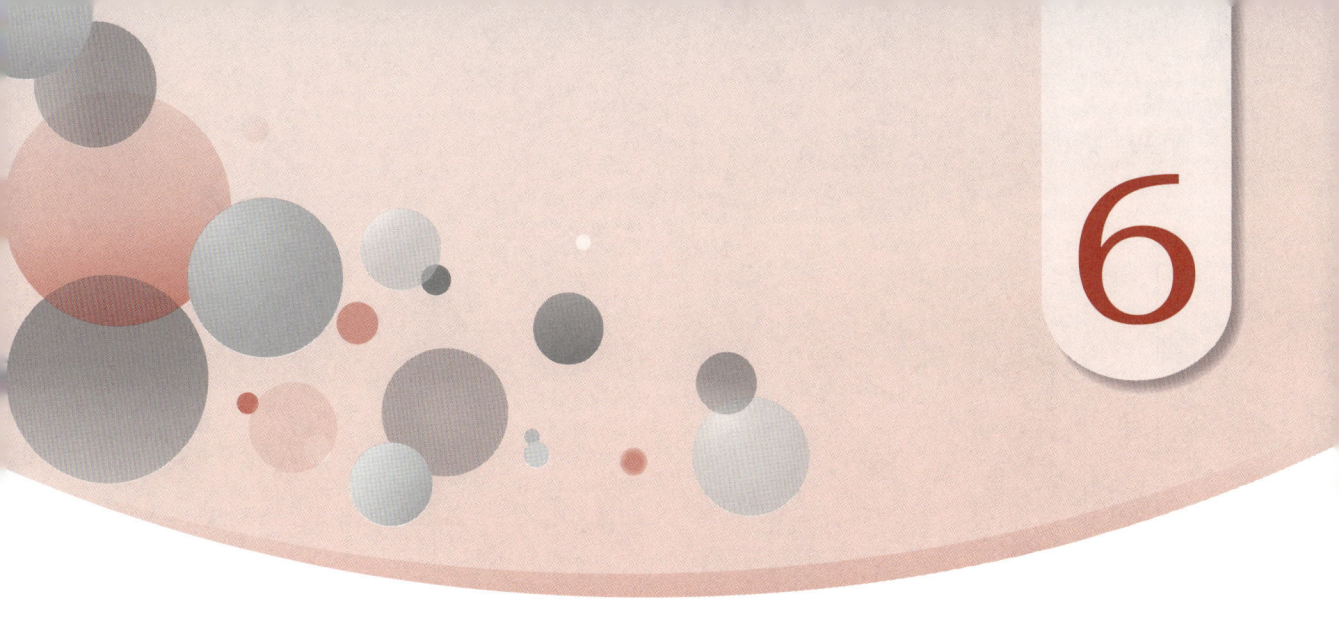

6.1 面 積

到目前為止，我們已定義並計算位於函數圖形與 x-軸之間的區域面積．在本節裡，我們將利用定積分來討論求面積的各種方法．

一、曲線與 x-軸所圍成區域的面積

若函數 $y=f(x)$ 在 $[a, b]$ 為連續，對每一 $x\in[a, b]$ 恆有 $f(x) \geq 0$，則由曲線 $y=f(x)$、x-軸與直線 $x=a$ 及 $x=b$ 所圍成平面區域的面積為

$$A=\int_a^b f(x)\,dx \tag{6.1}$$

如圖 6.1 所示．

假設對每一 $x\in[a, b]$ 恆有 $f(x) \leq 0$，則由曲線 $y=f(x)$、x-軸與直線 $x=a$ 及 $x=b$ 所圍成平面區域的面積為

$$A=-\int_a^b f(x)\,dx \tag{6.2}$$

但有時，若 $f(x)$ 在 $[a, b]$ 內一部分為正值，一部分為負值，即，曲線一部分在 x-軸

圖 6.1

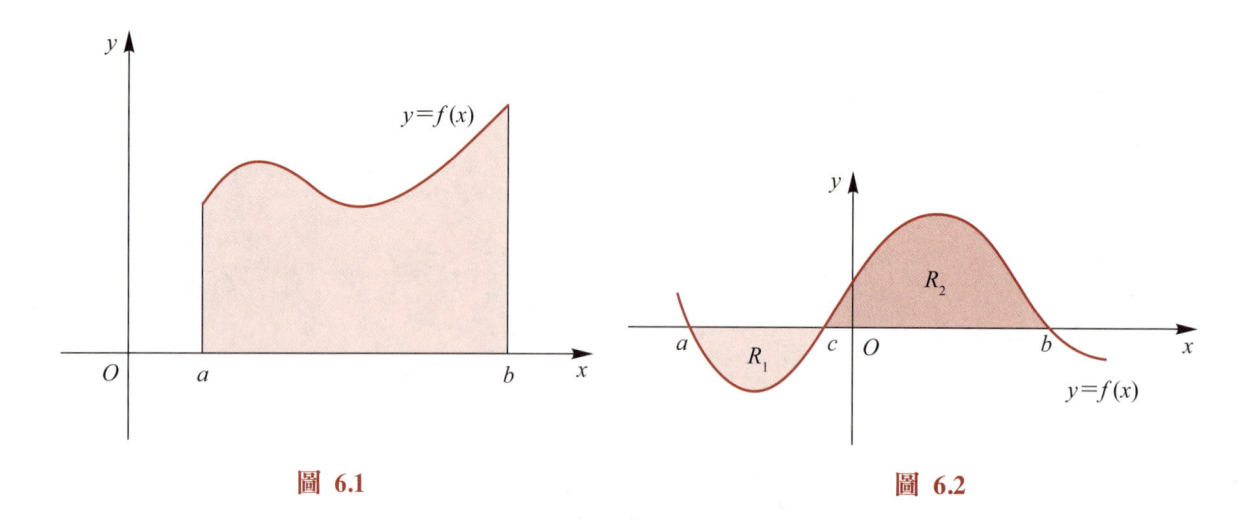

圖 6.2

的上方，一部分在 x-軸的下方．如圖 6.2 所示，則面積為

$$A=\int_a^b |f(x)|\, dx = -\int_a^c f(x)\, dx + \int_c^b f(x)\, dx \tag{6.3}$$

其中 $-\int_a^c f(x)\, dx$ 表區域 R_1 的面積，$\int_c^b f(x)\, dx$ 表區域 R_2 的面積．

【例題 1】 利用 (6.1) 式
求在曲線 $y=\sin x$ 下方且在區間 $[0, \pi]$ 上方的區域面積．

【解】 區域如圖 6.3 所示．面積為

$$A=\int_0^\pi \sin x\, dx = \Big[-\cos x\Big]_0^\pi = 1+1 = 2.$$

圖 6.3

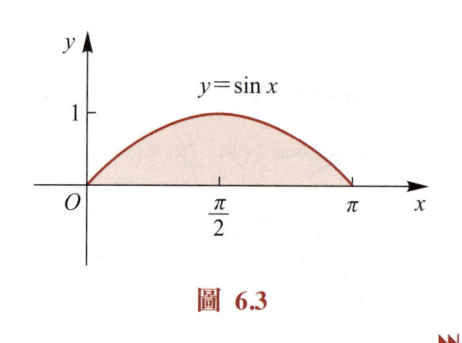

二、曲線與 y-軸所圍成區域的面積

若函數 $x=f(y)$ 在 $[c, d]$ 為連續，對每一 $y \in [c, d]$ 恆有 $f(y) \geq 0$，則由曲線 $x=f(y)$、y-軸，與直線 $y=c$ 及 $y=d$ 所圍成平面區域（圖 6.4）的面積為

$$A=\int_c^d f(y)\, dy. \tag{6.4}$$

圖 6.4

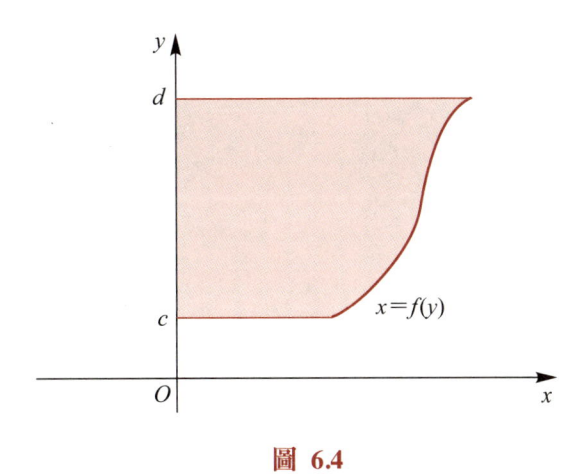

【例題 2】 利用 (6.4) 式

求由曲線 $y^2 = x - 1$、y-軸與兩直線 $y = -2$、$y = 2$ 所圍成區域的面積.

【解】 區域如圖 6.5 所示，所求的面積可以表示為函數 $x = f(y) = y^2 + 1$ 的定積分，故面積為

$$A = \int_{-2}^{2} (y^2 + 1)\, dy = \left[\frac{y^3}{3} + y \right]_{-2}^{2}$$

$$= \frac{8}{3} + 2 - \left(-\frac{8}{3} - 2 \right)$$

$$= \frac{28}{3}.$$

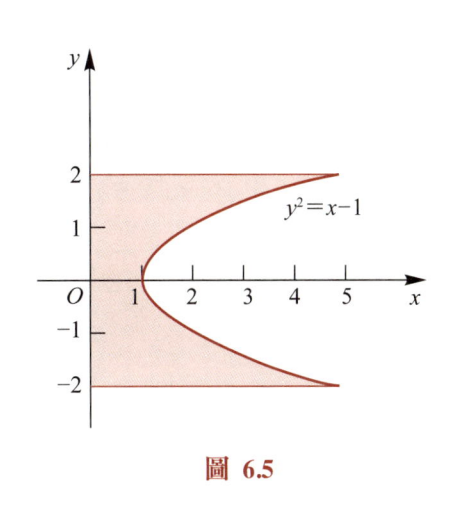

圖 6.5

三、兩曲線間所圍成區域的面積

設一平面區域是由兩連續曲線 $y = f(x)$、$y = g(x)$ 與兩直線 $x = a$、$x = b$ ($a < b$) 所圍成，且對任一 $x \in [a, b]$ 均有 $f(x) \geq g(x)$，如圖 6.6 所示.

$$A = \int_a^b [f(x) - g(x)]\, dx \tag{6.5}$$

圖 6.6

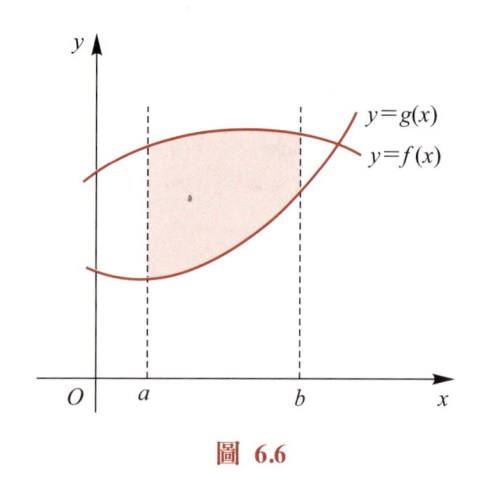

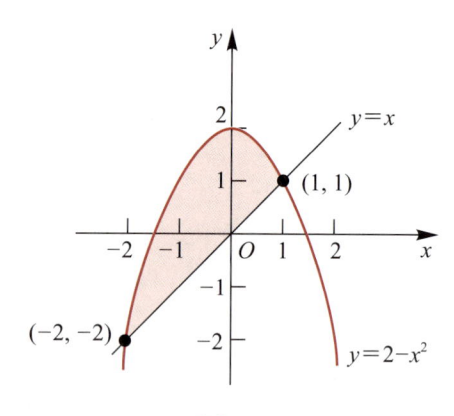

圖 6.7

【例題 3】 利用 (6.5) 式

求曲線 $y=2-x^2$ 與直線 $y=x$ 所圍成區域的面積.

【解】 先求得曲線 $y=2-x^2$ 與直線 $y=x$ 之交點坐標為 $(-2, -2)$ 與 $(1, 1)$，如圖 6.7 所示.

因對任一 $x \in [-2, 1]$，可知 $x \leq 2-x^2$，故面積為

$$A = \int_{-2}^{1} [(2-x^2)-x] \, dx = \int_{-2}^{1} (2-x^2-x) \, dx$$

$$= \left[2x - \frac{x^3}{3} - \frac{x^2}{2} \right]_{-2}^{1} = \left(2 - \frac{1}{3} - \frac{1}{2} \right) - \left(-4 + \frac{8}{3} - 2 \right) = \frac{9}{2}.$$

【例題 4】 作三角代換

求半徑為 r 之圓區域的面積.

【解】 圓區域如圖 6.8 所示. 所求的面積為

$$A = 4 \int_{0}^{r} \sqrt{r^2 - x^2} \, dx$$

令 $x = r \sin \theta$, $0 \leq \theta \leq \dfrac{\pi}{2}$,

則 $dx = r \cos \theta \, d\theta$,

故 $A = 4 \displaystyle\int_{0}^{\pi/2} \sqrt{r^2 - r^2 \sin^2 \theta} \; r \cos \theta \, d\theta$

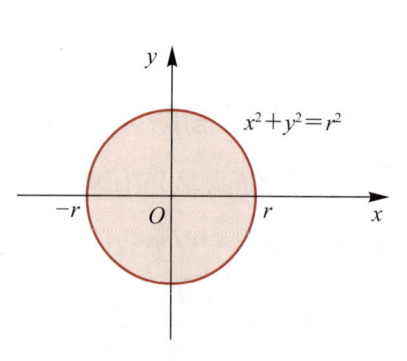

圖 6.8

$$= 4\int_0^{\pi/2} r^2 \cos^2\theta \, d\theta = 4r^2 \int_0^{\pi/2} \frac{1+\cos 2\theta}{2} d\theta$$

$$= 2r^2 \int_0^{\pi/2} (1+\cos 2\theta) \, d\theta = 2r^2 \left[\theta + \frac{1}{2}\sin 2\theta\right]_0^{\pi/2}$$

$$= \pi r^2.$$

【例題 5】 利用例題 4

求橢圓 $\dfrac{x^2}{a^2} + \dfrac{y^2}{b^2} = 1$ $(a > 0,\ b > 0)$ 所圍成區域的面積.

【解】 對 $\dfrac{x^2}{a^2} + \dfrac{y^2}{b^2} = 1$ 解 y，可得 $y = \pm \dfrac{b}{a}\sqrt{a^2 - x^2}$.

因橢圓對稱於 x-軸，故所求面積為：

$$A = 2\int_{-a}^{a} \frac{b}{a}\sqrt{a^2 - x^2} \, dx$$

$$= \frac{2b}{a} \int_{-a}^{a} \sqrt{a^2 - x^2} \, dx$$

$$= \frac{2b}{a} \cdot \frac{\pi a^2}{2}$$

$$= \pi ab.$$

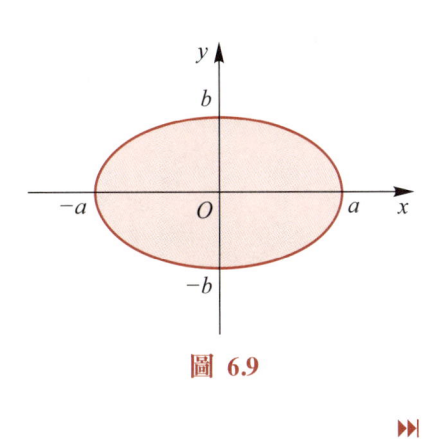

圖 6.9

如果 $f(x) \geq g(x)$ 對某些 x 成立，而 $g(x) \geq f(x)$ 對某些 x 成立，則所圍成區域的面積為

$$A = \int_a^b |f(x) - g(x)| \, dx \tag{6.6}$$

【例題 6】 利用 (6.6) 式

求由兩曲線 $y = \sin x$、$y = \cos x$ 與兩直線 $x = 0$，$x = \dfrac{\pi}{2}$ 所圍成區域的面積.

【解】 此兩曲線的交點為 $\left(\dfrac{\pi}{4}, \dfrac{\sqrt{2}}{2}\right)$，區域如圖 6.10 所示。

當 $0 \leq x \leq \dfrac{\pi}{4}$ 時，$\cos x \geq \sin x$；當 $\dfrac{\pi}{4} \leq x \leq \dfrac{\pi}{2}$ 時，$\sin x \geq \cos x$。

因此，所求的面積為：

$$A = \int_0^{\pi/2} |\cos x - \sin x|\, dx = \int_0^{\pi/4} (\cos x - \sin x)\, dx + \int_{\pi/4}^{\pi/2} (\sin x - \cos x)\, dx$$

$$= \Big[\sin x + \cos x\Big]_0^{\pi/4} + \Big[-\cos x - \sin x\Big]_{\pi/4}^{\pi/2}$$

$$= \left(\dfrac{\sqrt{2}}{2} + \dfrac{\sqrt{2}}{2} - 1\right) + \left(-1 + \dfrac{\sqrt{2}}{2} + \dfrac{\sqrt{2}}{2}\right) = 2(\sqrt{2} - 1).$$

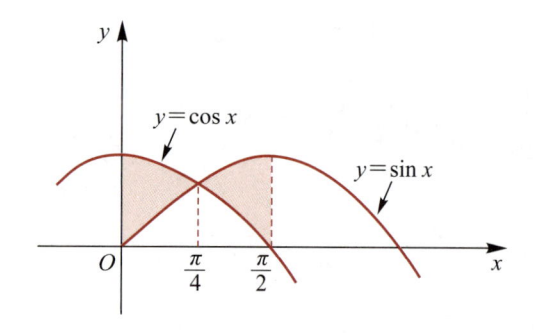

圖 6.10

【例題 7】 **分成兩個子區域**

求三直線 $y = x$、$y = 4x$ 與 $y = -x + 2$ 所圍成區域的面積。

【解】 直線 $y = x$ 與直線 $y = 4x$ 的交點為 $(0, 0)$，直線 $y = x$ 與直線 $y = -x + 2$ 的交點為 $(1, 1)$，而直線 $y = 4x$ 與直線 $y = -x + 2$ 的交點為 $\left(\dfrac{2}{5}, \dfrac{8}{5}\right)$，如圖 6.11 所示。

故所求的面積為

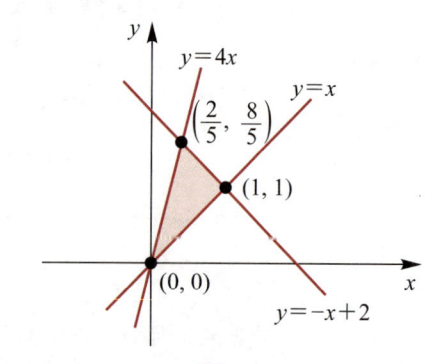

圖 6.11

$$A = \int_0^{2/5} (4x-x)\,dx + \int_{2/5}^1 (-x+2-x)\,dx$$

$$= \int_0^{2/5} 3x\,dx + \int_{2/5}^1 (-2x+2)\,dx$$

$$= \left[\frac{3}{2}x^2\right]_0^{2/5} + \left[-x^2+2x\right]_{2/5}^1$$

$$= \frac{6}{25} + 1 - \frac{16}{25} = \frac{3}{5}.$$

若一區域是由兩曲線 $x=f(y)$、$x=g(y)$ 與兩直線 $y=c$、$y=d$ 所圍成，此處 f 與 g 在 $[c, d]$ 均為連續，且 $f(y) \geq g(y)$ 對 $c \leq y \leq d$ 均成立，如圖 6.12 所示，則其面積為

$$A = \int_c^d [f(y) - g(y)]\,dy \tag{6.7}$$

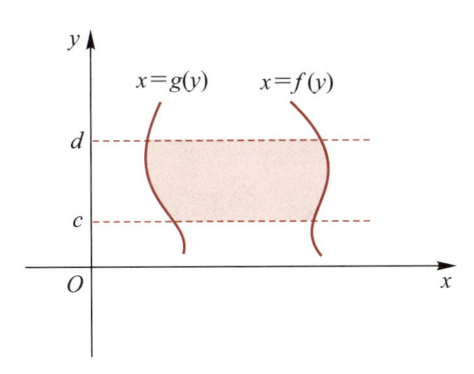

圖 6.12

【例題 8】 利用 (6.7) 式

求由曲線 $y^2 = 3-x$ 與直線 $y = x-1$ 所圍成區域的面積.

【解】 曲線 $x = 3-y^2$ 與直線 $x = y+1$ 的交點為 $(-1, -2)$ 與 $(2, 1)$，且對任一 $y \in [-2, 1]$，$y+1 \leq 3-y^2$，如圖 6.13 所示.

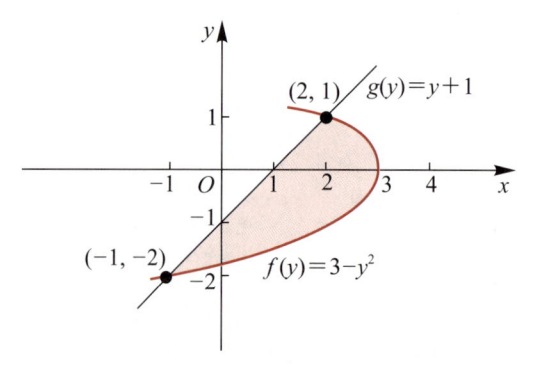

圖 6.13

$$A = \int_{-2}^{1} [\underbrace{(3-y^2)}_{\substack{\text{右邊界}\\x=f(y)}} - \underbrace{(y+1)}_{\substack{\text{左邊界}\\x=g(y)}}] \, dy = \int_{-2}^{1} (-y^2 - y + 2) \, dy$$

$$= \left[-\frac{y^3}{3} - \frac{y^2}{2} + 2y \right]_{-2}^{1}$$

$$= \left(-\frac{1}{3} - \frac{1}{2} + 2 \right) - \left(\frac{8}{3} - 2 - 4 \right)$$

$$= \frac{9}{2}.$$

習題 6.1

繪出 1～10 題中所予方程式圖形所圍成的區域，並求其面積.

1. $y = \sqrt{x}$, $y = -x$, $x = 1$, $x = 4$
2. $y = 4 - x^2$, $y = -4$
3. $x = y^2$, $x - y = -2$, $y = -2$, $y = 3$
4. $y = x^3$, $y = x^2$
5. $x + y = 3$, $x^2 + y = 3$
6. $x = y^2$, $x - y - 2 = 0$
7. $y = \sqrt{x}$, $y = -x + 6$, $y = 1$
8. $y = 2 + |x - 1|$, $y = -\frac{1}{5}x + 7$
9. $y = \sin x$, $y = \cos x$, $x = 0$, $x = 2\pi$
10. $y = e^{-x}$, $xy = 1$, $x = 1$, $x = 2$
11. 求一垂直線 $x = k$ 使得由曲線 $x = \sqrt{y}$ 與兩直線 $x = 2$、$y = 0$ 所圍成區域分成兩等分.

6.2 體 積

在本節中，我們將利用定積分求三維空間中立體的體積.

我們定義**柱體** (或稱**正柱體**) 為沿著與平面區域垂直的直線或軸移動該區域所生成的立體. 在柱體中，與其軸垂直的所有截面的大小與形狀皆相同. 若一柱體是由將面積 A 的平面區域移動距離 h 而生成的 (圖 6.14)，則柱體的體積 V 為

$$V = Ah.$$

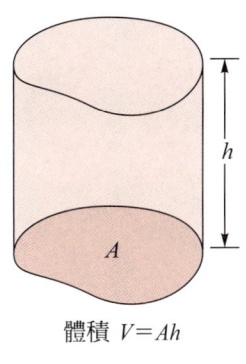

體積 $V = Ah$

圖 6.14

一、薄片法 (slicing method)

不是柱體也不是由有限個柱體所組成的立體體積可由所謂**薄片法**求得. 我們假設立體 S 沿著 x-軸延伸，而左邊界與右邊界分別為在 $x = a$ 與 $x = b$ 處垂直於 x-軸的平面，如圖 6.15 所示. 因 S 並非假定為一柱體，故與 x-軸垂直的截面會改變，我們以 $A(x)$ 表示在 x 處的截面面積.

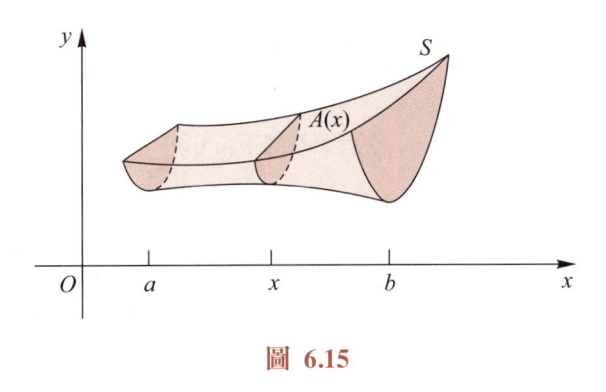

圖 6.15

我們在區間 $[a, b]$ 中插入一些點 $x_1, x_2, \cdots, x_{n-1}$，使得 $a = x_0 < x_1 < x_2 < \cdots < x_{n-1} < x_n = b$，而將 $[a, b]$ 分成相等長度 $\Delta x = (b-a)/n$ 的 n 個子區間，並通過每一分點作出垂直於 x-軸的平面，如圖 6.16 所示，這些平面將立體 S 截成 n 個薄片 $S_1, S_2, \cdots, S_n$，我們現在考慮典型的薄片 S_i. 一般，此薄片可能不是柱體，因它的截面會改變. 然而，若薄片很薄，則截面不會改變很多. 所以若我們在第 i 個子區間 $[x_{i-1}, x_i]$ 中任取一點 x_i^*，則薄片 S_i 的每一截面大約與在 x_i^* 處的截面相同，而我們以厚為 Δx 且截面面積為 $A(x_i^*)$ 的柱體近似薄片 S_i. 於是，薄片 S_i 的體積 V_i 約為

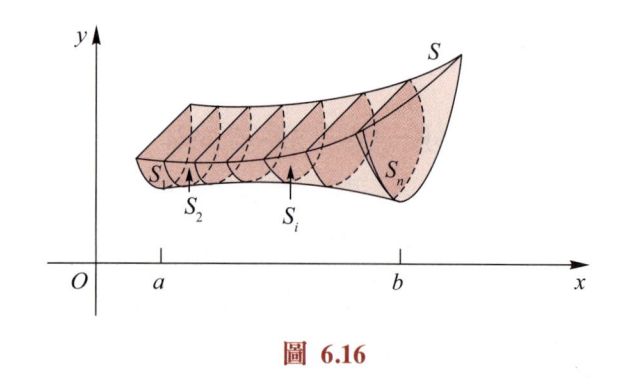

$A(x_i^*) \Delta x$，即，

$$V_i \approx A(x_i^*) \Delta x$$

而整個立體 S 的體積 V 約為 $\sum_{i=1}^{n} A(x_i^*) \Delta x$，即，

$$V \approx \sum_{i=1}^{n} A(x_i^*) \Delta x$$

於是，

$$V = \lim_{n \to \infty} \sum_{i=1}^{n} A(x_i^*) \Delta x$$

因上式右邊正好是定積分 $\int_a^b A(x)\, dx$，故我們有下面的定義.

○ 定義 6.1

若一有界立體夾在兩平面 $x=a$ 與 $x=b$ 之間，且在 $[a, b]$ 中每一 x 處垂直於 x-軸之截面的面積為 $A(x)$，則該立體的**體積** (volume) 為

$$V = \int_a^b A(x)\, dx$$

倘若 $A(x)$ 為可積分.

對垂直於 y-軸的截面有一個類似的結果.

○ 定義 6.2

若一有界立體夾在兩平面 $y=c$ 與 $y=d$ 之間,且在 $[c, d]$ 中每一 y 處垂直於 y-軸之截面的面積為 $A(y)$,則該立體的體積為

$$V=\int_c^d A(y)\,dy$$

倘若 $A(y)$ 為可積分.

【例題 1】 利用定義 6.1

求高為 h 且底是邊長為 a 之正方形的正角錐的體積.

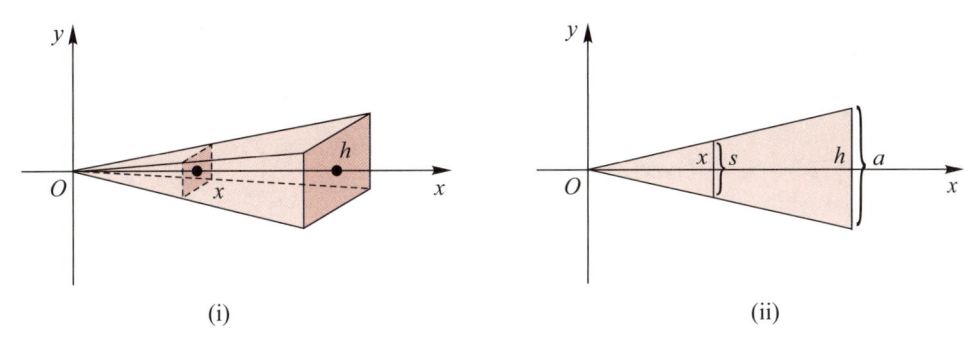

圖 6.17

【解】 如圖 6.17(i) 所示,我們將原點 O 置於角錐的頂點且 x-軸沿著它的中心軸. 在 x 處垂直於 x-軸的平面截交角錐所得截面為一正方形區域,而令 s 表示此正方形一邊的長,則由相似三角形 [圖 6.17(ii)] 可知

$$\frac{s}{a}=\frac{x}{h} \quad \text{或} \quad s=\frac{a}{h}x$$

於是,在 x 處之截面的面積為

$$A(x)=s^2=\frac{a^2}{h^2}x^2$$

故角錐的體積為

$$V=\int_0^h A(x)\,dx=\int_0^h \frac{a^2}{h^2}x^2\,dx=\left[\frac{a^2}{3h^2}x^3\right]_0^h=\frac{1}{3}a^2 h.$$

【例題 2】　利用定義 6.1

試證：半徑為 r 之球的體積為 $V = \dfrac{4}{3}\pi r^3$.

【證】　若我們將球心置於原點，如圖 6.18 所示，則在 x 處垂直於 x-軸的平面截交該球所得截面為一圓區域，其半徑為 $y = \sqrt{r^2 - x^2}$，故截面的面積為

$$A(x) = \pi y^2 = \pi(r^2 - x^2)$$

所以，球的體積為

$$\begin{aligned}
V &= \int_{-r}^{r} A(x)\,dx \\
&= \int_{-r}^{r} \pi(r^2 - x^2)\,dx \\
&= 2\pi \int_{0}^{r} (r^2 - x^2)\,dx \\
&= 2\pi \left[r^2 x - \dfrac{x^3}{3} \right]_0^r = \dfrac{4}{3}\pi r^3.
\end{aligned}$$

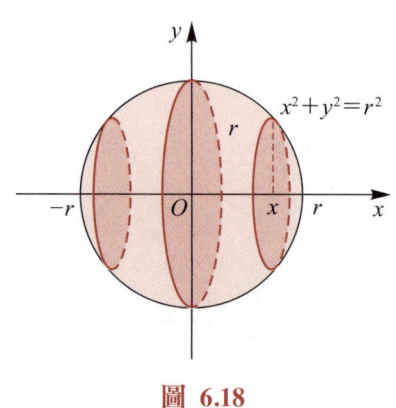

圖 6.18

平面上一區域繞此平面上一直線（區域位於直線的一側）旋轉一圈所得的立體稱為**旋轉體** (solid of revolution)，而此立體稱為由該區域所產生，該直線稱為**旋轉軸** (axis of revolution)．若 f 在 $[a, b]$ 為非負值且連續的函數，則由 f 的圖形、x-軸、兩直線 $x = a$ 與 $x = b$ 所圍成區域 [圖 6.19(i)] 繞 x-軸旋轉所產生的立體如圖 6.19(ii) 所示．例如，若 f 為常數函數，則區域為矩形，而所產生的立體為一正圓柱．若 f 的圖形是直徑兩端點在點 $(a, 0)$ 與點 $(b, 0)$ 的半圓，其中 $b > a$，則旋轉體為直徑 $b - a$ 的球．若已知區域為一直角三角形，其底在 x-軸上，兩頂點在點 $(a, 0)$ 與 $(b, 0)$，且直角位在此兩點中的一點，則產生正圓錐．

二、圓盤法 (disk method)

令函數 f 在 $[a, b]$ 為連續，則由 f 的圖形、x-軸與兩直線 $x = a$、$x = b$ 所圍成區域繞 x-軸旋轉時，生成具有圓截面的立體．因在 x 處之截面的半徑為 $f(x)$，故截面的

(i)   (ii)

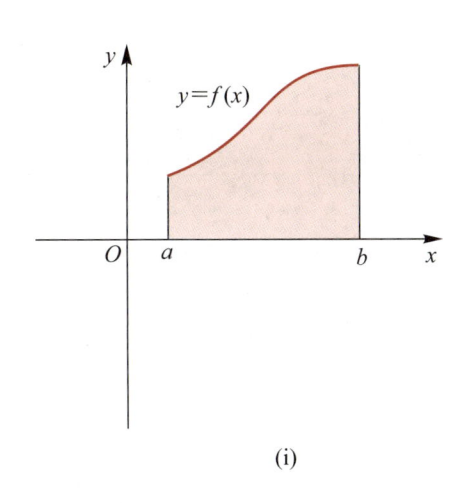

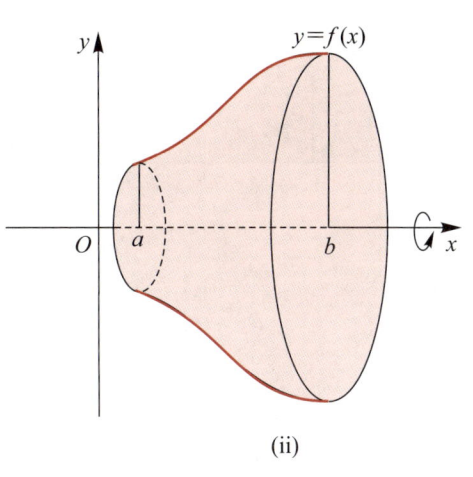

圖 6.19

面積為 $A(x) = \pi[f(x)]^2$. 所以，由定義 6.1 可知旋轉體的體積為

$$V = \int_a^b \pi[f(x)]^2 \, dx \tag{6.8}$$

因截面為圓盤形，故此公式的應用稱為圓盤法.

【例題 3】 利用公式 (6.8)

求在曲線 $y = \sqrt{x}$ 下方且在區間 $[1, 4]$ 上方的區域繞 x-軸旋轉所得旋轉體的體積.

【解】 區域如圖 6.20 所示，體積為

$$V = \int_1^4 \pi(\sqrt{x})^2 \, dx$$

$$= \int_1^4 \pi x \, dx = \left[\frac{\pi x^2}{2}\right]_1^4$$

$$= 8\pi - \frac{\pi}{2} = \frac{15\pi}{2}.$$

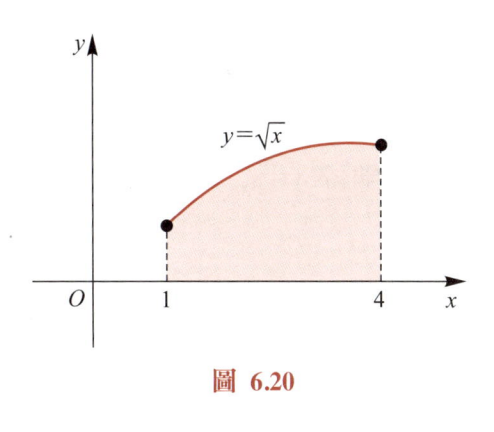

圖 6.20

(6.8) 式中的函數 f 不必為非負，若 f 對某一 x 的值為負，如圖 6.21(i) 所示，且由 f 的圖形、x-軸與兩直線 $x=a$、$x=b$ 所圍成區域繞 x-軸旋轉，則得圖 6.21(ii) 所示的立體. 此立體與在 $y = |f(x)|$ 的圖形下方由 a 到 b 所圍成區域繞 x-軸旋轉所產生

(i)　　　　　　　　　　　　(ii)

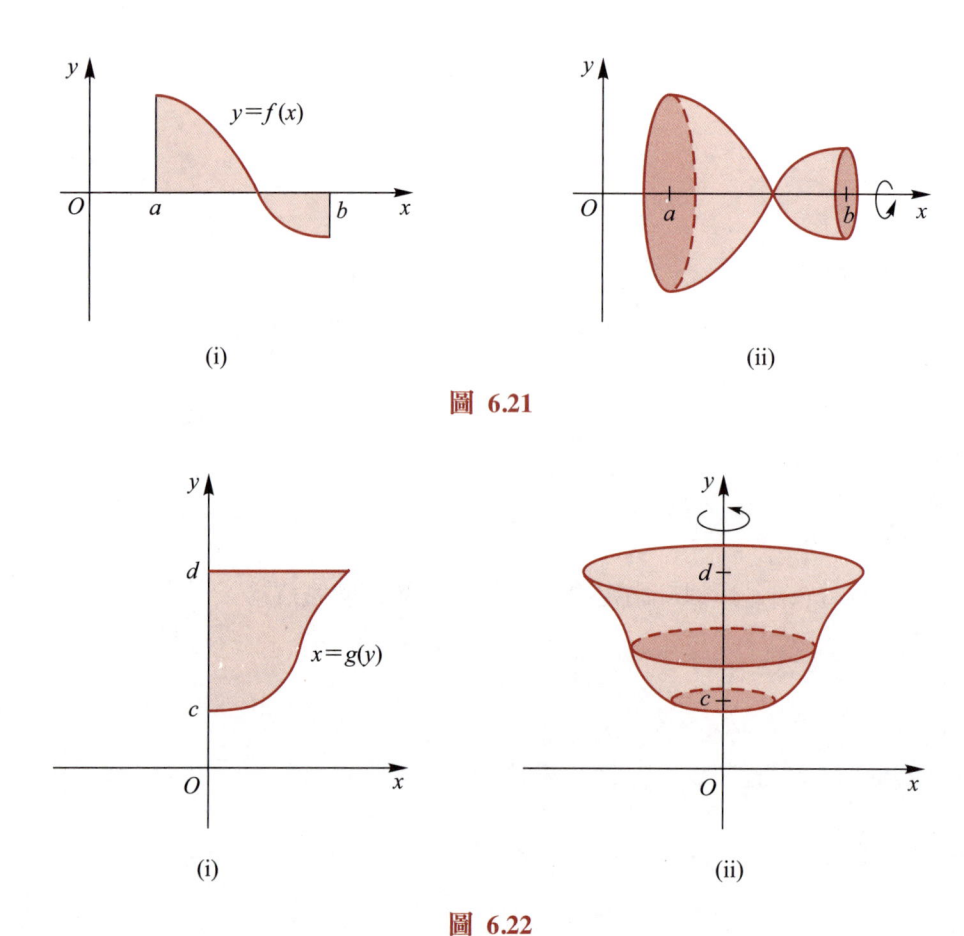

圖 6.21

(i)　　　　　　　　　　　　(ii)

圖 6.22

的立體相同．因 $|f(x)|^2=[f(x)]^2$，故其體積與 (6.8) 式相同．

(6.8) 式僅適用於旋轉軸是 x-軸的情形．如圖 6.22 所示，若由 $x=g(y)$ 的圖形、y-軸與兩直線 $y=c$、$y=d$ 所圍成區域繞 y-軸旋轉，則由定義 6.2 可得所產生旋轉體的體積為

$$V=\int_c^d \pi\,[g(y)]^2\,dy. \tag{6.9}$$

【例題 4】　**利用公式 (6.9)**

求由 $y=\sqrt{x}$、$y=2$ 與 $x=0$ 等圖形所圍成區域繞 y-軸旋轉所得旋轉體的體積．

【解】 圖形如圖 6.23 所示.

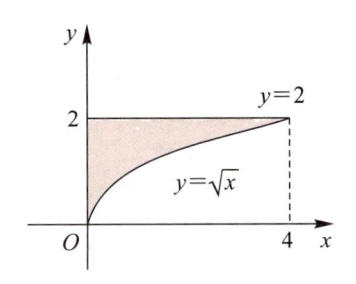

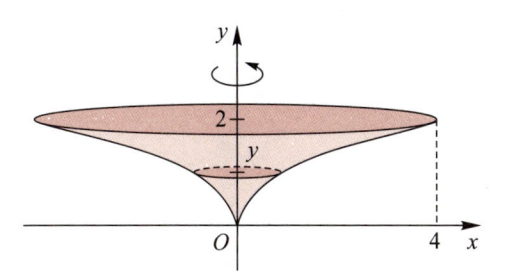

圖 6.23

我們首先必須改寫 $y=\sqrt{x}$ 為 $x=y^2$. 令 $g(y)=y^2$, 可得體積為

$$V=\int_0^2 \pi(y^2)^2\,dy = \pi\int_0^2 y^4\,dy = \pi\left[\frac{1}{5}y^5\right]_0^2 = \frac{32\pi}{5}.$$

【例題 5】 利用 (6.9) 式

導出底半徑為 r 且高為 h 的正圓錐體的體積公式.

【解】 我們以 $(0,0)$、$(0,h)$ 與 (r,h) 為三頂點的三角形區域如圖 6.24 所示, 繞 y-軸旋轉可得該正圓錐體. 利用相似三角形,

$$\frac{x}{r}=\frac{y}{h} \quad \text{或} \quad x=\frac{r}{h}y$$

於是, 在 y 處之截面的面積為

$$A(y)=\pi x^2 = \frac{\pi r^2}{h^2}y^2$$

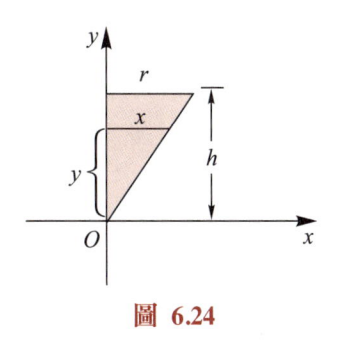

故體積為 $V=\dfrac{\pi r^2}{h^2}\displaystyle\int_0^h y^2\,dy=\dfrac{1}{3}\pi r^2 h.$

圖 6.24

三、墊圈法 (washer method)

我們現在考慮更一般的旋轉體. 假設 f 與 g 在 $[a,b]$ 皆為非負值且連續的函數使得對 $a\le x\le b$ 恆有 $g(x)\le f(x)$, 並令 R 為這些函數的圖形、兩直線 $x=a$ 與 $x=b$ 所圍成的區域 [圖 6.25(i)]. 當此區域繞 x-軸旋轉時, 生成具有環形或墊圈形截面的立體 [圖 6.25(ii)], 因在 x 處的截面之內半徑為 $g(x)$ 而外半徑為 $f(x)$, 故其面積為

(i)   (ii)

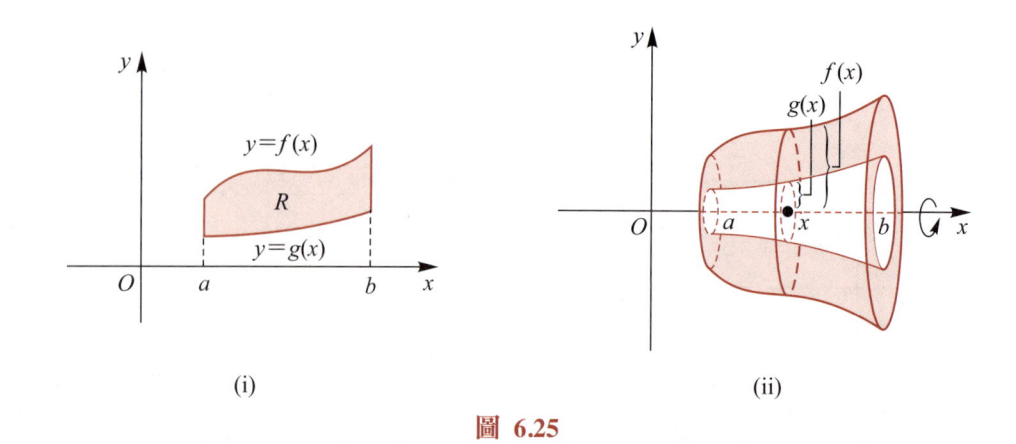

圖 6.25

$$A(x) = \pi[f(x)]^2 - \pi[g(x)]^2 = \pi\{[f(x)]^2 - [g(x)]^2\}$$

所以，由定義 6.1 可得立體的體積為

$$V = \int_a^b \pi\{[f(x)]^2 - [g(x)]^2\}\, dx \tag{6.10}$$

此公式的應用稱為**墊圈法**.

【例題 6】 利用 (6.10) 式
求由拋物線 $y=x^2$ 與直線 $y=x$ 所圍成區域繞 x-軸旋轉所得旋轉體的體積.

【解】 $y=x^2$ 與 $y=x$ 的交點為 $(0, 0)$ 與 $(1, 1)$. 因在 x 處的截面為環形，其內半徑為 x^2 而外半徑為 x，故截面的面積為

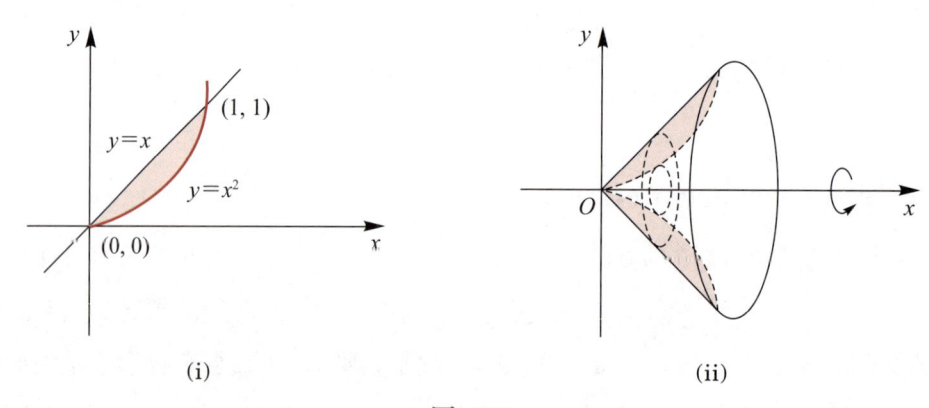

(i)   (ii)

圖 6.26

$$A(x) = \pi x^2 - \pi(x^2)^2 = \pi(x^2 - x^4)$$

可得體積為

$$V = \int_0^1 \pi(x^2 - x^4)\,dx = \pi\left[\frac{x^3}{3} - \frac{x^5}{5}\right]_0^1 = \pi\left(\frac{1}{3} - \frac{1}{5}\right) = \frac{2\pi}{15}.$$

經由互換 x 與 y 的地位，同樣可以去求以區域繞 y-軸或平行 y-軸的直線旋轉所產生立體的體積，如下例所示.

【例題 7】 仿 (6.10) 式

求例題 6 的區域繞 y-軸所得旋轉體的體積.

【解】 圖 6.27 指出垂直於 y-軸的截面為環形，其內半徑為 y 而外半徑為 $\sqrt{y}$，故截面的面積為

$$A(y) = \pi(\sqrt{y})^2 - \pi y^2 = \pi(y - y^2)$$

所以，體積為

$$V = \int_0^1 \pi(y - y^2)\,dy$$

$$= \pi\left[\frac{y^2}{2} - \frac{y^3}{3}\right]_0^1$$

$$= \frac{\pi}{6}.$$

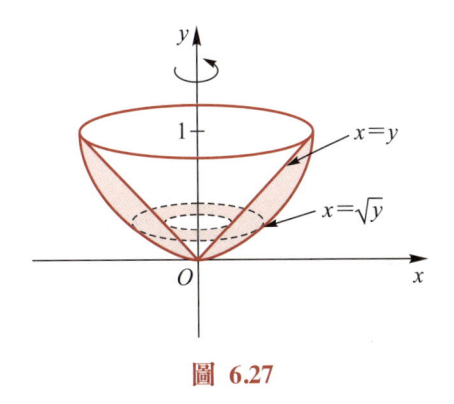

圖 6.27

四、圓柱殼法 (cylindrical shell method)

求旋轉體體積的另一方法在某些情形下較前面所討論的方法簡單，稱為**圓柱殼法**.

一圓柱殼是介於兩個同心正圓柱之間的立體（圖 6.28）. 內半徑為 r_1 且外半徑為 r_2，以及高為 h 的圓柱殼體積為

$$V = \pi r_2^2 h - \pi r_1^2 h$$

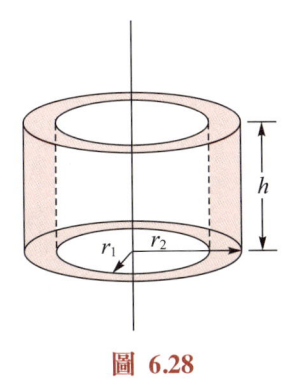

圖 6.28

$$= \pi(r_2^2 - r_1^2)h = \pi(r_2+r_1)(r_2-r_1)h$$

$$= 2\pi \left(\frac{r_2+r_1}{2}\right) h(r_2-r_1)$$

若令 $\Delta r = r_2 - r_1$ (殼的厚度)，$r = \frac{1}{2}(r_1+r_2)$ (殼的平均半徑)，則圓柱殼的體積變成

$$V = 2\pi rh \, \Delta r$$

即， 殼的體積 $= 2\pi$ (平均半徑)(高度)(厚度).

設 S 為由連續曲線 $y=f(x) \geq 0$ 與 $y=0$、$x=a$、$x=b$ 等圖形所圍成區域 R (圖 6.29) 繞 y-軸旋轉所產生的立體，該立體的體積近似於圓柱殼體積的和. 一典型圓柱殼的平均半徑為 $x_i^* = \frac{1}{2}(x_{i-1}+x_i)$，高度為 $f(x_i^*)$，厚度為 Δx，其體積為

$$\Delta V_i = 2\pi \,(平均半徑) \cdot (高度) \cdot (厚度) = 2\pi \, x_i^* \, f(x_i^*) \, \Delta x$$

所以，S 的體積 V 近似於 $\sum_{i=1}^{n} \Delta V_i$，即，

$$V \approx \sum_{i=1}^{n} \Delta V_i = \sum_{i=1}^{n} 2\pi \, x_i^* \, f(x_i^*) \, \Delta x$$

所得旋轉體的體積為

$$V = \lim_{n \to \infty} \sum_{i=1}^{n} 2\pi \, x_i^* \, f(x_i^*) \, \Delta x = \int_a^b 2\pi x \, f(x) \, dx$$

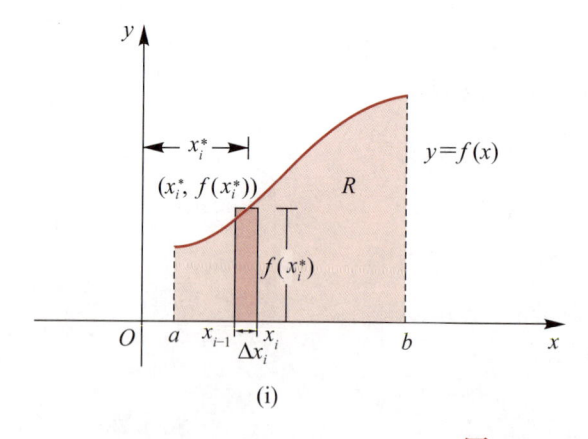

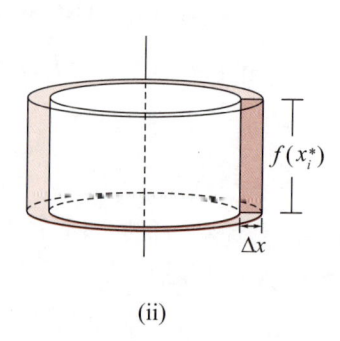

圖 6.29

依此，我們有下面的定義.

定義 6.3

令函數 $y=f(x)$ 在 $[a, b]$ 為連續，此處 $0 \le a < b$，則由 f 的圖形、x-軸與兩直線 $x=a$、$x=b$ 所圍成區域繞 y-軸旋轉所得旋轉體的體積為

$$V = \int_a^b 2\pi x f(x)\, dx.$$

【例題 8】 利用定義 6.3

求在 $y=\sqrt{x}$、$x=1$、$x=4$ 等圖形與 x-軸之間所圍成區域繞 y-軸旋轉所得旋轉體的體積.

【解】 區域如圖 6.30 所示，體積為

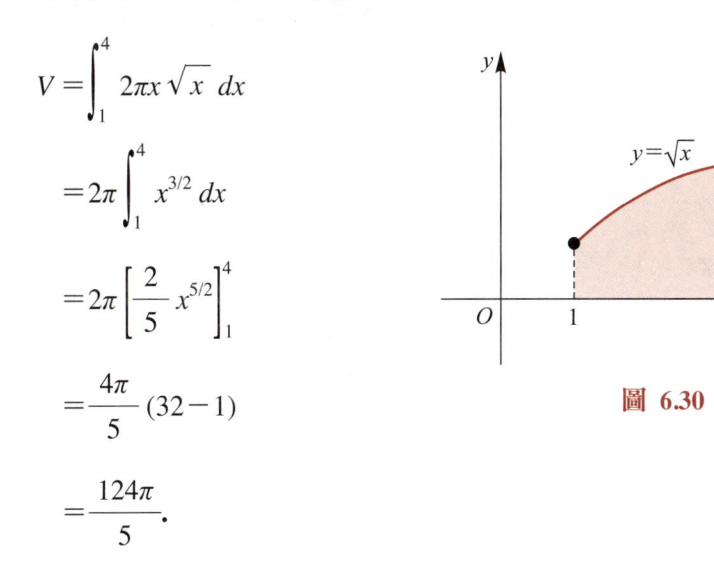

$$\begin{aligned}
V &= \int_1^4 2\pi x \sqrt{x}\, dx \\
&= 2\pi \int_1^4 x^{3/2}\, dx \\
&= 2\pi \left[\frac{2}{5} x^{5/2} \right]_1^4 \\
&= \frac{4\pi}{5}(32-1) \\
&= \frac{124\pi}{5}.
\end{aligned}$$

圖 6.30

【例題 9】 利用定義 6.3

求在曲線 $y=e^{-x^2}$ 下方且在區間 $[0, \infty)$ 上方的區域繞 y-軸旋轉所得旋轉體的體積.

【解】 區域如圖 6.31 所示，體積為

$$V = \int_0^\infty 2\pi x e^{-x^2}\, dx$$

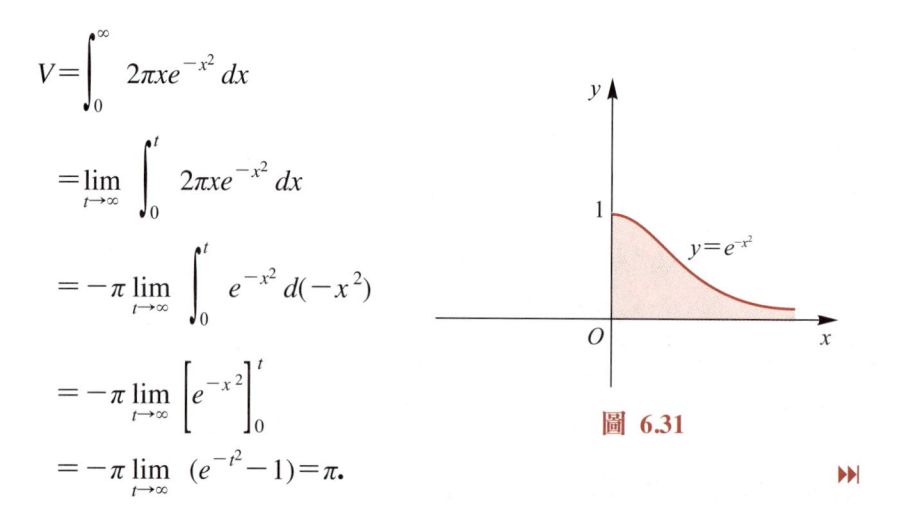

$$= \lim_{t\to\infty} \int_0^t 2\pi x e^{-x^2}\, dx$$

$$= -\pi \lim_{t\to\infty} \int_0^t e^{-x^2}\, d(-x^2)$$

$$= -\pi \lim_{t\to\infty} \left[e^{-x^2} \right]_0^t$$

$$= -\pi \lim_{t\to\infty} (e^{-t^2} - 1) = \pi.$$

圖 6.31

○ 定義 6.4

令函數 $x = g(y)$ 在 $[c, d]$ 為連續，此處 $0 \le c < d$，則由 g 的圖形、y-軸與兩直線 $y = c$、$y = d$ 所圍成區域繞 x-軸旋轉所得旋轉體的體積為

$$V = \int_c^d 2\pi y\, g(y)\, dy.$$

【例題 10】 利用定義 6.4

求由拋物線 $y = x^2$ 與 y-軸、直線 $y = 4$ 所圍成區域繞 x-軸旋轉所得旋轉體的體積．

【解】 區域如圖 6.32 所示，體積為

$$V = \int_0^4 2\pi y \sqrt{y}\, dy$$

$$= 2\pi \int_0^4 y^{3/2}\, dy$$

$$= \left[\frac{4\pi}{5} y^{5/2} \right]_0^4 = \frac{128\pi}{5}.$$

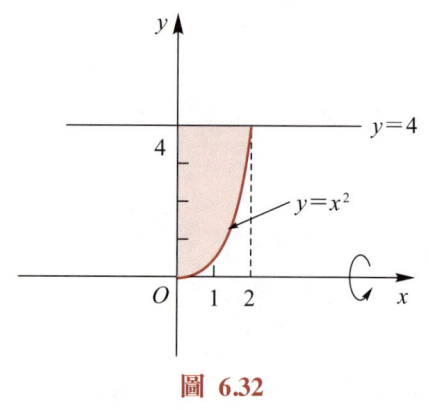

圖 6.32

習題 6.2

求 1～4 題中所予方程式的圖形所圍成區域繞 x-軸旋轉所得旋轉體的體積．

1. $y=\dfrac{1}{x}$，$y=0$，$x=1$，$x=2$
2. $y=\sin x$，$y=\cos x$，$x=0$，$x=\dfrac{\pi}{4}$
3. $y=x^2+1$，$y=x+3$
4. $y=x^2$，$y=x^3$

求 5～7 題中所予方程式的圖形所圍成區域繞 y-軸旋轉所得旋轉體的體積．

5. $y=\dfrac{2}{x}$，$y=1$，$y=2$，$x=0$
6. $x=\sqrt{4-y^2}$，$x=0$，$y=1$，$y=2$
7. $y=x^2$，$x=y^2$

利用圓柱殼法求 8～9 題中所予方程式的圖形所圍成區域繞 x-軸旋轉所得旋轉體的體積．

8. $y^2=x$，$y=1$，$x=0$
9. $y=x^2$，$x=1$，$y=0$

利用圓柱殼法求 10～11 題中所予方程式的圖形所圍成區域繞 y-軸旋轉所得旋轉體的體積．

10. $y=\sqrt{x}$，$y=0$，$x=1$，$x=4$
11. $x=y^2$，$y=x^2$

6.3 弧　長

欲解某些科學上的問題，考慮函數圖形的長度是絕對必要的．例如，一拋射體沿著一拋物線方向運動，我們希望決定它在某指定時間區間內所經過的距離．同理，求一條易彎曲的扭曲電線的長度，只需將它拉直而用直尺（或距離公式）求其長度；然而，求一條不易彎曲的扭曲電線的長度，必須利用其他方法．我們將看出，定義圖形之長度的關鍵是將函數圖形分成許多小段，然後，以線段近似每一小段．其次，我們將所有如此線段的長度的和取極限，可得一個定積分．欲保證積分存在，我們必須對函數加以限制．

若函數 f 的導函數 f' 在某區間為連續，則稱 $y=f(x)$ 的圖形在該區間為一平滑曲線 (smooth curve) [或 f 為平滑函數 (smooth function)]．在本節裡，我們將弧長的討論限制在平滑曲線．

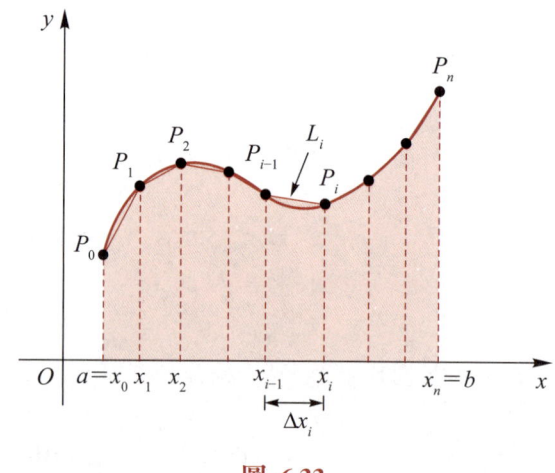

圖 6.33

若函數 f 在 $[a, b]$ 為平滑，則如圖 6.33 所示，我們考慮由 $a = x_0 < x_1 < x_2 < \cdots < x_n = b$ 將 $[a, b]$ 分成相等長度 $\Delta x = (b-a)/n$ 的 n 個子區間，且令點 P_i 的坐標為 $(x_i, f(x_i))$. 若以線段連接這些點，則可得一條多邊形路徑，它可視為曲線 $y = f(x)$ 的近似. 假使再增加點數，那麼多邊形路徑的長將趨近曲線的長.

在多邊形路徑的第 i 個線段的長 L_i 為

$$L_i = \sqrt{(\Delta x_i)^2 + [f(x_i) - f(x_{i-1})]^2}$$

利用均值定理，在 x_{i-1} 與 x_i 之間存在一數 x_i^* 使得

$$f(x_i) - f(x_{i-1}) = f'(x_i^*) \Delta x$$

於是

$$L_i = \sqrt{1 + [f'(x_i^*)]^2} \, \Delta x$$

這表示整個多邊形路徑的長為

$$\sum_{i=1}^{n} L_i = \sum_{i=1}^{n} \sqrt{1 + [f'(x_i^*)]^2} \, \Delta x$$

於是，

$$L = \lim_{n \to \infty} \sum_{i=1}^{n} \sqrt{1 + [f'(x_i^*)]^2} \, \Delta x$$

因上式的右邊正是定積分 $\int_a^b \sqrt{1 + [f'(x)]^2} \, dx$，故我們有下面的定義.

◯ 定義 6.5

若 f 在 $[a, b]$ 為平滑函數，則曲線 $y=f(x)$ 由 $x=a$ 到 $x=b$ 的**弧長** (arc length) 為

$$L=\int_a^b \sqrt{1+[f'(x)]^2}\, dx=\int_a^b \sqrt{1+\left(\frac{dy}{dx}\right)^2}\, dx.$$

【例題 1】 利用定義 6.5

求曲線 $y=\dfrac{1}{3}(x^2+2)^{3/2}$ 由 $x=0$ 到 $x=1$ 的弧長.

【解】
$$\frac{dy}{dx}=\frac{1}{2}(x^2+2)^{1/2}(2x)=x\sqrt{x^2+2},$$

$$1+\left(\frac{dy}{dx}\right)^2=1+x^2(x^2+2)=(x^2+1)^2.$$

所以，弧長為

$$L=\int_0^1 \sqrt{1+\left(\frac{dy}{dx}\right)^2}\, dx=\int_0^1 (x^2+1)\, dx=\left[\frac{x^3}{3}+x\right]_0^1=\frac{4}{3}.$$

【例題 2】 利用定義 6.5

求半徑為 r 之圓的周長.

【解】
$$L=4\int_0^r \sqrt{1+\left(\frac{dy}{dx}\right)^2}\, dx=4\int_0^r \frac{r}{\sqrt{r^2-x^2}}\, dx$$

$$=4\lim_{t\to r^-}\int_0^t \frac{r}{\sqrt{r^2-x^2}}\, dx$$

令 $x=r\sin\theta,\ 0\leq\theta<\dfrac{\pi}{2},$

則 $dx=r\cos\theta\, d\theta,$

故 $L=4\lim\limits_{t\to r^-}\int_0^{\sin^{-1}(t/r)} \dfrac{r}{r\cos\theta}\, r\cos\theta\, d\theta$

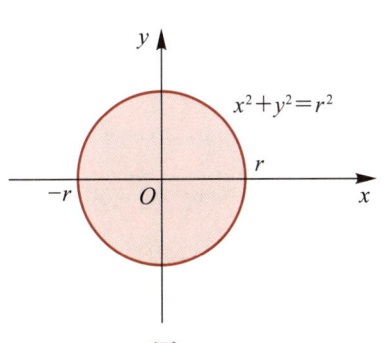

圖 6.34

$$= 4r \lim_{t \to r^-} \int_0^{\sin^{-1}(t/r)} d\theta = 4r \lim_{t \to r^-} \sin^{-1}\left(\frac{t}{r}\right) = 4r\left(\frac{\pi}{2}\right) = 2\pi r.$$

○ 定義 6.6

若 g 在 $[c, d]$ 為平滑函數，則曲線 $x = g(y)$ 由 $y = c$ 到 $y = d$ 的弧長為

$$L = \int_c^d \sqrt{1 + [g'(y)]^2}\, dy = \int_c^d \sqrt{1 + \left(\frac{dx}{dy}\right)^2}\, dy.$$

【例題 3】 利用定義 6.6

求曲線 $y = x^{2/3}$ 由 $x = 0$ 到 $x = 8$ 的弧長.

【解】 對 $y = x^{2/3}$ 求解 x，可得 $x = y^{3/2}$，於是，$\dfrac{dx}{dy} = \dfrac{3}{2} y^{1/2}$.

當 $x = 0$ 時，$y = 0$；當 $x = 8$ 時，$y = 4$. 於是，所求的弧長為

$$L = \int_0^4 \sqrt{1 + \left(\frac{dx}{dy}\right)^2}\, dy = \int_0^4 \sqrt{1 + \frac{9}{4} y}\, dy$$

$$= \left[\frac{8}{27}\left(1 + \frac{9}{4} y\right)^{3/2}\right]_0^4 = \frac{8}{27}(10\sqrt{10} - 1).$$

習題 6.3

1. 求曲線 $y = 2x^{3/2} - 1$ 由 $x = 0$ 到 $x = 1$ 的弧長.

2. 求曲線 $x = \dfrac{1}{3}(y^2 + 2)^{3/2}$ 由 $y = 0$ 到 $y = 1$ 的弧長.

求 3~4 題中所予方程式的圖形上由 A 點到 B 點的弧長.

3. $(y + 1)^2 = (x - 4)^3$；$A(4, -1)$, $B(8, 7)$.

4. $y = 5 - \sqrt{x^3}$；$A(0, 5)$, $B(4, -3)$.

5. 求曲線 $y = \ln \sin x$ 由 $x = \dfrac{\pi}{6}$ 到 $x = \dfrac{\pi}{3}$ 的弧長.

7

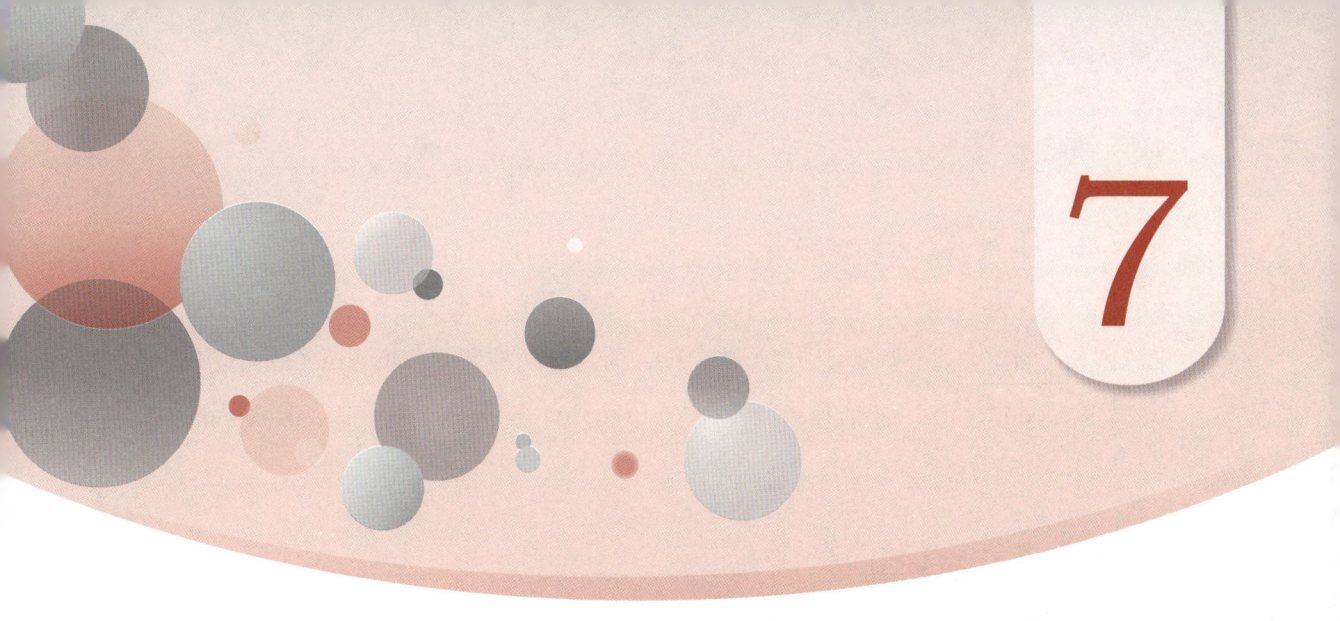

無窮級數

7.1 無窮級數

無窮級數的理論是建立在無窮數列上，所以，我們先討論無窮數列的觀念，再來討論無窮級數.

定義 7.1

無窮數列 (infinite sequence of numbers) 是一個函數，其定義域為所有大於或等於某正整數 n_0 的正整數所成的集合.

通常，n_0 取為 1，因而無窮數列的定義域為所有正整數的集合，即 $\mathbb{N}$，然而，有時候，為了使數列有定義，其定義域不一定從 1 開始.

設 f 為一無窮數列，對每一正整數 n，恰有一實數 $f(n)$ 與其對應.

$$\begin{array}{ccccccc} 1, & 2, & 3, & 4, & \cdots, & n, & \cdots \\ \downarrow & \downarrow & \downarrow & \downarrow & & \downarrow & \\ f(1), & f(2), & f(3), & f(4), & \cdots, & f(n), & \cdots \end{array}$$

213

若令 $a_n = f(n)$，則上式可寫成

$$a_1, a_2, a_3, \cdots, a_n, \cdots$$

記為 $\{a_1, a_2, a_3, \cdots, a_n, \cdots\}$，其中 a_1 稱為無窮數列的**首項** (first term)，a_2 稱為**第二項** (second term)，a_n 稱為**第 n 項** (n-th term)。有時候，我們將該數列表成 $\{a_n\}_{n=1}^{\infty}$ 或 $\{a_n\}$.

○ 定義 7.2　直觀的定義

給予數列 $\{a_n\}$，L 為一實數，當 n 充分大時，a_n 任意地靠近 L，則稱 L 為數列 $\{a_n\}$ 的**極限** (limit)，以 $\lim\limits_{n \to \infty} a_n = L$ 表示，或記為：當 $n \to \infty$ 時，$a_n \to L$.

若 $\lim\limits_{n \to \infty} a_n = L$ 成立，則稱數列 $\{a_n\}$ 收斂到 L。倘若 $\lim\limits_{n \to \infty} a_n$ 不存在，則稱此數列 $\{a_n\}$ 無極限，或稱 $\{a_n\}$ 發散.

○ 定理 7.1　唯一性

若 $\lim\limits_{n \to \infty} a_n = L$ 且 $\lim\limits_{n \to \infty} a_n = M$，則 $L = M$.

若選取的 n 足夠大時，a_n 能夠隨心所欲的變大，則數列 $\{a_n\}$ 沒有極限，此時可記為 $\lim\limits_{n \to \infty} a_n = \infty$。例如，數列 $\{n^2 + n\}$ 為發散數列，因為 $\lim\limits_{n \to \infty} (n^2 + n) = \infty$.

○ 定理 7.2

(1) $\lim\limits_{n \to \infty} r^n = 0$ (若 $|r| < 1$).

(2) $\lim\limits_{n \to \infty} |r^n| = \infty$ (若 $|r| > 1$).

有關無窮數列的極限定理與函數在無限大處的極限定理相類似，故下面的定理只敘述而不予以證明.

◯ 定理 7.3

令 $\{a_n\}$ 與 $\{b_n\}$ 均為收斂數列，若 $\lim\limits_{n\to\infty} a_n = A$ 且 $\lim\limits_{n\to\infty} b_n = B$，$k$ 為常數，則

(1) $\lim\limits_{n\to\infty} ka_n = k \lim\limits_{n\to\infty} a_n = kA$

(2) $\lim\limits_{n\to\infty} (a_n \pm b_n) = \lim\limits_{n\to\infty} a_n \pm \lim\limits_{n\to\infty} b_n = A \pm B$

(3) $\lim\limits_{n\to\infty} a_n b_n = (\lim\limits_{n\to\infty} a_n)(\lim\limits_{n\to\infty} b_n) = AB$

(4) $\lim\limits_{n\to\infty} \dfrac{a_n}{b_n} = \dfrac{\lim\limits_{n\to\infty} a_n}{\lim\limits_{n\to\infty} b_n} = \dfrac{A}{B}$ $(B \neq 0)$

【例題 1】 利用定理 7.3

數列 $\left\{\dfrac{n}{9n+4}\right\}$ 是收斂抑或發散？

【解】 因 $\lim\limits_{n\to\infty} \dfrac{n}{9n+4} = \lim\limits_{n\to\infty} \dfrac{1}{9+\dfrac{4}{n}} = \dfrac{\lim\limits_{n\to\infty} 1}{\lim\limits_{n\to\infty} 9 + \lim\limits_{n\to\infty} \dfrac{4}{n}}$

$= \dfrac{1}{9+0} = \dfrac{1}{9}.$

故數列收斂. ⏭

【例題 2】 各項化成指數形式

求數列 $\{\sqrt{2}, \sqrt{2\sqrt{2}}, \sqrt{2\sqrt{2\sqrt{2}}}, \cdots\}$ 的極限.

【解】 $a_1 = 2^{1/2}$，$a_2 = 2^{1/2} \cdot 2^{1/4} = 2^{3/4}$，$a_3 = 2^{1/2} \cdot 2^{1/4} \cdot 2^{1/8} = 2^{7/8}$，$\cdots$，

$a_n = 2^{1-1/2^n}$，故 $\lim\limits_{n\to\infty} a_n = \lim\limits_{n\to\infty} 2^{1-1/2^n} = 2.$ ⏭

◯ 定理 7.4

設 $\lim\limits_{n\to\infty} a_n = L$，$a_n$ 均在函數 f 的定義域內，又 f 在 $x=L$ 為連續，則

$$\lim_{n\to\infty} f(a_n) = f(L)$$

即， $$\lim_{n\to\infty} f(a_n) = f(\lim_{n\to\infty} a_n).$$

【例題 3】　利用定理 7.4

因 $f(x)=\sin x$ 在 $(-\infty, \infty)$ 為連續，故

$$\lim_{n\to\infty}\sin\left(\frac{n\pi+5}{2n+3}\right)=\sin\left(\lim_{n\to\infty}\frac{n\pi+5}{2n+3}\right)=\sin\frac{\pi}{2}=1.$$

定理 7.5　無窮數列的夾擠定理

設 $\{a_n\}$、$\{b_n\}$ 與 $\{c_n\}$ 均為無窮數列，對所有正整數 $n \geq n_0$（n_0 為某固定正整數）恆有 $a_n \leq b_n \leq c_n$．若 $\lim\limits_{n\to\infty}a_n=\lim\limits_{n\to\infty}c_n=L$，則 $\lim\limits_{n\to\infty}b_n=L$．

【例題 4】　利用定理 7.5

求數列 $\left\{\dfrac{\sin^2 n}{2^n}\right\}$ 的極限．

【解】　因對每一正整數 n 均有 $0<\sin^2 n<1$，故 $0<\dfrac{\sin^2 n}{2^n}<\dfrac{1}{2^n}$．

又 $\lim\limits_{n\to\infty}\dfrac{1}{2^n}=\lim\limits_{n\to\infty}\left(\dfrac{1}{2}\right)^n=0$，可得 $\lim\limits_{n\to\infty}\dfrac{\sin^2 n}{2^n}=0$，

故數列的極限為 0．

註：$\lim\limits_{n\to\infty}a_n=0 \Leftrightarrow \lim\limits_{n\to\infty}|a_n|=0.$

下面的定理對於求數列的極限非常有用．

定理 7.6

設 f 為定義在 $x \geq n_0$ 的函數，n_0 為某固定正整數，$a_n=f(n)$ $(n \geq n_0)$，

(1) 若 $\lim\limits_{x\to\infty}f(x)=L$，則 $\lim\limits_{n\to\infty}a_n=L$．

(2) 若 $\lim\limits_{x\to\infty}f(x)=\infty$（或 $-\infty$），則 $\lim\limits_{n\to\infty}a_n=\infty$（或 $-\infty$）．

註：定理 7.6 的逆敘述不一定成立．例如：$\lim\limits_{n\to\infty}\sin \pi n=0$．

定理 7.6 告訴我們能夠應用函數的極限定理（當 $x \to \infty$）求數列的極限．最重要的

是羅必達法則的應用，說明如下：

若 $a_n = f(n)$，$b_n = g(n)$，當 $x \to \infty$ 時，$\lim\limits_{x \to \infty} \dfrac{f(x)}{g(x)}$ 為不定型 $\dfrac{\infty}{\infty}$，則

$$\lim_{n \to \infty} \frac{a_n}{b_n} = \lim_{x \to \infty} \frac{f(x)}{g(x)} = \lim_{x \to \infty} \frac{f'(x)}{g'(x)}, \quad \text{倘若右端的極限存在.}$$

【例題 5】 利用羅必達法則

求 $\lim\limits_{n \to \infty} \dfrac{\ln n}{n}$.

【解】 設 $f(x) = \dfrac{\ln x}{x}$，$x \geq 1$，則

$$\lim_{x \to \infty} \frac{\ln x}{x} = \lim_{x \to \infty} \frac{\dfrac{1}{x}}{1} = 0$$

故

$$\lim_{n \to \infty} \frac{\ln n}{n} = 0.$$

當我們在使用羅必達法則去求數列的極限時，往往視 n 為變數，而對 n 直接微分.

【例題 6】 利用羅必達法則

求下列各數列的極限.

(1) $\left\{ \dfrac{\ln n}{n^2} \right\}$ (2) $\left\{ \dfrac{e^n}{n + 3e^n} \right\}$

【解】 (1) $\lim\limits_{n \to \infty} \dfrac{\ln n}{n^2} = \lim\limits_{n \to \infty} \dfrac{\dfrac{1}{n}}{2n} = \lim\limits_{n \to \infty} \dfrac{1}{2n^2} = 0.$

(2) $\lim\limits_{n \to \infty} \dfrac{e^n}{n + 3e^n} = \lim\limits_{n \to \infty} \dfrac{e^n}{1 + 3e^n} = \lim\limits_{n \to \infty} \dfrac{e^n}{3e^n} = \lim\limits_{n \to \infty} \dfrac{1}{3} = \dfrac{1}{3}.$

表 7.1 中的極限非常重要，在求數列的極限時常常會用到.

表 7.1

1. $\lim_{n\to\infty} \dfrac{\ln n}{n} = 0$ 2. $\lim_{n\to\infty} \sqrt[n]{n} = 1$

3. $\lim_{n\to\infty} x^{1/n} = 1 \ (x>0)$ 4. $\lim_{n\to\infty} x^n = 0 \ (|x|<1)$

5. $\lim_{n\to\infty} \left(1+\dfrac{x}{n}\right)^n = e^x$ 6. $\lim_{n\to\infty} \dfrac{x^n}{n!} = 0$

若 $\{a_n\}$ 為無窮數列，則形如

$$a_1 + a_2 + a_3 + \cdots + a_n + \cdots$$

的式子稱為**無窮級數** (infinite series)，或簡稱為**級數**. 級數可用求和記號表之，寫成

$$\sum_{n=1}^{\infty} a_n \quad \text{或} \quad \sum a_n$$

而後一個和的求和變數為 n. 每一數 a_n, $n=1, 2, 3, \cdots$，稱為級數的**項** (term)，a_n 稱為**通項** (general term). 現在我們考慮一級數的前 n 項部分和 S_n：

$$S_n = a_1 + a_2 + a_3 + \cdots + a_n$$

故

$$S_1 = a_1$$
$$S_2 = a_1 + a_2$$
$$S_3 = a_1 + a_2 + a_3$$
$$S_4 = a_1 + a_2 + a_3 + a_4$$

等等，無窮數列

$$S_1, \ S_2, \ S_3, \ \cdots, \ S_n, \ \cdots$$

稱為無窮級數 $\sum_{n=1}^{\infty} a_n$ 的**部分和數列** (sequence of partial sums).

這觀念引導出下面的定義.

定義 7.3

若存在一實數 S 使得無窮級數 $\sum_{n=1}^{\infty} a_n$ 的部分和數列 $\{S_n\}$ 收斂，即，

$$\lim_{n \to \infty} S_n = \lim_{n \to \infty} \sum_{i=1}^{n} a_i = S$$

則稱 S 為級數的**和** (sum)，而稱級數**收斂**. 若 $\lim_{n \to \infty} S_n$ 不存在，則稱級數**發散**，發散級數不能求和.

【例題 7】 利用部分和數列

試證：調和級數 (harmonic series) $\sum_{n=1}^{\infty} \frac{1}{n} = 1 + \frac{1}{2} + \frac{1}{3} + \frac{1}{4} + \cdots$ 發散.

【證】 部分和為：

$S_1 = 1$

$S_2 = 1 + \frac{1}{2} > \frac{1}{2} + \frac{1}{2} = \frac{2}{2}$

$S_4 = S_2 + \frac{1}{3} + \frac{1}{4} > S_2 + \left(\frac{1}{4} + \frac{1}{4}\right) = S_2 + \frac{1}{2} > \frac{3}{2}$

$S_8 = S_4 + \frac{1}{5} + \frac{1}{6} + \frac{1}{7} + \frac{1}{8} > S_4 + \left(\frac{1}{8} + \frac{1}{8} + \frac{1}{8} + \frac{1}{8}\right)$

$ = S_4 + \frac{1}{2} > \frac{4}{2}$

$S_{16} = S_8 + \frac{1}{9} + \frac{1}{10} + \frac{1}{11} + \frac{1}{12} + \frac{1}{13} + \frac{1}{14} + \frac{1}{15} + \frac{1}{16}$

$\phantom{S_{16}} > S_8 + \left(\frac{1}{16} + \frac{1}{16} + \frac{1}{16} + \frac{1}{16} + \frac{1}{16} + \frac{1}{16} + \frac{1}{16} + \frac{1}{16}\right)$

$\phantom{S_{16}} = S_8 + \frac{1}{2} > \frac{5}{2}$

$\vdots$

$S_{2^n} > \frac{n+1}{2}$

可得 $\lim_{n \to \infty} S_{2^n} = \infty$，故證得級數發散.

定理 7.7

若級數 $\sum a_n$ 收斂，則 $\lim\limits_{n\to\infty} a_n = 0$.

讀者應注意 $\lim\limits_{n\to\infty} a_n = 0$ 為級數收斂的必要條件，但非充分條件。也就是說，即使若第 n 項趨近零，級數也未必收斂。例如，調和級數為 $\sum\limits_{n=1}^{\infty} \dfrac{1}{n}$ 發散，雖然 $\lim\limits_{n\to\infty} a_n = \lim\limits_{n\to\infty} \dfrac{1}{n} = 0$，

利用定理 7.7，很容易得到下面的結果.

定理 7.8　發散檢驗法 (divergence test)

若 $\lim\limits_{n\to\infty} a_n \neq 0$，則級數 $\sum a_n$ 發散.

例如，級數 $\sum\limits_{n=1}^{\infty} \dfrac{n}{2n+1}$ 發散，因為 $\lim\limits_{n\to\infty} a_n = \lim\limits_{n\to\infty} \dfrac{n}{2n+1} = \dfrac{1}{2} \neq 0$.

形如 $\sum\limits_{n=1}^{\infty} ar^n = a + ar + ar^2 + ar^3 + \cdots$（此處 $a \neq 0$）的級數稱為**幾何級數** (geometric series)，而 r 稱為**公比** (common ratio)。

定理 7.9

已知幾何級數 $\sum\limits_{n=0}^{\infty} ar^n$，其中 $a \neq 0$.

(1) 若 $|r| < 1$，則級數收斂，其和為 $\dfrac{a}{1-r}$.

(2) 若 $|r| \geq 1$，則級數發散.

【例題 8】　利用定理 7.9(1)
化循環小數 $0.785785785\cdots$ 為有理數.

【解】　我們可以寫成 $0.785785785\cdots = 0.785 + 0.000785 + 0.000000785 + \cdots$

故所予小數為幾何級數（其中 $a = 0.785$，$r = 0.001$）的和.

於是，$0.785785785\cdots = \dfrac{a}{1-r} = \dfrac{0.785}{1-0.001} = \dfrac{0.785}{0.999} = \dfrac{785}{999}$.

定理 7.10

若 $\sum a_n$ 與 $\sum b_n$ 均為收斂級數，其和分別為 A 與 B，則

(1) 若 c 為常數，則 $\sum ca_n$ 收斂且和為 cA．
(2) $\sum (a_n+b_n)$ 收斂且和為 $A+B$．
(3) $\sum (a_n-b_n)$ 收斂且和為 $A-B$．

定理 7.11

若 $\sum a_n$ 發散且 $c \neq 0$，則 $\sum ca_n$ 也發散．

定理 7.12

若 $\sum a_n$ 為收斂且 $\sum b_n$ 為發散，則 $\sum (a_n+b_n)$ 為發散．

習題 7.1

求 1～8 題中各數列的極限．

1. $\left\{ \dfrac{n^2(n+4)}{2n^3+n^2+n-3} \right\}$

2. $\left\{ \dfrac{n^2}{2n-1} - \dfrac{n^2}{2n+1} \right\}$

3. $\left\{ \dfrac{100n}{n^{3/2}+1} \right\}$

4. $\left\{ \sqrt[n]{3^n+5^n} \right\}$

5. $\left\{ e^{-n} \ln n \right\}$

6. $\left\{ n \sin \dfrac{\pi}{n} \right\}$

7. $\left\{ \dfrac{n}{2^n} \right\}$

8. $\left\{ \left(1-\dfrac{2}{n}\right)^n \right\}$

在 9～11 題中求每一數列的第 n 項．數列是收斂抑或發散？若收斂，則求 $\lim\limits_{n\to\infty} a_n$．

9. $\left\{ \left(1-\dfrac{1}{2}\right), \left(\dfrac{1}{2}-\dfrac{1}{3}\right), \left(\dfrac{1}{3}-\dfrac{1}{4}\right), \left(\dfrac{1}{4}-\dfrac{1}{5}\right), \cdots \right\}$

10. $\left\{ (\sqrt{2}-\sqrt{3}), (\sqrt{3}-\sqrt{4}), (\sqrt{4}-\sqrt{5}), \cdots \right\}$

11. $\left\{1, \dfrac{2}{2^2-1^2}, \dfrac{3}{3^2-2^2}, \dfrac{4}{4^2-3^2}, \cdots\right\}$

12. (1) 求 $\lim\limits_{n\to\infty}\left(\dfrac{1}{n^2}+\dfrac{2}{n^2}+\dfrac{3}{n^2}+\cdots+\dfrac{n}{n^2}\right)$.

    (2) 求 $\lim\limits_{n\to\infty}\left(\dfrac{1^2}{n^2}+\dfrac{2^2}{n^2}+\dfrac{3^2}{n^2}+\cdots+\dfrac{n^2}{n^2}\right)$.

13. 利用 "若 $\{a_n\}$ 為收斂數列，則 $\lim\limits_{n\to\infty}a_{n+1}=\lim\limits_{n\to\infty}a_n$" 的事實，求下列各數列的極限.

    (1) $\left\{\sqrt{2},\ \sqrt{2\sqrt{2}},\ \sqrt{2\sqrt{2\sqrt{2}}},\ \cdots\right\}$ (2) $\left\{\sqrt{2},\ \sqrt{2+\sqrt{2}},\ \sqrt{2+\sqrt{2+\sqrt{2}}},\ \cdots\right\}$

14. (1) 試證：半徑為 r 的圓內接正 n 邊形的周長為 $P_n=2rn\sin\dfrac{\pi}{n}$.

    (2) 利用數列 $\{P_n\}$ 的極限求法，試證：當 n 增加時，其周長趨近圓周長.

判斷 15～22 題中各級數的斂散性. 若收斂，則求其和.

15. $\sum\limits_{n=1}^{\infty}\left(\dfrac{5}{n+2}-\dfrac{5}{n+3}\right)$ 16. $\sum\limits_{n=1}^{\infty}\dfrac{2}{(3n+1)(3n-2)}$

17. $\sum\limits_{n=1}^{\infty}\left[\left(\dfrac{3}{2}\right)^n+\left(\dfrac{2}{3}\right)^n\right]$ 18. $\sum\limits_{n=1}^{\infty}\dfrac{3^{n+1}}{5^{n-1}}$

19. $\sum\limits_{n=0}^{\infty}\left[2\left(\dfrac{1}{3}\right)^n+3\left(\dfrac{1}{6}\right)^n\right]$ 20. $\sum\limits_{n=1}^{\infty}\dfrac{1}{9n^2+3n-2}$

21. $\sum\limits_{n=1}^{\infty}\ln\dfrac{n}{n+1}$ 22. $\sum\limits_{n=3}^{\infty}\dfrac{3}{n-2}$

23. 化循環小數 $0.782178217821\cdots$ 為有理數.

24. 已知一級數的前 n 項和為 $S_n=\dfrac{2n}{n+2}$，則 (1) 此級數是否收斂？(2) 求此級數.

25. 某球從 8 公尺高處落下，它每一次撞擊地面後垂直向上反彈的高度為前一次高度的四分之三，若該球無限地反彈，求它經過的總距離.

26. 下列的計算哪裡有錯誤？

$$0=0+0+0+0+\cdots$$

$$= (1-1)+(1-1)+(1-1)+(1-1)+\cdots$$
$$= 1+(-1+1)+(-1+1)+(-1+1)+\cdots$$
$$= 1+0+0+0+\cdots$$
$$= 1$$

利用發散檢驗法證明 27～30 題中各級數發散.

27. $\displaystyle\sum_{n=1}^{\infty}\left(\frac{n}{n+1}\right)^{n}$

28. $\displaystyle\sum_{n=1}^{\infty}\frac{n^{2}-n+1}{2n^{2}+3}$

29. $\displaystyle\sum_{n=1}^{\infty}\cos n\pi$

30. $\displaystyle\sum_{n=1}^{\infty}\frac{e^{n}}{n}$

7.2 正項級數

若一級數的每一項均為正，則稱為 正項級數 (series with positive-term). 我們可藉由下面的定理檢驗其斂散性.

定理 7.13　積分檢驗法 (integral test)

已知 $\displaystyle\sum_{n=N}^{\infty}a_{n}$ 為正項級數，令 $f(n)=a_{n}$, $n=N$ (N 為某正整數), $N+1$, $N+2$, …. 若 f 在區間 $[N, \infty)$ 為正值且連續的遞減函數，則 $\displaystyle\sum_{n=N}^{\infty}a_{n}$ 與 $\displaystyle\int_{N}^{\infty}f(x)\,dx$ 同時收斂抑或同時發散.

【例題 1】　利用積分檢驗法

判斷級數 $\displaystyle\sum_{n=1}^{\infty}\frac{1}{n}$ 的斂散性.

【解】　函數 $f(x)=\dfrac{1}{x}$ 在 $[1, \infty)$ 為正值且連續的遞減函數.

因為 $f'(x)=-\dfrac{1}{x^{2}}<0\ (x\geq 1)$.

$$\int_{1}^{\infty}\frac{1}{x}\,dx=\lim_{t\to\infty}\int_{1}^{t}\frac{1}{x}\,dx=\lim_{t\to\infty}\left[\ln x\right]_{1}^{t}=\lim_{t\to\infty}(\ln t-\ln 1)=\infty$$

因積分發散，故可知級數發散.

【例題 2】 **利用積分檢驗法**

判斷級數 $\sum_{n=1}^{\infty} \dfrac{1}{n^2}$ 的斂散性.

【解】 函數 $f(x)=\dfrac{1}{x^2}$ 在 $[1, \infty)$ 為正值且連續的遞減函數.

因為 $f'(x)=-\dfrac{2}{x^3}<0 \ (x \geq 1)$.

$$\int_1^{\infty} \dfrac{1}{x^2}\,dx=\lim_{t\to\infty}\int_1^t \dfrac{1}{x^2}\,dx=\lim_{t\to\infty}\left[-\dfrac{1}{x}\right]_1^t=\lim_{t\to\infty}\left(-\dfrac{1}{t}+1\right)=1$$

因積分收斂，故可知級數收斂.

註：在例題 2 中，不可從 $\int_1^{\infty} \dfrac{1}{x^2}\,dx=1$ 錯誤地推斷 $\sum_{n=1}^{\infty} \dfrac{1}{n^2}=1$. (欲知這是錯誤的，我們將級數寫成：$1+\dfrac{1}{2^2}+\dfrac{1}{3^2}+\cdots$；它的和顯然超過 1.)

【例題 3】 **利用積分檢驗法**

判斷級數 $\sum_{n=3}^{\infty} \dfrac{\ln n}{n}$ 的斂散性.

【解】 函數 $f(x)=\dfrac{\ln x}{x}$ 在 $[3, \infty)$ 為正值且連續的遞減函數,

因為 $f'(x)=\dfrac{1-\ln x}{x^2}<0 \ (x \geq 3)$.

$$\int_3^{\infty} \dfrac{\ln x}{x}\,dx=\lim_{t\to\infty}\int_3^t \dfrac{\ln x}{x}\,dx=\lim_{t\to\infty}\left[\dfrac{1}{2}(\ln x)^2\right]_3^t$$

$$=\dfrac{1}{2}\lim_{t\to\infty}[(\ln t)^2-(\ln 3)^2]=\infty$$

故可知級數 $\sum_{n=3}^{\infty} \dfrac{\ln n}{n}$ 發散.

形如 $\sum_{n=1}^{\infty} \dfrac{1}{n^p} = 1 + \dfrac{1}{2^p} + \dfrac{1}{3^p} + \dfrac{1}{4^p} + \cdots + \dfrac{1}{n^p} + \cdots \ (p > 0)$ 的級數稱為 **p-級數** (*p*-series). 當 $p=1$ 時，則為調和級數.

定理 7.14　*p*-級數檢驗法（*p*-series test）

(1) 若 $p > 1$，則 $\sum_{n=1}^{\infty} \dfrac{1}{n^p}$ 收斂.

(2) 若 $p \leq 1$，則 $\sum_{n=1}^{\infty} \dfrac{1}{n^p}$ 發散.

【例題 4】　利用 *p*-級數檢驗法

判斷下列各級數的斂散性.

(1) $1 + \dfrac{1}{2^2} + \dfrac{1}{3^2} + \cdots + \dfrac{1}{n^2} + \cdots$　　(2) $2 + \dfrac{2}{\sqrt{2}} + \dfrac{2}{\sqrt{3}} + \cdots + \dfrac{2}{\sqrt{n}} + \cdots$

【解】　(1) 因級數 $\sum_{n=1}^{\infty} \dfrac{1}{n^2}$ 為 *p*-級數且 $p = 2 > 1$，故收斂.

(2) 因級數 $\sum_{n=1}^{\infty} \dfrac{1}{\sqrt{n}}$ 為 *p*-級數且 $p = \dfrac{1}{2} < 1$，故發散，因而 $\sum_{n=1}^{\infty} \dfrac{2}{\sqrt{n}}$ 也發散.

定理 7.15　比較檢驗法 (comparison test)

假設 $\sum a_n$ 與 $\sum b_n$ 均為正項級數.

(1) 若 $\sum b_n$ 收斂且對每一正整數 $n \geq n_0$ (n_0 為某固定正整數) 恆有 $a_n \leq b_n$，則 $\sum a_n$ 收斂.

(2) 若 $\sum b_n$ 發散且對每一正整數 $n \geq n_0$ (n_0 為某固定正整數) 恆有 $a_n \geq b_n$，則 $\sum a_n$ 發散.

【例題 5】　利用比較檢驗法

判斷下列各級數的斂散性.

(1) $\sum_{n=1}^{\infty} \dfrac{n}{n^3 + 1}$　　(2) $\sum_{n=1}^{\infty} \dfrac{\ln(n+2)}{n}$

【解】　(1) 對每一 $n \geq 1$,

$$\frac{n}{n^3+1} < \frac{n}{n^3} = \frac{1}{n^2}$$

因 $\sum_{n=1}^{\infty} \frac{1}{n^2}$ 為收斂的 p-級數，故 $\sum_{n=1}^{\infty} \frac{n}{n^3+1}$ 收斂.

(2) 對每一 $n \geq 1$，$\ln(n+2) > 1$,

可得

$$\frac{\ln(n+2)}{n} > \frac{1}{n}$$

因 $\sum_{n=1}^{\infty} \frac{1}{n}$ 發散，故 $\sum_{n=1}^{\infty} \frac{\ln(n+2)}{n}$ 發散. ▶▶

定理 7.16　比值檢驗法 (ratio test)

設 $\sum a_n$ 為正項級數且令

$$\lim_{n \to \infty} \frac{a_{n+1}}{a_n} = L$$

(1) 若 $L < 1$，則 $\sum a_n$ 收斂.

(2) 若 $L > 1$，或若 $\lim_{n \to \infty} \frac{a_{n+1}}{a_n} = \infty$，則 $\sum a_n$ 發散.

(3) 若 $L = 1$，則無法判斷斂散性.

註：若 $\lim_{n \to \infty} \frac{a_{n+1}}{a_n} = 1$，則定理 7.16 失效，而必須利用其他的檢驗法. 例如，我們知道 $\sum \frac{1}{n}$ 發散，但 $\sum \frac{1}{n^2}$ 收斂. 對前者而言，

$$\lim_{n \to \infty} \frac{a_{n+1}}{a_n} = \lim_{n \to \infty} \frac{\frac{1}{n+1}}{\frac{1}{n}} = \lim_{n \to \infty} \frac{n}{n+1} = 1$$

對後者而言，$\lim_{n \to \infty} \frac{a_{n+1}}{a_n} = \lim_{n \to \infty} \frac{\frac{1}{(n+1)^2}}{\frac{1}{n^2}} = \lim_{n \to \infty} \frac{n^2}{(n+1)^2} = 1.$

【例題 6】 利用比值檢驗法

判斷下列各級數的斂散性.

(1) $\sum_{n=1}^{\infty} \dfrac{n!}{n^n}$ (2) $\sum_{n=1}^{\infty} \dfrac{2^n}{n^2}$

【解】 (1) $L = \lim\limits_{n \to \infty} \dfrac{a_{n+1}}{a_n} = \lim\limits_{n \to \infty} \left[\dfrac{(n+1)!}{(n+1)^{n+1}} \cdot \dfrac{n^n}{n!} \right] = \lim\limits_{n \to \infty} \left(\dfrac{n}{n+1} \right)^n$

$= \lim\limits_{n \to \infty} \dfrac{1}{\left(\dfrac{n+1}{n} \right)^n} = \dfrac{1}{\lim\limits_{n \to \infty} \left(1 + \dfrac{1}{n} \right)^n} = \dfrac{1}{e} < 1$

故級數收斂.

(2) $L = \lim\limits_{n \to \infty} \dfrac{a_{n+1}}{a_n} = \lim\limits_{n \to \infty} \left[\dfrac{2^{n+1}}{(n+1)^2} \cdot \dfrac{n^2}{2^n} \right] = 2 \lim\limits_{n \to \infty} \left(\dfrac{n}{n+1} \right)^2 = 2 > 1$

故級數發散.

習題 7.2

利用積分檢驗法判斷 1〜4 題中各級數的斂散性.

1. $\sum_{n=1}^{\infty} \dfrac{1}{n(n+1)}$

2. $\sum_{n=2}^{\infty} \dfrac{1}{n \ln n}$

3. $\sum_{n=1}^{\infty} \dfrac{n}{e^n}$

4. $\sum_{n=1}^{\infty} \dfrac{n^2}{n^3 + 2}$

利用比較檢驗法判斷 5〜8 題中各級數的斂散性.

5. $1 + \dfrac{1}{\sqrt{3}} + \dfrac{1}{\sqrt{8}} + \dfrac{1}{\sqrt{15}} + \cdots + \dfrac{1}{\sqrt{n^2 - 1}} + \cdots, \ n \geq 2$

6. $\dfrac{1}{1 \cdot 2} + \dfrac{1}{2 \cdot 3} + \dfrac{1}{3 \cdot 4} + \cdots + \dfrac{1}{n(n+1)} + \cdots$

7. $\sum_{n=1}^{\infty} \dfrac{n^2}{n^3 + 2}$

8. $\sum_{n=1}^{\infty} \dfrac{2 + \cos n}{n^2}$

利用比值檢驗法判斷 9～12 題中各級數的斂散性。

9. $\sum_{n=1}^{\infty} \dfrac{n^n}{n!}$

10. $\sum_{n=1}^{\infty} \dfrac{n^2}{3^n}$

11. $\sum_{n=1}^{\infty} \dfrac{4^n}{n!}$

12. $\sum_{n=1}^{\infty} \dfrac{n!}{n^3}$

7.3 交錯級數

形如

$$a_1 - a_2 + a_3 - a_4 + \cdots + (-1)^{n-1} a_n + \cdots = \sum_{n=1}^{\infty} (-1)^{n-1} a_n$$

或

$$-a_1 + a_2 - a_3 + a_4 + \cdots + (-1)^n a_n + \cdots = \sum_{n=1}^{\infty} (-1)^n a_n$$

(此處 $a_n > 0$, $n = 1, 2, 3, \cdots$) 的級數稱為**交錯級數** (alternating series)。

定理 7.17　交錯級數檢驗法 (alternating series test)

若對每一正整數 n, $a_n \geq a_{n+1} > 0$, 且 $\lim_{n \to \infty} a_n = 0$, 則 $\sum_{n=1}^{\infty} (-1)^{n-1} a_n$ 收斂。

【例題 1】　利用交錯級數檢驗法

試證交錯調和級數 $\sum_{n=1}^{\infty} (-1)^{n-1} \dfrac{1}{n}$ 收斂。

【證】　若欲應用交錯級數檢驗法，則必須證明：

(1) 對每一正整數 n 均有 $a_{n+1} \leq a_n$。

(2) $\lim_{n \to \infty} a_n = 0$。

現在，$a_n = \dfrac{1}{n}$, $u_{n+1} = \dfrac{1}{n+1}$, 可知 $0 < \dfrac{1}{n+1} < \dfrac{1}{n}$ 對所有 $n \geq 1$ 成立。

又 $\lim_{n \to \infty} a_n = \lim_{n \to \infty} \dfrac{1}{n} = 0$,

故證得此交錯級數收斂。

【例題 2】 利用交錯級數檢驗法

交錯級數 $\sum_{n=1}^{\infty} (-1)^{n-1} \dfrac{\sqrt{n}}{n+1}$ 是收斂抑或發散？

【解】 令 $f(x) = \dfrac{\sqrt{x}}{x+1}$，使得 $f(n) = a_n$，

則
$$f'(x) = -\dfrac{x-1}{2\sqrt{x}(x+1)^2} < 0, \quad x > 1$$

故函數 f 在 $[1, \infty)$ 為遞減函數．因此，對所有 $n \geq 1$，$a_{n+1} \leq a_n$ 恆成立．

又
$$\lim_{n \to \infty} a_n = \lim_{n \to \infty} \dfrac{\sqrt{n}}{n+1} = \lim_{n \to \infty} \dfrac{\sqrt{\dfrac{1}{n}}}{1 + \dfrac{1}{n}} = 0$$

因此，所予交錯級數收斂．

定義 7.4

若 $\sum |a_n|$ 收斂，則級數 $\sum a_n$ 稱為**絕對收斂** (absolutely convergent)．

【例題 3】 利用定義 7.4

交錯級數 $\sum_{n=1}^{\infty} \dfrac{(-1)^{n-1}}{n^2}$ 絕對收斂，因為

$$\sum_{n=1}^{\infty} \left| \dfrac{(-1)^{n-1}}{n^2} \right| = \sum_{n=1}^{\infty} \dfrac{1}{n^2}$$

為一收斂的 p-級數 ($p = 2 > 1$)．

定義 7.5

若 $\sum |a_n|$ 發散且 $\sum a_n$ 收斂，則級數 $\sum a_n$ 稱為**條件收斂** (conditionally convergent)．

【例題 4】 利用定義 7.5

(1) 交錯調和級數 $1 - \dfrac{1}{2} + \dfrac{1}{3} - \dfrac{1}{4} + \dfrac{1}{5} - \dfrac{1}{6} + \cdots$ 條件收斂．

(2) 級數 $1-\dfrac{1}{\sqrt{2}}+\dfrac{1}{\sqrt{3}}-\dfrac{1}{\sqrt{4}}+\cdots+(-1)^{n+1}\dfrac{1}{\sqrt{n}}+\cdots$ 條件收斂.

○ 定理 7.18

若 $\sum\limits_{n=1}^{\infty}|a_n|$ 收斂，則 $\sum\limits_{n=1}^{\infty}a_n$ 收斂.

註：絕對收斂級數的和與其項的順序無關.

○ 定理 7.19　比值檢驗法

令 $\sum a_n$ 為各項均不為零的無窮級數且 $L=\lim\limits_{n\to\infty}\left|\dfrac{a_{n+1}}{a_n}\right|$.

(1) 若 $L<1$，則 $\sum a_n$ 絕對收斂.
(2) 若 $L>1$，則 $\sum a_n$ 發散.
(3) 若 $L=1$，則無法判斷斂散性.

【例題 5】　利用定理 7.19

若 $|r|<1$，則幾何級數 $a+ar+ar^2+\cdots+ar^n+\cdots$ 收斂. 事實上，若 $|r|<1$，則它是絕對收斂，因為

$$L=\lim_{n\to\infty}\left|\dfrac{a_{n+1}}{a_n}\right|=\lim_{n\to\infty}\left|\dfrac{ar^{n+1}}{ar^n}\right|=\lim_{n\to\infty}|r|<1.$$

【例題 6】　利用定理 7.19

判斷 $\sum\limits_{n=1}^{\infty}(-1)^n\dfrac{3^n}{n!}$ 的斂散性.

【解】　因

$$\lim_{n\to\infty}\left|\dfrac{a_{n+1}}{a_n}\right|=\lim_{n\to\infty}\left|\dfrac{3^{n+1}}{(n+1)!}\cdot\dfrac{n!}{3^n}\right|=\lim_{n\to\infty}\dfrac{3}{n+1}=0<1$$

故知此級數絕對收斂.

習題 7.3

判斷 1～10 題中各級數何者絕對收斂？何者條件收斂？何者發散？

1. $\sum_{n=1}^{\infty} (-1)^n \dfrac{n}{n^2+1}$

2. $\sum_{n=1}^{\infty} (-1)^n \dfrac{1}{n\sqrt{n}}$

3. $\sum_{n=1}^{\infty} (-1)^{n-1} \dfrac{n^2}{e^n}$

4. $\sum_{n=2}^{\infty} (-1)^n \dfrac{1}{n \ln n}$

5. $\sum_{n=1}^{\infty} \dfrac{(-100)^n}{n!}$

6. $\sum_{n=3}^{\infty} (-1)^n \dfrac{\ln n}{n}$

7. $\sum_{n=1}^{\infty} \dfrac{\sin n}{n\sqrt{n}}$

8. $\sum_{n=1}^{\infty} \dfrac{\cos n\pi}{n}$

9. $\sum_{n=1}^{\infty} \dfrac{n \cos n\pi}{n^2+2}$

10. $\sum_{n=1}^{\infty} \dfrac{\sin n}{n^2}$

7.4 冪級數

在前面幾節中，我們研究常數項級數．在本節中，我們將考慮含有變數項的級數，這種級數在許多數學分支與物理科學裡相當重要．

我們從定理 7.9 可知，若 $|x|<1$，則

$$1+x+x^2+x^3+\cdots+x^n+\cdots = \dfrac{1}{1-x}$$

此式等號右邊是一函數，其定義域為所有實數 $x \neq 1$ 的集合；而等號左邊是另一函數，其定義域為 $-1<x<1$．等式僅在後者定義域（即，$-1<x<1$）成立，因它們同時在該範圍有定義．在 $-1<x<1$ 中，左邊的幾何級數"代表"函數 $\dfrac{1}{1-x}$．

如今，我們將研究像 $\sum_{n=0}^{\infty} x^n$ 這種類型的"無窮多項式"，並探討代表它們的函數的一些問題．

定義 7.6 冪級數 (power series)

若 $c_0, c_1, c_2, \cdots$ 均為常數且 x 為一變數,則形如

$$\sum_{n=0}^{\infty} c_n x^n = c_0 + c_1 x + c_2 x^2 + \cdots + c_n x^n + \cdots$$

的級數稱為**中心在 $x=0$ 的冪級數** (power series centered at $x=0$);形如

$$\sum_{n=0}^{\infty} c_n (x-a)^n = c_0 + c_1(x-a) + c_2(x-a)^2 + \cdots + c_n(x-a)^n + \cdots$$

的級數稱為**中心在 $x=a$ 的冪級數** (power series centered at $x=a$),常數 a 稱為**中心** (center)。

若在冪級數 $\sum c_n x^n$ 中以數值代 x,則可得收斂抑或發散的常數項級數。因而,產生了一個基本的問題,即,所予冪級數對何種 x 值收斂的問題。

本節的主要目的是在決定使冪級數收斂的所有 x 值。通常,我們利用比值檢驗法以求得 x 的值。

【例題1】 利用定理 7.9

冪級數 $\sum_{n=0}^{\infty} x^n = 1 + x + x^2 + x^3 + \cdots$ 為一幾何級數,其公比 $r=x$,因此,當 $|x|<1$ 時,此冪級數收斂。　▶▶

【例題2】 利用比值檢驗法

求所有 x 值使得冪級數 $\sum_{n=0}^{\infty} \dfrac{x^n}{n!}$ 絕對收斂。

【解】 令 $u_n = \dfrac{x^n}{n!}$,則

$$\lim_{n \to \infty} \left| \frac{u_{n+1}}{u_n} \right| = \lim_{n \to \infty} \left| \frac{x^{n+1}}{(n+1)!} \cdot \frac{n!}{x^n} \right| = \lim_{n \to \infty} \frac{|x|}{n+1} = 0 < 1$$

對所有實數 x 均成立。所以,所予冪級數對所有實數絕對收斂。　▶▶

【例題 3】 利用比值檢驗法

求所有 x 值使得冪級數 $\sum_{n=0}^{\infty} n!\, x^n$ 收斂.

【解】 令 $u_n = n!\, x^n$，若 $x \neq 0$，則

$$\lim_{n\to\infty} \left| \frac{u_{n+1}}{u_n} \right| = \lim_{n\to\infty} \left| \frac{(n+1)!\, x^{n+1}}{n!\, x^n} \right| = \lim_{n\to\infty} |(n+1)x| = \infty$$

因此，只有 $x = 0$ 才能使級數收斂.

由上面三個例子的結果，歸納出下面的定理.

定理 7.20

對冪級數 $\sum_{n=0}^{\infty} c_n x^n$ 而言，下列當中恰有一者成立：

(1) 級數僅對 $x = 0$ 收斂.
(2) 級數對所有 x 絕對收斂.
(3) 存在一正數 r，使得級數在 $|x| < r$ 時絕對收斂，而在 $|x| > r$ 時發散. 在 $x = -r$ 與 $x = r$，級數可能絕對收斂、條件收斂、或發散.

在情形 (3) 中，我們稱 r 為收斂半徑 (radius convergence)；在情形 (1) 中，級數僅對 $x = 0$ 收斂，我們定義收斂半徑為 $r = 0$；在情形 (2) 中，級數對所有 x 絕對收斂，我們定義收斂半徑為 $r = \infty$. 使得冪級數收斂的所有 x 值所構成的區間稱為收斂區間 (interval of convergence). 示於圖 7.1.

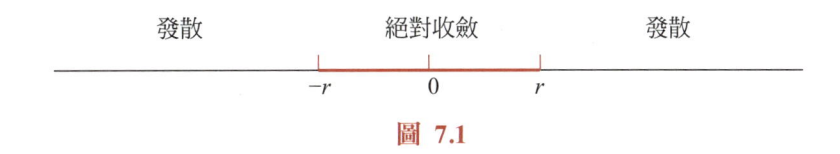

發散　　　絕對收斂　　　發散
$-r \quad\quad 0 \quad\quad r$

圖 7.1

【例題 4】 利用比值檢驗法

求冪級數 $\sum_{n=1}^{\infty} \dfrac{x^n}{\sqrt{n}}$ 的收斂區間.

【解】 令 $u_n = \dfrac{x^n}{\sqrt{n}}$，則

$$\lim_{n \to \infty} \left| \frac{u_{n+1}}{u_n} \right| = \lim_{n \to \infty} \left| \frac{x^{n+1}}{\sqrt{n+1}} \cdot \frac{\sqrt{n}}{x^n} \right|$$

$$= \lim_{n \to \infty} \left| \frac{\sqrt{n}}{\sqrt{n+1}} x \right| = \lim_{n \to \infty} \frac{\sqrt{n}}{\sqrt{n+1}} |x| = |x|$$

可知級數在 $|x| < 1$ 時絕對收斂. 令 $x = 1$, 代入可得 $\sum_{n=1}^{\infty} \frac{1}{\sqrt{n}}$, 此為發散的 p-級數 $\left(p = \frac{1}{2}\right)$. 令 $x = -1$, 代入可得 $\sum_{n=1}^{\infty} (-1)^n \frac{1}{\sqrt{n}}$, 此為收斂的交錯級數. 於是, 所予級數的收斂區間為 $[-1, 1)$. ▶▶

定理 7.21

對冪級數 $\sum_{n=0}^{\infty} c_n (x-a)^n$ 而言, 下列當中恰有一者成立:

(1) 級數僅對 $x = a$ 收斂.

(2) 級數對所有 x 絕對收斂.

(3) 存在一正數 r, 使得級數在 $|x-a| < r$ 時絕對收斂, 而在 $|x-a| > r$ 時發散. 在 $x = a - r$ 與 $x = a + r$, 級數可能絕對收斂、或條件收斂、或發散.

在情形 (3) 中, 我們稱 r 為收斂半徑; 在情形 (1) 中, 級數僅對 $x = a$ 收斂, 我們定義收斂半徑為 $r = 0$; 在情形 (2) 中, 級數對所有 x 絕對收斂, 我們定義收斂半徑分別為 $r = \infty$. 使得冪級數收斂的所有 x 值所構成的區間稱為收斂區間.

```
發散              絕對收斂              發散
─────────────┼──────────┼──────────┼─────────────
            a−r         a         a+r
```
圖 7.2

冪級數 $\sum_{n=0}^{\infty} c_n (x-a)^n$ 的收斂半徑一般可用比值檢驗法求得. 例如, 假設

$$\lim_{n \to \infty} \left| \frac{c_{n+1}}{c_n} \right| = L$$

則

$$\lim_{n \to \infty} \frac{|c_{n+1}(x-a)^{n+1}|}{|c_n(x-a)^n|} = L|x-a|$$

對 $|x-a|<\dfrac{1}{L}$,$\sum_{n=0}^{\infty}c_n(x-a)^n$ 絕對收斂.

對 $|x-a|>\dfrac{1}{L}$,$\sum_{n=0}^{\infty}c_n(x-a)^n$ 發散.

收斂半徑 $r=\dfrac{1}{L}=\lim\limits_{n\to\infty}\left|\dfrac{c_n}{c_{n+1}}\right|$. (7.1)

【例題 5】 利用公式 (7.1)

求冪級數 $\sum_{n=1}^{\infty}\dfrac{(x-5)^n}{n^2}$ 的收斂區間與收斂半徑.

【解】 收斂半徑為 $r=\lim\limits_{n\to\infty}\left|\dfrac{c_n}{c_{n+1}}\right|=\lim\limits_{n\to\infty}\dfrac{(n+1)^2}{n^2}=1$

若 $|x-5|<1$,即,$4<x<6$,則級數絕對收斂. 若 $x=4$,則原級數變成

$$\sum_{n=1}^{\infty}\dfrac{(-1)^n}{n^2}=-1+\dfrac{1}{2^2}-\dfrac{1}{3^2}+\dfrac{1}{4^2}-\cdots$$

此為收斂級數. 若 $x=6$,則原級數變成

$$\sum_{n=1}^{\infty}\dfrac{1}{n^2}=1+\dfrac{1}{2^2}+\dfrac{1}{3^2}+\dfrac{1}{4^2}+\cdots$$

此為收斂 p-級數 $(p=2)$. 於是,所予級數的收斂區間為 $[4,6]$.

冪級數可以用來定義一函數,其定義域為該級數的收斂區間. 明確地說,對收斂區間中每一 x,令

$$f(x)=\sum_{n=0}^{\infty}c_n(x-a)^n$$

若由此來定義函數 f,則稱 $\sum_{n=0}^{\infty}c_n(x-a)^n$ 為 $f(x)$ 的冪級數表示式 (power series representation).
例如,$\dfrac{1}{1-x}$ 的冪級數表示式為幾何級數 $1+x+x^2+\cdots$ $(-1<x<1)$,即,

$$\dfrac{1}{1-x}=1+x+x^2+\cdots,\quad |x|<1$$

函數 $f(x)$ 的冪級數表示式可以用來求得 $f'(x)$ 與 $\int f(x)\,dx$ 等的冪級數表示式.

下面定理告訴我們，對 $f(x)$ 的冪級數表示式逐項微分 (term-by-term differentiation) 或逐項積分 (term-by-term integration) 可以求得 $f'(x)$ 或 $\int f(x)\,dx$ 等的冪級數表示式.

○ 定理 7.22　冪級數的逐項微分與逐項積分

若冪級數 $\sum_{n=0}^{\infty} c_n(x-a)^n$ 有非零的收斂半徑 r，又對區間 $(a-r, a+r)$ 中每一 x 恆有 $f(x)=\sum_{n=0}^{\infty} c_n(x-a)^n$，則：

(1) 級數 $\sum_{n=0}^{\infty} \dfrac{d}{dx}[c_n(x-a)^n] = \sum_{n=1}^{\infty} nc_n(x-a)^{n-1}$ 的收斂半徑為 r，且對區間 $(a-r, a+r)$ 中所有 x 恆有

$$f'(x) = \sum_{n=1}^{\infty} nc_n(x-a)^{n-1}.$$

(2) 級數 $\sum_{n=0}^{\infty} \left[\int c_n(x-a)^n\,dx\right] = \sum_{n=0}^{\infty} \dfrac{c_n}{n+1}(x-a)^{n+1}$ 的收斂半徑為 r，且對區間 $(a-r, a+r)$ 中所有 x 恆有

$$\int f(x)\,dx = \sum_{n=0}^{\infty} \dfrac{c_n}{n+1}(x-a)^{n+1} + C.$$

(3) 對區間 $[a-r, a+r]$ 中所有 α 與 β，級數 $\sum_{n=0}^{\infty} \left[\int_{\alpha}^{\beta} c_n(x-a)^n\,dx\right]$ 絕對收斂且

$$\int_{\alpha}^{\beta} f(x)\,dx = \sum_{n=0}^{\infty} \left[\dfrac{c_n}{n+1}(x-a)^{n+1}\right]_{\alpha}^{\beta}.$$

註：定理 7.22 告訴我們，雖然冪級數微分或積分後的收斂半徑保持不變，但是這並不表示收斂區間仍然一樣；有可能原冪級數在某端點收斂，而微分後的冪級數在該端點發散．

【例題 6】　逐項微分

若 $f(x) = \sum_{n=1}^{\infty} \dfrac{x^n}{n}$，求 $f'(x)$ 的收斂區間．

【解】　由定理 7.22 知

$$f'(x) = \sum_{n=1}^{\infty} n \cdot \frac{x^{n-1}}{n} = \sum_{n=1}^{\infty} x^{n-1} = 1 + x + x^2 + x^3 + \cdots$$

$f'(x)$ 在 $x = \pm 1$ 發散，故其收斂區間為 $(-1, 1)$.

【例題 7】 逐項微分

求 $\ln(1+x)$ 的冪級數表示式.

【解】 因 $\dfrac{d}{dx}\ln(1+x) = \dfrac{1}{1+x} = \dfrac{1}{1-(-x)}$

$$= 1 + (-x) + (-x)^2 + (-x)^3 + (-x)^4 + \cdots \quad \text{(利用幾何級數)}$$

$$= 1 - x + x^2 - x^3 + x^4 - \cdots, \quad -1 < x < 1$$

故 $\ln(1+x) = \displaystyle\int (1 - x + x^2 - x^3 + x^4 - \cdots)\, dx$

$$= x - \frac{x^2}{2} + \frac{x^3}{3} - \frac{x^4}{4} + \frac{x^5}{5} - \cdots + C$$

以 $x = 0$ 代入上式可得 $C = 0$.

於是，$\ln(1+x) = x - \dfrac{x^2}{2} + \dfrac{x^3}{3} - \dfrac{x^4}{4} + \dfrac{x^5}{5} - \cdots, \quad -1 < x < 1$.

但此級數在 $x = 1$ 收斂到 $\ln(1+1) = \ln 2$，所以，

$$\ln(1+x) = x - \frac{x^2}{2} + \frac{x^3}{3} - \frac{x^4}{4} + \frac{x^5}{5} - \cdots, \quad -1 < x \le 1.$$

【例題 8】 逐項微分

求 $\tan^{-1} x$ 的冪級數表示式.

【解】 因 $\dfrac{d}{dx}\tan^{-1} x = \dfrac{1}{1+x^2} = \dfrac{1}{1-(-x^2)}$

$$= 1 - x^2 + x^4 - x^6 + x^8 - \cdots, \quad -1 < x < 1 \quad \text{(利用幾何級數)}$$

故 $\tan^{-1} x = \displaystyle\int (1 - x^2 + x^4 - x^6 + x^8 - \cdots)\, dx$

$$= x - \frac{x^3}{3} + \frac{x^5}{5} - \frac{x^7}{7} + \frac{x^9}{9} - \cdots + C$$

以 $x=0$ 代入上式可得 $C=0$.

於是，$\tan^{-1} x = x - \dfrac{x^3}{3} + \dfrac{x^5}{5} - \dfrac{x^7}{7} + \dfrac{x^9}{9} - \cdots$，$-1 < x < 1$.

但此級數在 $x=1$ 收斂到 $\tan^{-1} 1 = \dfrac{\pi}{4}$，而在 $x=-1$ 收斂到 $\tan^{-1}(-1) = -\dfrac{\pi}{4}$，所以，

$$\tan^{-1} x = x - \dfrac{x^3}{3} + \dfrac{x^5}{5} - \dfrac{x^7}{7} + \dfrac{x^9}{9} - \cdots, \quad -1 \leq x \leq 1.$$

習題 7.4

求 1～8 題中各冪級數的收斂區間.

1. $\displaystyle\sum_{n=1}^{\infty} nx^n$

2. $\displaystyle\sum_{n=1}^{\infty} (-1)^n \dfrac{x^n}{n(n+2)}$

3. $\displaystyle\sum_{n=0}^{\infty} (-1)^n \dfrac{x^n}{2^n}$

4. $\displaystyle\sum_{n=0}^{\infty} (-1)^n \dfrac{x^{2n}}{(2n)!}$

5. $\displaystyle\sum_{n=2}^{\infty} \dfrac{x^n}{\ln n}$

6. $\displaystyle\sum_{n=1}^{\infty} \dfrac{(x-1)^n}{n}$

7. $\displaystyle\sum_{n=0}^{\infty} \dfrac{(x+2)^n}{n!}$

8. $\displaystyle\sum_{n=0}^{\infty} \dfrac{(x-3)^n}{2^n}$

7.5 泰勒級數與麥克勞林級數

若函數 $f(x)$ 是由冪級數 $\displaystyle\sum_{n=0}^{\infty} c_n(x-a)^n$ 所表示，即，

$$f(x) = \sum_{n=0}^{\infty} c_n(x-a)^n, \quad |x-a| < r, \quad r > 0$$

則由定理 7.22(1) 知，f 的 n 階導函數在 $|x-a| < r$ 時存在. 於是，由連續微分可得

$$f'(x) = \sum_{n=1}^{\infty} nc_n(x-a)^{n-1} = c_1 + 2c_2(x-a) + 3c_3(x-a)^2 + \cdots$$

$$f''(x) = \sum_{n=2}^{\infty} n(n-1)c_n(x-a)^{n-2} = 2c_2 + 6c_3(x-a) + 12c_4(x-a)^2 + \cdots$$

$$f'''(x) = \sum_{n=3}^{\infty} n(n-1)(n-2)c_n(x-a)^{n-3} = 6c_3 + 24c_4(x-a) + \cdots$$

$$\vdots$$

對任何正整數 n,

$$f^{(n)}(x) = n!\, c_n + \text{含有因子 } (x-a) \text{ 之項的和}$$

現在，我們以 $x=a$ 代入上式可得

$$c_n = \frac{f^{(n)}(a)}{n!}, \quad n \geq 0$$

此即 $f(x)$ 的冪級數表示式之 n 次項的係數，於是，我們有下面的定理.

○ 定理 7.23

若
$$f(x) = \sum_{n=0}^{\infty} c_n(x-a)^n, \quad |x-a| < r$$

則其係數為
$$c_n = \frac{f^{(n)}(a)}{n!}$$

且
$$f(x) = \sum_{n=0}^{\infty} \frac{f^{(n)}(a)}{n!}(x-a)^n$$

$$= f(a) + f'(a)(x-a) + \frac{f''(a)}{2}(x-a)^2 + \frac{f'''(a)}{3!}(x-a)^3 + \cdots \tag{7.2}$$

此定理所得到的冪級數稱為 $f(x)$ 在 $x=a$ 處的**泰勒級數** (Taylor series). 若 $a=0$，則變成

$$f(x) = \sum_{n=0}^{\infty} \frac{f^{(n)}(0)}{n!} x^n \tag{7.3}$$

上式右邊的級數稱為**麥克勞林級數** (Maclaurin series).

【例題 1】 利用公式 (7.2)

求 $f(x) = \sin x$ 在 $x = \dfrac{\pi}{4}$ 處的泰勒級數.

【解】 $f(x)=\sin x,$ $\quad f\left(\dfrac{\pi}{4}\right)=\dfrac{\sqrt{2}}{2}$

$f'(x)=\cos x,$ $\quad f'\left(\dfrac{\pi}{4}\right)=\dfrac{\sqrt{2}}{2}$

$f''(x)=-\sin x,$ $\quad f''\left(\dfrac{\pi}{4}\right)=-\dfrac{\sqrt{2}}{2}$

$f'''(x)=-\cos x,$ $\quad f'''\left(\dfrac{\pi}{4}\right)=-\dfrac{\sqrt{2}}{2}$

$f^{(4)}(x)=\sin x,$ $\quad f^{(4)}\left(\dfrac{\pi}{4}\right)=\dfrac{\sqrt{2}}{2}$

$\vdots$ $\qquad\qquad\vdots$

故泰勒級數為

$$\dfrac{\sqrt{2}}{2}+\dfrac{\sqrt{2}}{2}\left(x-\dfrac{\pi}{4}\right)-\dfrac{\sqrt{2}}{2\cdot 2!}\left(x-\dfrac{\pi}{4}\right)^2-\dfrac{\sqrt{2}}{2\cdot 3!}\left(x-\dfrac{\pi}{4}\right)^3$$
$$+\dfrac{\sqrt{2}}{2\cdot 4!}\left(x-\dfrac{\pi}{4}\right)^4+\cdots.$$

【例題 2】 利用公式 (7.2)

求 $f(x)=\ln x$ 在 $x=1$ 處的泰勒級數.

【解】 對 $f(x)=\ln x$ 連續微分,可得

$f(x)=\ln x,$ $\qquad f(1)=0$

$f'(x)=\dfrac{1}{x},$ $\qquad f'(1)=1$

$f''(x)=-\dfrac{1}{x^2},$ $\qquad f''(1)=-1$

$f'''(x)=\dfrac{1\cdot 2}{x^3},$ $\qquad f'''(1)=2!$

$\vdots$

$f^{(n)}(x)=(-1)^{n-1}\dfrac{(n-1)!}{x^n},$ $\qquad f^{(n)}(1)=(-1)^{n-1}(n-1)!$

於是，泰勒級數為

$$(x-1) - \frac{1}{2}(x-1)^2 + \frac{1}{3}(x-1)^3 - \cdots + \frac{(-1)^{n-1}}{n}(x-1)^n + \cdots$$

$$= \sum_{n=1}^{\infty} \frac{(-1)^{n-1}}{n}(x-1)^n.$$

為了參考方便，我們在表 7.2 中列出一些重要函數的麥克勞林級數，並指出使級數收斂到該函數的區間.

表 7.2

麥克勞林級數	收斂區間
$\frac{1}{1-x} = \sum_{n=0}^{\infty} x^n = 1 + x + x^2 + x^3 + \cdots$	$(-1, 1)$
$e^x = \sum_{n=0}^{\infty} \frac{x^n}{n!} = 1 + x + \frac{x^2}{2!} + \frac{x^3}{3!} + \cdots$	$(-\infty, \infty)$
$\sin x = \sum_{n=0}^{\infty} (-1)^n \frac{x^{2n+1}}{(2n+1)!} = x - \frac{x^3}{3!} + \frac{x^5}{5!} - \frac{x^7}{7!} + \cdots$	$(-\infty, \infty)$
$\cos x = \sum_{n=0}^{\infty} (-1)^n \frac{x^{2n}}{(2n)!} = 1 - \frac{x^2}{2!} + \frac{x^4}{4!} - \frac{x^6}{6!} + \cdots$	$(-\infty, \infty)$
$\ln(1+x) = \sum_{n=0}^{\infty} (-1)^n \frac{x^{n+1}}{n+1} = x - \frac{x^2}{2} + \frac{x^3}{3} - \frac{x^4}{4} + \cdots$	$(-1, 1]$
$\tan^{-1} x = \sum_{n=0}^{\infty} (-1)^n \frac{x^{2n+1}}{2n+1} = x - \frac{x^3}{3} + \frac{x^5}{5} - \frac{x^7}{7} + \cdots$	$[-1, 1]$

【例題 3】 作代換

利用 $\frac{1}{1-x}$ 的麥克勞林級數求下列各函數的麥克勞林級數.

(1) $f(x) = \frac{1}{1-x^2}$ 　　(2) $f(x) = \frac{1}{1+x}$.

【解】 (1) $\frac{1}{1-x} = 1 + x + x^2 + x^3 + x^4 + \cdots, \quad -1 < x < 1$

以 x^2 代 x 可得

$$\frac{1}{1-x^2} = 1+x^2+(x^2)^2+(x^2)^3+(x^2)^4+\cdots$$
$$= 1+x^2+x^4+x^6+x^8+\cdots, \quad -1<x<1$$

(2) $\dfrac{1}{1-x} = 1+x+x^2+x^3+x^4+\cdots, \quad -1<x<1$

以 $-x$ 代 x 可得

$$\frac{1}{1+x} = \frac{1}{1-(-x)} = 1+(-x)+(-x)^2+(-x)^3+(-x)^4+\cdots$$
$$= 1-x+x^2-x^3+x^4-\cdots, \quad -1<x<1.$$

【例題 4】 利用 $\sin x$ 的麥克勞林級數

求下列各函數的麥克勞林級數.

(1) $f(x) = \dfrac{\sin x}{x}$　　(2) $f(x) = \sin 2x.$

【解】 利用

$$\sin x = x - \frac{x^3}{3!} + \frac{x^5}{5!} - \frac{x^7}{7!} + \frac{x^9}{9!} - \cdots, \quad -\infty<x<\infty$$

可得

(1) $\dfrac{\sin x}{x} = 1 - \dfrac{x^2}{3!} + \dfrac{x^4}{5!} - \dfrac{x^6}{7!} + \dfrac{x^8}{9!} - \cdots, \quad -\infty<x<\infty$

(2) $\sin 2x = 2x - \dfrac{(2x)^3}{3!} + \dfrac{(2x)^5}{5!} - \dfrac{(2x)^7}{7!} + \dfrac{(2x)^9}{9!} - \cdots$

$\qquad\quad = 2x - \dfrac{2^3}{3!}x^3 + \dfrac{2^5}{5!}x^5 - \dfrac{2^7}{7!}x^7 + \dfrac{2^9}{9!}x^9 - \cdots, \quad -\infty<x<\infty.$

【例題 5】 利用 $\sin x$ 的麥克勞林級數

計算

(1) $\displaystyle\lim_{x\to 0} \dfrac{\sin x}{x}$　　(2) $\displaystyle\int_0^1 \sin x^2 \, dx.$

【解】 (1) $\displaystyle\lim_{x\to 0} \dfrac{\sin x}{x} = \lim_{x\to 0}\left(1 - \dfrac{x^2}{3!} + \dfrac{x^4}{5!} - \dfrac{x^6}{7!} + \dfrac{x^8}{9!} - \cdots\right) = 1.$

(2) $\int_0^1 \sin x^2 \, dx = \int_0^1 \left(x^2 - \frac{x^6}{3!} + \frac{x^{10}}{5!} - \frac{x^{14}}{7!} + \frac{x^{18}}{9!} - \cdots \right) dx$

$= \left[\frac{x^3}{3} - \frac{x^7}{7 \cdot 3!} + \frac{x^{11}}{11 \cdot 5!} - \frac{x^{15}}{15 \cdot 7!} + \frac{x^{19}}{19 \cdot 9!} - \cdots \right]_0^1$

$= \frac{1}{3} - \frac{1}{7 \cdot 3!} + \frac{1}{11 \cdot 5!} - \frac{1}{15 \cdot 7!} + \frac{1}{19 \cdot 9!} - \cdots$

取此級數的前三項可得

$$\int_0^1 \frac{\sin x}{x} \, dx \approx \frac{1}{3} - \frac{1}{7 \cdot 3!} + \frac{1}{11 \cdot 5!} \approx 0.310.$$

【例題 6】 利用 $\cos x$ 的麥克勞林級數

求 $f(x) = \sin^2 x$ 的麥克勞林級數.

【解】 $\sin^2 x = \frac{1}{2} (1 - \cos 2x)$

$= \frac{1}{2} \left[1 - \left(1 - \frac{2^2}{2!} x^2 + \frac{2^4}{4!} x^4 - \frac{2^6}{6!} x^6 + \frac{2^8}{8!} x^8 - \cdots \right) \right]$

$= \frac{1}{2} \left(\frac{2^2}{2!} x^2 - \frac{2^4}{4!} x^4 + \frac{2^6}{6!} x^6 - \frac{2^8}{8!} x^8 + \cdots \right)$

$= \frac{2}{2!} x^2 - \frac{2^3}{4!} x^4 + \frac{2^5}{6!} x^6 - \frac{2^7}{8!} x^8 + \cdots, \quad -\infty < x < \infty.$

【例題 7】 利用表 7.2

(1) $e = 1 + 1 + \frac{1}{2!} + \frac{1}{3!} + \frac{1}{4!} + \cdots + \frac{1}{n!} + \cdots \approx 2.71828$

(2) $\ln 2 = \ln (1 + 1) = 1 - \frac{1}{2} + \frac{1}{3} - \frac{1}{4} + \frac{1}{5} - \cdots$

(3) $\frac{\pi}{4} = \tan^{-1} 1 = 1 - \frac{1}{3} + \frac{1}{5} - \frac{1}{7} + \frac{1}{9} - \cdots$

或 $\pi = 4 \left(1 - \frac{1}{3} + \frac{1}{5} - \frac{1}{7} + \frac{1}{9} - \cdots \right).$

習題 7.5

求 1～3 題中各函數的泰勒級數 (以 a 為中心).

1. $f(x) = \dfrac{1}{x+2}$; $a = 3$.

2. $f(x) = \sin x$; $a = \dfrac{\pi}{3}$.

3. $f(x) = e^{2x}$; $a = -1$.

4. 利用恆等式 $x = a + (x-a)$ 與 e^x 的麥克勞林級數，求 e^x 在 $x = a$ 的泰勒級數.

求 5～9 題中各函數的麥克勞林級數.

5. $f(x) = \dfrac{x^2}{1+3x}$

6. $f(x) = \dfrac{1}{3+x}$ $\left(\text{提示}：\dfrac{1}{3+x} = \dfrac{1}{3} \cdot \dfrac{1}{1-(-x/3)}\right)$

7. $f(x) = \sin x \cos x$ $\left(\text{提示}：\sin x \cos x = \dfrac{1}{2} \sin 2x\right)$

8. $f(x) = \cos^2 x$ $\left(\text{提示}：\cos^2 x = \dfrac{1}{2}(1 + \cos 2x)\right)$

9. $f(x) = xe^{-2x}$

利用麥克勞林級數 (取前三項) 求 10～11 題各積分的近似值.

10. $\displaystyle\int_0^{1/2} \dfrac{dx}{1+x^4}$

11. $\displaystyle\int_0^1 \cos\sqrt{x}\, dx$

8 偏微分

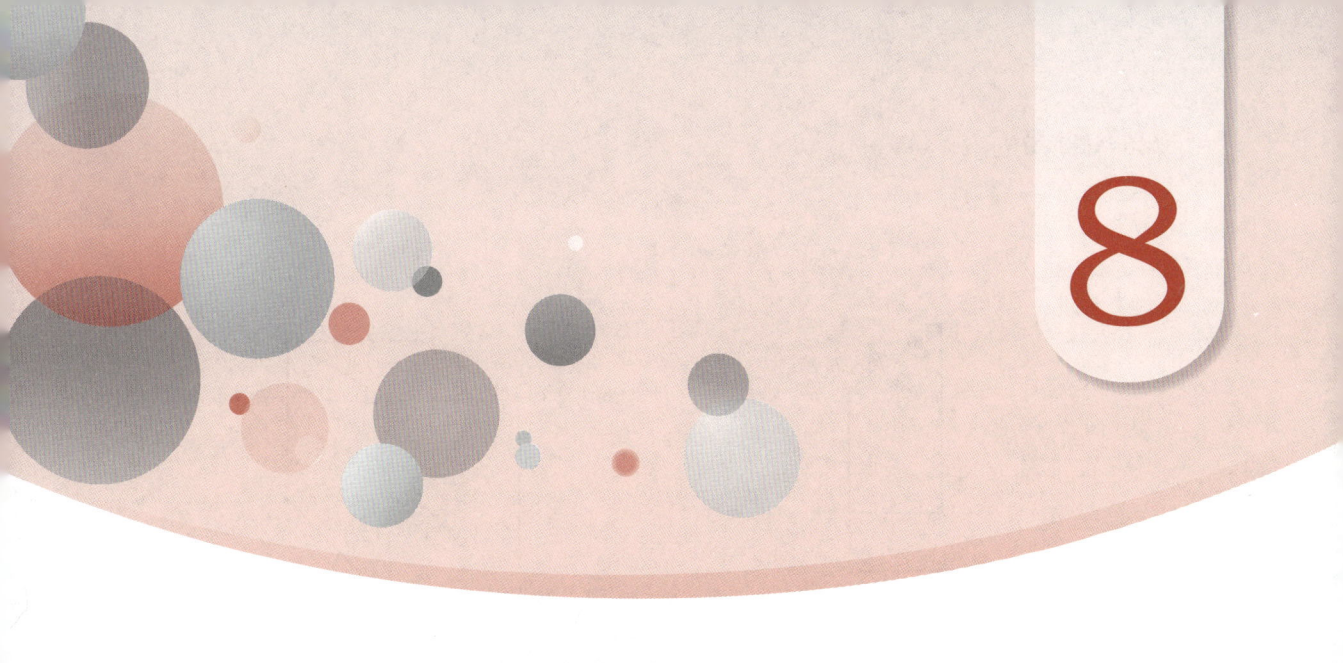

8.1 二變數函數的極限與連續

我們知道，在平面上，任何一點可用實數序對 (a, b) 表示，此處 a 為 x-坐標，b 為 y-坐標. 在三維空間中，我們將用有序三元組表出任意點.

首先，我們選取一個定點 O (稱為**原點**) 與三條互相垂直且通過 O 的有向直線 (稱為**坐標軸**)，標為 x-軸、y-軸與 z-軸，此三個坐標軸決定一個右手坐標系 (此為我們所使用者)，如圖 8.1 所示；它們也決定三個坐標平面，如圖 8.2 所示. xy-平面包含 x-軸與 y-軸，yz-平面包含 y-軸與 z-軸，而 xz-平面包含 x-軸與 z-軸；這三個平面將空

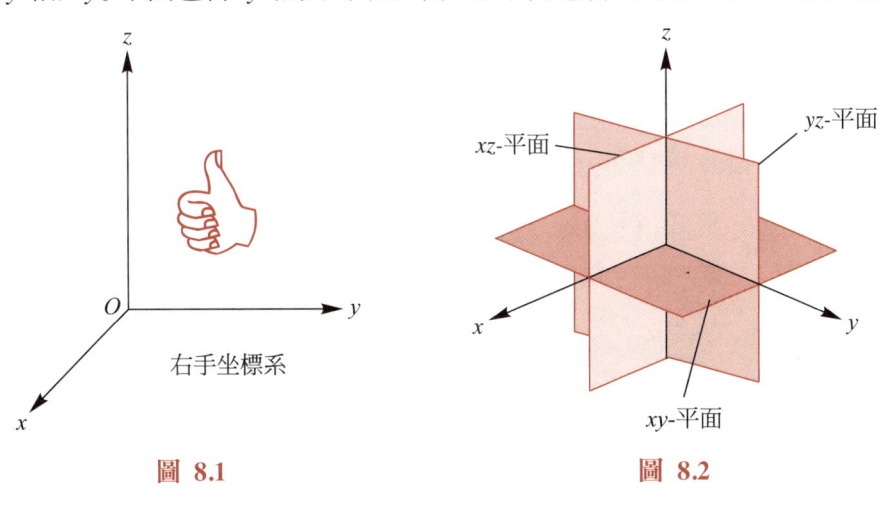

圖 8.1　　　　　　　　　　圖 8.2

圖 8.3　　　　　　　　　　　　圖 8.4

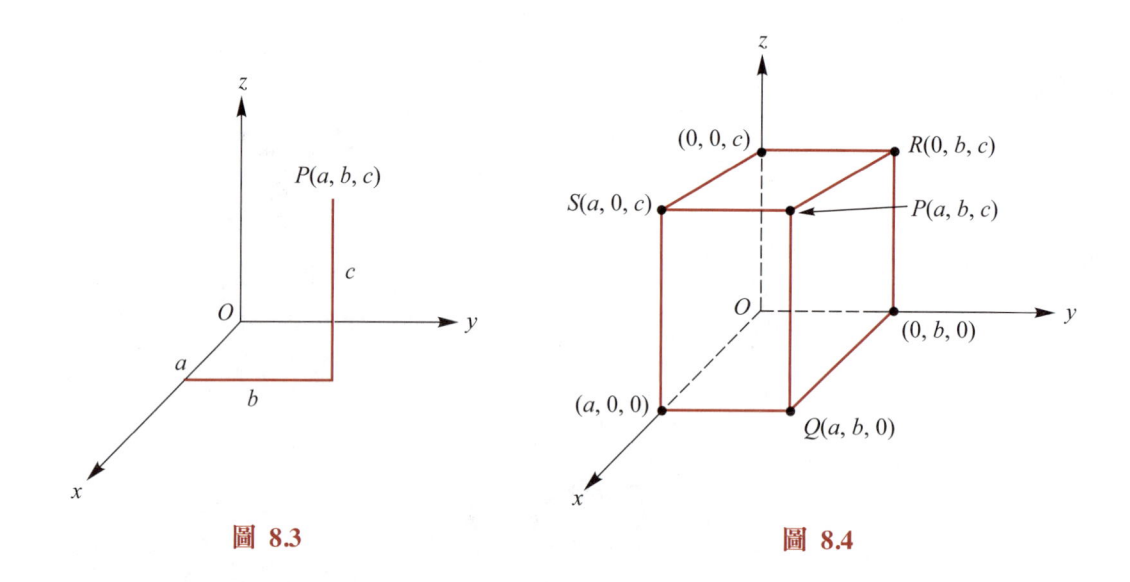

間分成八個部分，每一個部分稱為**卦限** (octant)。

　　若 P 為三維空間中任一點，令 a 為自 P 至 yz-平面的 (有向) 距離，b 為自 P 至 xz-平面的距離，c 為自 P 至 xy-平面的距離。我們用有序實數三元組表示點 P，稱 a、b 與 c 為 P 的**坐標**；a 為 **x-坐標**、b 為 **y-坐標**、c 為 **z-坐標**。因此，欲找出點 (a, b, c) 的位置，首先自原點 O 出發，沿 x-軸移動 a 單位，然後平行 y-軸移動 b 單位，再平行 z-軸移動 c 單位，如圖 8.3 所示。點 $P(a, b, c)$ 決定了一個矩形體框格，如圖 8.4 所示。若自 P 對 xy-平面作垂足，則得到 $Q(a, b, 0)$，稱為 P 在 xy-平面上的**投影** (projection)；同理，$R(0, b, c)$ 與 $S(a, 0, c)$ 分別為 P 在 yz-平面與 xz-平面上的投影。

　　所有有序實數三元組構成的集合是**笛卡兒積** (Cartesian product) $I\!R \times I\!R \times I\!R = \{(x, y, z) | x, y, z \in I\!R\}$，記為 $I\!R^3$，稱為**三維直角坐標系** (three-dimensional rectangular system)。在三維空間中的點與有序實數三元組作一一對應。

　　地球表面上某點處的溫度 T 與該點的經度 x 以及緯度 y 有關，我們可視 T 為二變數 x 與 y 的函數，寫成 $T = f(x, y)$。

　　正圓柱的體積 V 與它的底半徑 r 以及高度 h 有關。事實上，我們知道 $V = \pi r^2 h$，我們稱 V 為 r 與 h 的函數，寫成 $V(r, h) = \pi r^2 h$。

定義 8.1

二變數函數 (function of two variables) f 是由二維空間 $\mathbb{R}^2$ 的某集合 A 映到 $\mathbb{R}$ (可視為 z-軸) 中的某集合 B 的一種對應關係，其中對 A 中的每一元素 (x, y)，在 B 中僅有唯一的實數 z 與其對應，以符號

$$z = f(x, y)$$

表示之. 集合 A 稱為函數 f 的**定義域**，$f(A)$ 稱為 f 的**值域**.

圖 8.5 為二變數函數 $z = f(x, y)$ 的圖示.

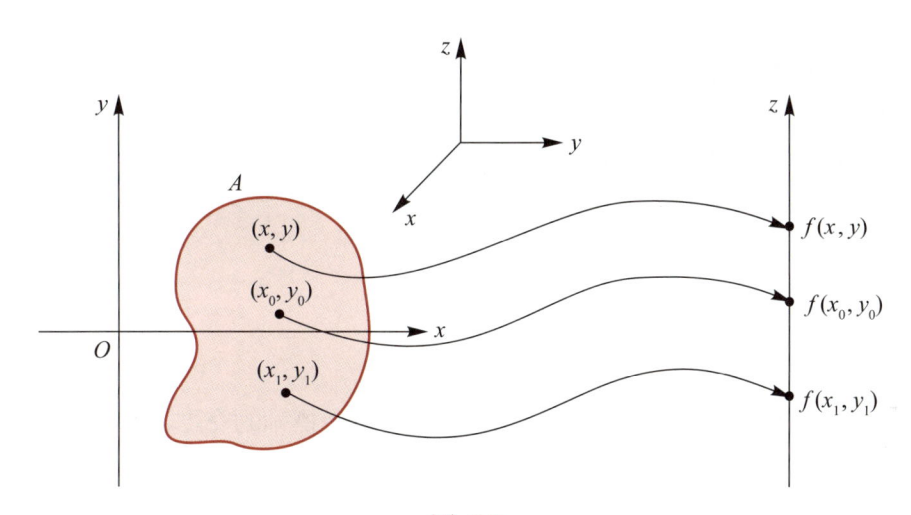

圖 8.5

【例題 1】 二變數函數

若一平面方程式為 $ax + by + cz = d$, $c \neq 0$，則

$$z = -\frac{a}{c}x - \frac{b}{c}y + \frac{d}{c} \text{ 或 } f(x, y) = -\frac{a}{c}x - \frac{b}{c}y + \frac{d}{c}$$

為一函數，其定義域為 $\mathbb{R}^2$.

【例題 2】 平方根號內必須非負

確定函數 $f(x, y) = \sqrt{9 - x^2 - y^2}$ 的定義域與值域，並計算 $f(2, 2)$.

【解】 欲使 $\sqrt{9 - x^2 - y^2}$ 的值有意義，必須是

$$9-x^2-y^2 \geq 0 \quad \text{或} \quad x^2+y^2 \leq 9$$

故 f 的定義域為 $\{(x, y) \mid x^2+y^2 \leq 9\}$，值域為 $[0, 3]$.

$$f(2, 2)=\sqrt{9-2^2-2^2}=1.$$

對於單變數函數 f 而言，$f(x)$ 的圖形定義為方程式 $y=f(x)$ 的圖形. 同理，若 f 為二變數函數，則我們定義 $f(x, y)$ 的圖形為 $z=f(x, y)$ 的圖形，它是三維空間中的曲面 (包括平面).

【例題 3】 平面圖形

作函數 $f(x, y)=1-x-\dfrac{1}{2}y$ 的圖形.

【解】 所予函數的圖形為方程式

$$z=1-x-\dfrac{1}{2}y$$

或

$$x+\dfrac{1}{2}y+z=1$$

的圖形，其為一平面. 描出該平面與各坐標軸的交點，並用線段將它們連接起來，可作出該平面的三角形部分的圖形，如圖 8.6 所示.

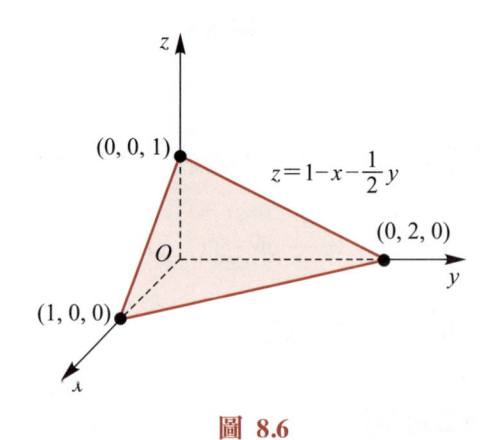

圖 8.6

【例題 4】 上半球面

作函數 $f(x, y)=\sqrt{9-x^2-y^2}$ 的圖形.

【解】　　所予函數的圖形為方程式

$$z=\sqrt{9-x^2-y^2}$$

的圖形，其為半徑 3 且球心在原點的上半球面，如圖 8.7 所示.

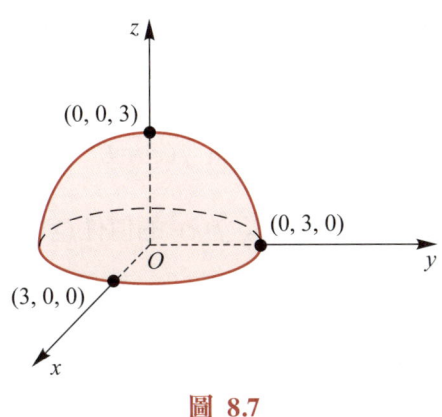

圖 8.7

　　二變數函數或三變數函數的四則運算的定義，比照單變數函數四則運算的定義. 例如，若 f 與 g 均為二變數 x 與 y 的函數，則 $f+g$、$f-g$ 與 fg 定義為：

1. $(f+g)(x, y)=f(x, y)+g(x, y)$
2. $(f-g)(x, y)=f(x, y)-g(x, y)$
3. $(fg)(x, y)=f(x, y)g(x, y)$
4. $(cf)(x, y)=cf(x, y)$，c 為常數.

　　$f+g$、$f-g$ 與 fg 等函數的定義域為 f 與 g 的交集，cf 的定義域為 f 的定義域.

5. $\left(\dfrac{f}{g}\right)(x, y)=\dfrac{f(x, y)}{g(x, y)}$

此商的定義域是由同時在 f 與 g 的定義域內使 $g(x, y) \neq 0$ 的有序數對所組成.

　　我們也可定義二變數函數的合成. 若 h 為二變數 x 與 y 的函數，g 為單變數函數，則合成函數 $(g \circ h)(x, y)$ 如下：

$$(g \circ h)(x, y)=g(h(x, y))$$

此合成函數的定義域是由在 h 的定義域內，並可使得 $h(x, y)$ 在 g 的定義域內的所有 (x, y) 組成.

【例題 5】 合成運算

設 $g(x, y) = x + 2y$ 且 $f(x) = \sqrt{x}$，求 $(f \circ g)(x, y)$.

【解】 $(f \circ g)(x, y) = f(g(x, y)) = f(x+2y) = \sqrt{x+2y}$.

二變數函數的極限與連續，可由單變數函數的極限與連續觀念推廣而得．對單變數函數 f 而言，敘述

$$\lim_{x \to a} f(x) = L$$

意指"當 x 充分靠近 (但異於) a 時，$f(x)$ 的值任意地靠近 L."同理，對二變數函數 f 而言，直觀的定義如下：

定義 8.2　直觀的定義

當點 (x, y) 趨近點 (a, b) 時，$f(x, y)$ 的極限為 L，記為

$$\lim_{(x, y) \to (a, b)} f(x, y) = L$$

其意義為："當點 (x, y) 充分靠近 (但異於) 點 (a, b) 時，$f(x, y)$ 的值任意地靠近 L."

單變數函數的一些極限性質可推廣到二變數函數．

定理 8.1　唯一性

若 $\lim_{(x, y) \to (a, b)} f(x, y) = L_1$ 且 $\lim_{(x, y) \to (a, b)} f(x, y) = L_2$，則 $L_1 = L_2$.

定理 8.2

若 $\lim_{(x, y) \to (a, b)} f(x, y) = L$，$\lim_{(x, y) \to (a, b)} g(x, y) = M$，此處 L 與 M 均為實數，則

(1) $\lim_{(x, y) \to (a, b)} [c f(x, y)] = c \lim_{(x, y) \to (a, b)} f(x, y) = cL$ (c 為常數)

(2) $\lim_{(x, y) \to (a, b)} [f(x, y) \pm g(x, y)] = \lim_{(x, y) \to (a, b)} f(x, y) \pm \lim_{(x, y) \to (a, b)} g(x, y) = L \pm M$

(3) $\lim_{(x,y)\to(a,b)} [f(x,y)g(x,y)] = [\lim_{(x,y)\to(a,b)} f(x,y)][\lim_{(x,y)\to(a,b)} g(x,y)] = LM$

(4) $\lim_{(x,y)\to(a,b)} \dfrac{f(x,y)}{g(x,y)} = \dfrac{\lim_{(x,y)\to(a,b)} f(x,y)}{\lim_{(x,y)\to(a,b)} g(x,y)} = \dfrac{L}{M},\ M \neq 0$

(5) $\lim_{(x,y)\to(a,b)} [f(x,y)]^{m/n} = [\lim_{(x,y)\to(a,b)} f(x,y)]^{m/n} = L^{m/n}$ (m 與 n 均為整數)，倘若 $L^{m/n}$ 為實數.

如同單變數函數，定理 8.2 的 (2) 與 (3) 可推廣到有限個函數，即，

- 和的極限為各極限的和；
- 積的極限為各極限的積.

像單變數一樣，我們可得到

$$\lim_{(x,y)\to(a,b)} c = c\ (c\ 為常數)$$

$$\lim_{(x,y)\to(a,b)} x = a$$

$$\lim_{(x,y)\to(a,b)} y = b$$

【例題 6】 利用定理 8.2 及上述結果

$$\lim_{(x,y)\to(1,3)} (5x^3y^2 - 2) = \lim_{(x,y)\to(1,3)} 5x^3y^2 - \lim_{(x,y)\to(1,3)} 2$$

$$= 5(\lim_{(x,y)\to(1,3)} x)^3 (\lim_{(x,y)\to(1,3)} y)^2 - 2$$

$$= 5(1^3)(3^2) - 2 = 43.$$

讀者可以回憶，在單變數函數的情形，$f(x)$ 在 $x = a$ 處的極限存在，若且唯若 $\lim_{x\to a^-} f(x) = \lim_{x\to a^+} f(x) = L$. 但有關二變數函數的極限情況，就比較複雜，因為點 (x,y) 趨近點 (a,b) 就不像單一變數 x 趨近 a 那麼容易. 事實上，在 xy-平面上，點 (x,y) 能沿著無窮多的不同曲線趨近點 (a,b)，如圖 8.8 所示.

如果在坐標平面上，點 (x,y) 沿著無數條不同曲線 [稱為路徑 (path)]. 趨近點 (a,b) 時，所求得 $f(x,y)$ 極限值皆為 L，我們稱極限存在且

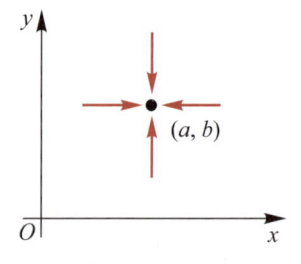

(i) 沿著通過點 (a, b) 的水平與垂直線

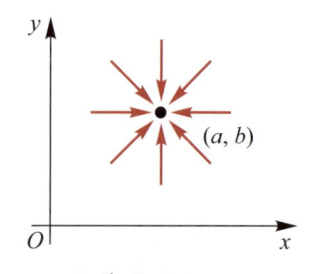

(ii) 沿著通過點 (a, b) 的每條直線

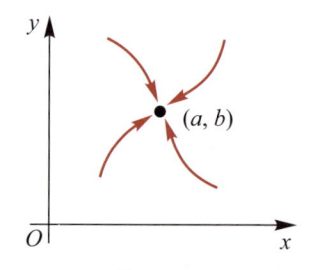

(iii) 沿著通過點 (a, b) 的每條曲線

圖 8.8

$$\lim_{(x,y)\to(a,b)} f(x, y) = L$$

反之，若點 (x, y) 沿著兩條以上不同的路徑趨近點 (a, b)，所得的極限值不同，則 $\lim_{(x,y)\to(a,b)} f(x, y)$ 不存在.

【例題 7】 取不同的路徑

試證：$\lim_{(x,y)\to(0,0)} \dfrac{x-y}{x+y}$ 不存在.

【證】 若點 (x, y) 沿著 x-軸趨近點 $(0, 0)$，則

$$\lim_{(x,y)\to(0,0)} \frac{x-y}{x+y} = \lim_{x\to 0} \frac{x-0}{x+0} = 1$$

若點 (x, y) 沿著 y-軸趨近點 $(0, 0)$，則

$$\lim_{(x,y)\to(0,0)} \frac{x-y}{x+y} = \lim_{y\to 0} \frac{0-y}{0+y} = -1 \neq 1$$

故 $\lim_{(x,y)\to(0,0)} \dfrac{x-y}{x+y}$ 不存在.

註：沿著特定曲線（含直線）計算極限以說明極限 $\lim_{(x,y)\to(a,b)} f(x, y)$ 不存在，是一個很有用的技巧，因為僅需要沿著兩條不同的曲線所求出的極限不相等即可.

【例題 8】 取不同的路徑

若 $f(x, y) = \dfrac{xy}{x^2+y^2}$，則 $\lim_{(x,y)\to(0,0)} f(x, y)$ 是否存在？

【解】　若點 (x, y) 沿著直線 $y=x$ 趨近點 $(0, 0)$，則

$$\lim_{(x,y)\to(0,0)} \frac{xy}{x^2+y^2} = \lim_{x\to 0} \frac{x^2}{x^2+x^2} = \frac{1}{2}$$

若點 (x, y) 沿著直線 $y=-x$ 趨近點 $(0, 0)$，則

$$\lim_{(x,y)\to(0,0)} \frac{xy}{x^2+y^2} = \lim_{x\to 0} \frac{-x^2}{x^2+x^2} = -\frac{1}{2}$$

故 $\lim_{(x,y)\to(0,0)} f(x, y)$ 不存在.

二變數函數的連續性定義與單變數函數的連續性定義是類似的.

◯ 定義 8.3

若二變數函數 f 滿足下列條件：

(i) $f(a, b)$ 有定義，

(ii) $\lim_{(x,y)\to(a,b)} f(x, y)$ 存在，

(iii) $\lim_{(x,y)\to(a,b)} f(x, y) = f(a, b)$，

則稱 f 在點 (a, b) 為連續.

若二變數函數在區域 R 的每一點為連續，則稱該函數在區域 R 為連續.

正如單變數函數一樣，連續的二變數函數的和、差與積也是連續，而連續函數的商是連續，其中分母為零除外.

若 $z=f(x, y)$ 為 x 與 y 的連續函數，且 $w=g(z)$ 為 z 的連續函數，則合成函數 $w=g(f(x, y))=h(x, y)(h=g\circ f)$ 為連續.

【例題 9】　**確定定義域**

討論 $f(x, y)=\ln(x-y-3)$ 的連續性.

【解】　由自然對數函數的定義域得知，必須 $x-y-3>0$，即，

$$x-y>3$$

因自然對數函數在其定義域內處處均為連續，故知 f 在 $\{(x, y)|x-y>3\}$

為連續.

二變數的多項式函數是由形如 $cx^m y^n$ (c 為常數，m 與 n 均為非負整數) 的項相加而得，二變數的有理函數是兩個二變數的多項式函數之商. 例如，

$$f(x, y) = x^3 + 2x^2 y - xy^2 + y + 6$$

為多項式函數，而

$$g(x, y) = \frac{3xy + 2}{x^2 + y^2}$$

為有理函數. 又，所有二變數的多項式函數在 $I\!R^2$ 為連續，二變數的有理函數在其定義域為連續.

【例題 10】 直接代入

計算 $\lim_{(x, y) \to (1, 2)} (x^2 y^2 + xy^2 + 3x - y)$.

【解】 因 $f(x, y) = x^2 y^2 + xy^2 + 3x - y$ 為處處連續，故直接代換可求得

$$\lim_{(x, y) \to (1, 2)} (x^2 y^2 + xy^2 + 3x - y) = (1^2)(2^2) + (1)(2^2) + (3)(1) - 2 = 9.$$

【例題 11】 直接代入

計算 $\lim_{(x, y) \to (-1, 2)} \frac{xy}{x^2 + y^2}$.

【解】 因 $f(x, y) = \frac{xy}{x^2 + y^2}$ 在點 $(-1, 2)$ 為連續 (何故？)，故

$$\lim_{(x, y) \to (-1, 2)} \frac{xy}{x^2 + y^2} = \frac{(-1)(2)}{(-1)^2 + 2^2} = -\frac{2}{5}.$$

【例題 12】 作代換

求 $\lim_{(x, y) \to (0, 0)} \frac{\sin(x^2 + y^2)}{x^2 + y^2}$.

【解】 令 $z = x^2 + y^2$，則 $\lim_{(x, y) \to (0, 0)} \frac{\sin(x^2 + y^2)}{x^2 + y^2} = \lim_{z \to 0^+} \frac{\sin z}{z} = 1.$

習題 8.1

確定 1～6 題中各函數的定義域，並計算 $f\left(0, \dfrac{1}{2}\right)$.

1. $f(x, y) = \sqrt{x+y}$

2. $f(x, y) = \sqrt{x} + \sqrt{y}$

3. $f(x, y) = \dfrac{xy}{2x-y}$

4. $f(x, y) = \sqrt{1+x} - e^{x/y}$

5. $f(x, y) = \ln(1-x^2-y^2)$

6. $f(x, y) = \dfrac{\sqrt{1-x^2-y^2}}{y}$

7. 若 $g(x, y) = \sqrt{x^2+2y^2}$ 且 $f(x) = x^2$，求 $(f \circ g)(x, y)$.

在 8～13 題中的極限是否存在？若存在，則求其極限值.

8. $\lim\limits_{(x,y) \to (1,1)} \dfrac{x^3-y^3}{x^2-y^2}$

9. $\lim\limits_{(x,y) \to (-1,2)} \dfrac{x+y^3}{(x-y+1)^2}$

10. $\lim\limits_{(x,y) \to (4,-2)} x\sqrt[3]{2x+y^3}$

11. $\lim\limits_{(x,y) \to (0,0)} \dfrac{\tan(x^2+y^2)}{x^2+y^2}$

12. $\lim\limits_{(x,y) \to (0,0)} \dfrac{x-y}{x^2+y^2}$

13. $\lim\limits_{(x,y) \to (0,0)} \dfrac{e^y \sin x}{x}$

討論 14～15 題中各函數的連續性.

14. $f(x, y) = \ln(x+y-1)$

15. $f(x, y) = \dfrac{1}{\sqrt{2-x^2-y^2}}$

8.2 偏導函數

單變數函數 $y = f(x)$ 的導函數定義為

$$\dfrac{dy}{dx} = f'(x) = \lim_{h \to 0} \dfrac{f(x+h)-f(x)}{h}$$

可解釋為 y 對 x 的瞬時變化率.

在本節中，我們首先研究二變數函數的偏導函數 (partial derivative).

◯ 定義 8.4

若 $f(x, y)$ 為二變數函數，則 f 對 x 的偏導函數 f_x 與 f 對 y 的偏導函數 f_y，分別定義如下：

$$f_x(x, y) = \lim_{h \to 0} \frac{f(x+h, y) - f(x, y)}{h} \quad \text{(視 } y \text{ 為常數)}$$

$$f_y(x, y) = \lim_{h \to 0} \frac{f(x, y+h) - f(x, y)}{h} \quad \text{(視 } x \text{ 為常數)}$$

倘若極限存在.

欲求 $f_x(x, y)$，我們視 y 為常數而依一般的方法，將 $f(x, y)$ 對 x 微分；同理，欲求 $f_y(x, y)$，可視 x 為常數而將 $f(x, y)$ 對 y 微分. 求偏導函數的過程稱為**偏微分** (partial differentiation).

其他偏導函數的記號為：

$$f_x = \frac{\partial f}{\partial x}$$

$$f_y = \frac{\partial f}{\partial y}$$

若 $z = f(x, y)$，則寫成：

$$f_x(x, y) = \frac{\partial}{\partial x} f(x, y) = \frac{\partial z}{\partial x} = z_x$$

$$f_y(x, y) = \frac{\partial}{\partial y} f(x, y) = \frac{\partial z}{\partial y} = z_y$$

而偏導數 $f_x(x_0, y_0)$ 可記為 $\left. \dfrac{\partial f}{\partial x} \right|_{x=x_0, y=y_0}$ 或 $\left. \dfrac{\partial f}{\partial x} \right|_{(x_0, y_0)}$.

◯ 定理 8.3

已知 $u = u(x, y)$，$v = v(x, y)$，若 u 與 v 的偏導函數均存在，r 為實數，則

(1) $\dfrac{\partial}{\partial x}(u \pm v) = \dfrac{\partial u}{\partial x} \pm \dfrac{\partial v}{\partial x}$　　$\dfrac{\partial}{\partial y}(u \pm v) = \dfrac{\partial u}{\partial y} \pm \dfrac{\partial v}{\partial y}$　　[加 (減) 法法則]

(2) $\dfrac{\partial}{\partial x}(cu)=c\dfrac{\partial u}{\partial x}$ $\qquad$ $\dfrac{\partial}{\partial y}(cu)=c\dfrac{\partial u}{\partial y}$ (c 為常數) (常數倍法則)

(3) $\dfrac{\partial}{\partial x}(uv)=u\dfrac{\partial v}{\partial x}+v\dfrac{\partial u}{\partial x}$ $\qquad$ $\dfrac{\partial}{\partial y}(uv)=u\dfrac{\partial v}{\partial y}+v\dfrac{\partial u}{\partial y}$ (乘法法則)

(4) $\dfrac{\partial}{\partial x}\left(\dfrac{u}{v}\right)=\dfrac{v\dfrac{\partial u}{\partial x}-u\dfrac{\partial v}{\partial x}}{v^2}$ $\qquad$ $\dfrac{\partial}{\partial y}\left(\dfrac{u}{v}\right)=\dfrac{v\dfrac{\partial u}{\partial y}-u\dfrac{\partial v}{\partial y}}{v^2}$ (除法法則)

(5) $\dfrac{\partial}{\partial x}(u^r)=ru^{r-1}\dfrac{\partial u}{\partial x}$ $\qquad$ $\dfrac{\partial}{\partial y}(u^r)=ru^{r-1}\dfrac{\partial u}{\partial y}$ (冪法則)

【例題1】 利用定理 8.3

已知函數 $f(x, y)=x^2-xy^2+y^3$，求 $f_x(1, 3)$ 與 $f_y(1, 3)$．

【解】
$$\dfrac{\partial f}{\partial x}=\dfrac{\partial}{\partial x}(x^2-xy^2+y^3)=2x-y^2 \quad \text{(視 } y \text{ 為常數，對 } x \text{ 微分)}$$

$$\dfrac{\partial f}{\partial y}=\dfrac{\partial}{\partial y}(x^2-xy^2+y^3)=-2xy+3y^2 \quad \text{(視 } x \text{ 為常數，對 } y \text{ 微分)}$$

$$f_x(1, 3)=\dfrac{\partial f}{\partial x}\bigg|_{(1, 3)}=2-9=-7$$

$$f_y(1, 3)=\dfrac{\partial f}{\partial y}\bigg|_{(1, 3)}=-6+27=21.$$

【例題2】 利用定理 8.3

若 $z=x^2\sin(xy^2)$，求 $\dfrac{\partial z}{\partial x}$ 與 $\dfrac{\partial z}{\partial y}$．

【解】
$$\dfrac{\partial z}{\partial x}=\dfrac{\partial}{\partial x}[x^2\sin(xy^2)]=x^2\dfrac{\partial}{\partial x}\sin(xy^2)+\sin(xy^2)\dfrac{\partial}{\partial x}(x^2)$$
$$=x^2\cos(xy^2)y^2+\sin(xy^2)(2x)$$
$$=x^2y^2\cos(xy^2)+2x\sin(xy^2)$$

$$\dfrac{\partial z}{\partial y}=\dfrac{\partial}{\partial y}[x^2\sin(xy^2)]=x^2\dfrac{\partial}{\partial y}\sin(xy^2)+\sin(xy^2)\dfrac{\partial}{\partial y}(x^2)$$

$$= x^2 \cos(xy^2)(2xy) + \sin(xy^2) \cdot 0$$
$$= 2x^3 y \cos(xy^2).$$

【例題 3】 利用偏微分

根據理想氣體定律，氣體的壓力 P、絕對溫度 T 與體積 V 的關係為 $P = \dfrac{kT}{V}$。假設對於某氣體，$k = 10$。

(1) 若溫度為 $80°K$ 且體積保持固定在 50 立方吋，求壓力（磅／平方吋）對溫度的變化率。

(2) 若體積為 50 立方吋且溫度保持固定在 $80°K$，求體積對壓力的變化率。

【解】

(1) 依題意，$P = \dfrac{10T}{V}$，可得 $\dfrac{\partial P}{\partial T} = \dfrac{10}{V}$，

故 $\left.\dfrac{\partial P}{\partial T}\right|_{T=80,\ V=50} = \dfrac{10}{50} = \dfrac{1}{5}$.

(2) 依題意，$V = \dfrac{10T}{P}$，可得 $\dfrac{\partial V}{\partial P} = -\dfrac{10T}{P^2}$.

當 $V = 50$ 且 $T = 80$ 時，$P = \dfrac{800}{50} = 16$，

因此，$\left.\dfrac{\partial V}{\partial P}\right|_{T=80,\ P=16} = -\dfrac{800}{256} = -\dfrac{25}{8}$.

由於一階偏導函數 f_x 與 f_y 皆為 x 與 y 的函數，所以，可以再對 x 或 y 微分。f_x 與 f_y 的偏導函數稱為 f 的**二階偏導函數** (second partial derivative)，如下所示：

$$(f_x)_x = f_{xx} = \frac{\partial f_x}{\partial x} = \frac{\partial}{\partial x}\left(\frac{\partial f}{\partial x}\right) = \frac{\partial^2 f}{\partial x^2}$$

$$(f_x)_y = f_{xy} = \frac{\partial f_x}{\partial y} = \frac{\partial}{\partial y}\left(\frac{\partial f}{\partial x}\right) = \frac{\partial^2 f}{\partial y\, \partial x}$$

$$(f_y)_x = f_{yx} = \frac{\partial f_y}{\partial x} = \frac{\partial}{\partial x}\left(\frac{\partial f}{\partial y}\right) = \frac{\partial^2 f}{\partial x\, \partial y}$$

$$(f_y)_y = f_{yy} = \frac{\partial f_y}{\partial y} = \frac{\partial}{\partial y}\left(\frac{\partial f}{\partial y}\right) = \frac{\partial^2 f}{\partial y^2}$$

讀者應注意，在 f_{xy} 中的 x 與 y 的順序是先對 x 作偏微分，再對 y 作偏微分. 但在 $\dfrac{\partial^2 f}{\partial x \, \partial y}$ 中，是先對 y 作偏微分，再對 x 作偏微分.

【例題 4】 偏微分二次

求 $f(x, y) = xy^2 + x^3 y$ 的二階偏導函數.

【解】
$$\frac{\partial f}{\partial x} = y^2 + 3x^2 y, \quad \frac{\partial f}{\partial y} = 2xy + x^3$$

$$\frac{\partial^2 f}{\partial x^2} = \frac{\partial}{\partial x}\left(\frac{\partial f}{\partial x}\right) = \frac{\partial}{\partial x}(y^2 + 3x^2 y) = 6xy$$

$$\frac{\partial^2 f}{\partial y^2} = \frac{\partial}{\partial y}\left(\frac{\partial f}{\partial y}\right) = \frac{\partial}{\partial y}(2xy + x^3) = 2x$$

$$\frac{\partial^2 f}{\partial x \, \partial y} = \frac{\partial}{\partial x}\left(\frac{\partial f}{\partial y}\right) = \frac{\partial}{\partial x}(2xy + x^3) = 2y + 3x^2$$

$$\frac{\partial^2 f}{\partial y \, \partial x} = \frac{\partial}{\partial y}\left(\frac{\partial f}{\partial x}\right) = \frac{\partial}{\partial y}(y^2 + 3x^2 y) = 2y + 3x^2.$$

下面定理給出函數的<u>混合二階偏導函數</u> (mixed second partial derivative) 相等的充分條件.

○ 定理 8.4

設 f 為二變數 x 與 y 的函數，若 f、f_x、f_y、f_{xy} 與 f_{yx} 在開區域 R 皆為連續，則對 R 中每一點 (x, y)，$f_{xy}(x, y) = f_{yx}(x, y)$.

有關三階或更高階的偏導函數可仿照二階的情形，依此類推. 例如：

$$f_{xxx} = \frac{\partial}{\partial x}\left(\frac{\partial^2 f}{\partial x^2}\right) = \frac{\partial^3 f}{\partial x^3}, \qquad f_{xxy} = \frac{\partial}{\partial y}\left(\frac{\partial^2 f}{\partial x^2}\right) = \frac{\partial^3 f}{\partial y \, \partial x^2},$$

$$f_{xyy} = \frac{\partial}{\partial y}\left(\frac{\partial^2 f}{\partial y \, \partial x}\right) = \frac{\partial^3 f}{\partial y^2 \, \partial x}, \qquad f_{yyy} = \frac{\partial}{\partial y}\left(\frac{\partial^2 f}{\partial y^2}\right) = \frac{\partial^3 f}{\partial y^3}.$$

【例題 5】 偏微分三次

若 $f(x, y) = x \ln y + ye^x$，求 f_{xxy} 與 f_{yyx}。

【解】
$$f_x = \frac{\partial}{\partial x}(x \ln y + ye^x) = \ln y + ye^x$$

$$f_{xx} = \frac{\partial}{\partial x}(\ln y + ye^x) = ye^x$$

$$f_{xxy} = \frac{\partial}{\partial y}(ye^x) = e^x$$

$$f_y = \frac{\partial}{\partial y}(x \ln y + ye^x) = \frac{x}{y} + e^x$$

$$f_{yy} = \frac{\partial}{\partial y}\left(\frac{x}{y} + e^x\right) = -\frac{x}{y^2}$$

$$f_{yyx} = \frac{\partial}{\partial x}\left(-\frac{x}{y^2}\right) = -\frac{1}{y^2}.$$

習題 8.2

在 1~4 題中求 $f_x(1, -1)$ 與 $f_y(-1, 1)$。

1. $f(x, y) = \sqrt{3x^2 + y^2}$
2. $f(x, y) = \dfrac{x+y}{x-y}$
3. $f(x, y) = \sin(\pi x^5 y^4)$
4. $f(x, y) = x^2 y e^{xy}$

在 5~8 題中求 f_{xx}、f_{xy}、f_{yx} 與 f_{yy}。

5. $f(x, y) = 3x^2 - 6y^4 + y^5 + 2$
6. $f(x, y) = \sqrt{x^2 + y^2}$
7. $f(x, y) = e^y \cos x$
8. $f(x, y) = \ln(5x - 4y)$
9. 若 $f(x, y) = \sin(xy) + xe^y$，求 $f_{xy}(0, 3)$ 與 $f_{yy}(2, 0)$。
10. 已知 $z = (2x - 3y)^5$，求 $\dfrac{\partial^3 z}{\partial y \partial x \partial y}$、$\dfrac{\partial^3 z}{\partial y^2 \partial x}$ 與 $\dfrac{\partial^3 z}{\partial x^2 \partial y}$。
11. 已知 $f(x, y) = y^3 e^{-3x}$，求 $f_{xyy}(0, 1)$、$f_{xyx}(0, 1)$ 與 $f_{yyy}(0, 1)$。

12. 電阻分別為 R_1 歐姆與 R_2 歐姆的兩個電阻器並聯後的總電阻為 R（以歐姆計），其關係如下：

$$\frac{1}{R} = \frac{1}{R_1} + \frac{1}{R_2}$$

若 $R_1 = 10$ 歐姆，$R_2 = 15$ 歐姆，求 R 對 R_2 的變化率。

13. 在絕對溫度 T、壓力 P 與體積 V 的情況下，理想氣體定律為：$PV = nRT$，此處 n 是氣體的莫耳數，R 是氣體常數，試證：$\dfrac{\partial P}{\partial V} \dfrac{\partial V}{\partial T} \dfrac{\partial T}{\partial P} = -1$。

14. 電阻分別為 R_1 與 R_2 的兩個電阻器並聯後的總電阻 R（以歐姆計）為 $R = \dfrac{R_1 R_2}{R_1 + R_2}$，試證：$\left(\dfrac{\partial^2 R}{\partial R_1^2}\right)\left(\dfrac{\partial^2 R}{\partial R_2^2}\right) = \dfrac{4R^2}{(R_1 + R_2)^4}$。

15. 試證下列函數滿足

$$\frac{\partial^2 f}{\partial x^2} + \frac{\partial^2 f}{\partial y^2} = 0 \quad [\text{此方程式稱為拉普拉斯方程式（Laplace equation）}]$$

(1) $f(x, y) = e^x \sin y + e^y \cos x$ (2) $f(x, y) = \tan^{-1} \dfrac{y}{x}$

● 8.3 全微分

考慮二變數函數 $z = f(x, y)$，若 x 與 y 分別具有增量 Δx 與 Δy，則 z 的增量為：

$$\Delta z = f(x + \Delta x, y + \Delta y) - f(x, y). \tag{8.1}$$

【例題 1】 利用公式 (8.1)

已知 $z = f(x, y) = x^2 - xy$，若 (x, y) 自 $(1, 1)$ 變化至 $(1.5, 0.6)$，求 Δz。

【解】 $\Delta z = f(x + \Delta x, y + \Delta y) - f(x, y)$

$= (x + \Delta x)^2 - (x + \Delta x)(y + \Delta y) - x^2 + xy$

$= (2x - y)\Delta x - x(\Delta y) + (\Delta x)^2 - (\Delta x)(\Delta y)$

以 $x = 1$、$y = 1$、$\Delta x = 0.5$、$\Delta y = -0.4$ 代入上式可得

$$\Delta z = (2-1)(0.5) - (1)(-0.4) + (0.5)^2 - (0.5)(-0.4) = 1.35.$$

對單變數函數而言，"可微分"一詞的意義為導數存在．至於二變數函數，我們使用下面定義中所述的較強條件．

○ **定義 8.5**

令 $z = f(x, y)$．若 Δz 可以表成：

$$\Delta z = f_x(a, b)\Delta x + f_y(a, b)\Delta y + \varepsilon_1 \Delta x + \varepsilon_2 \Delta y,$$

則 f 在點 (a, b) 為可微分，此處 ε_1 與 ε_2 皆為 Δx 與 Δy 的函數，當 $(\Delta x, \Delta y) \to (0, 0)$ 時，$\varepsilon_1 \to 0$，$\varepsilon_2 \to 0$.

若二變數函數 f 在區域 R 的每一點皆為可微分，則稱 f 在區域 R 為可微分．

○ **定理 8.5**

若二變數函數 f 在點 (a, b) 為可微分，則 f 在點 (a, b) 為連續．

對於單變數函數，"可微分"一詞的意義為導數存在．至於二變數函數，我們會大膽地猜測，若 $f_x(x_0, y_0)$ 與 $f_y(x_0, y_0)$ 均存在，則二變數函數 f 在 (x_0, y_0) 為可微分．很不幸地，此條件不夠強，因為有些二變數函數在一點有偏導數，但在該點為不連續．例如，函數

$$f(x, y) = \begin{cases} 0, & \text{若 } x > 0 \text{ 且 } y > 0 \\ 1, & \text{其他} \end{cases}$$

在點 $(0, 0)$ 為不連續，但在點 $(0, 0)$ 有偏導數．明確地說，

$$f_x(0, 0) = \lim_{h \to 0} \frac{f(h, 0) - f(0, 0)}{h} = \lim_{h \to 0} \frac{1-1}{h} = 0$$

$$f_y(0, 0) = \lim_{h \to 0} \frac{f(0, h) - f(0, 0)}{h} = \lim_{h \to 0} \frac{1-1}{h} = 0$$

這些事實從圖 8.9 看來很顯然．

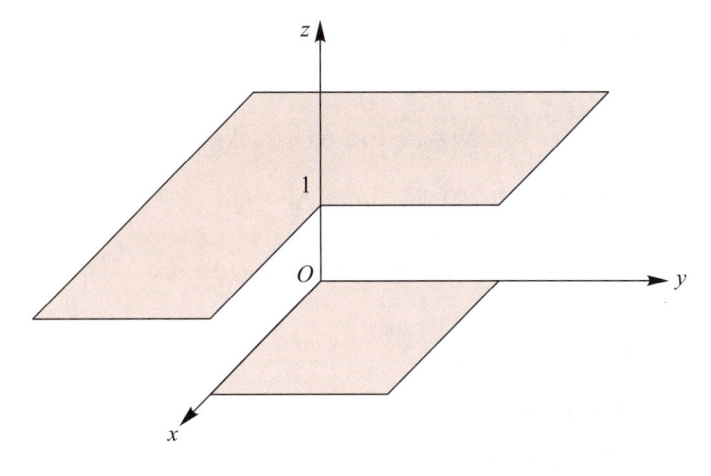

$$f(x, y) = \begin{cases} 0, & \text{若 } x > 0 \text{ 且 } y > 0 \\ 1, & \text{其他} \end{cases}$$

圖 8.9

○ 定理 8.6

若二變數函數 f 的偏導函數 f_x 與 f_y 在區域 R 均為連續，則 f 在 R 為可微分．

例如，$f(x, y) = x^2 y^3$ 為可微分函數，因為偏導函數 $f_x = 2xy^3$ 與 $f_y = 3x^2 y^2$ 在 xy-平面有定義且處處連續．

○ 定義 8.6

已知 $z = f(x, y)$ 且 $f_x(x, y)$ 與 $f_y(x, y)$ 均存在，則

(1) 自變數 x 的**微分** dx 與自變數 y 的**微分** dy 分別定義為

$$dx = \Delta x, \quad dy = \Delta y$$

(2) 因變數 z 的**全微分** (total differential) 為

$$dz = \frac{\partial z}{\partial x} dx + \frac{\partial z}{\partial y} dy = f_x(x, y) \, dx + f_y(x, y) \, dy.$$

有時，記號 df 用來代替 dz．

若 $z = f(x, y)$ 在點 (a, b) 為可微分，則依定義 8.5，

$$\Delta z = f_x(a, b) \Delta x + f_y(a, b) \Delta y + \varepsilon_1 \Delta x + \varepsilon_2 \Delta y$$

此處當 $(\Delta x, \Delta y) \to (0, 0)$ 時，$\varepsilon_1 \to 0$，$\varepsilon_2 \to 0$。因此，在 $dx = \Delta x$ 與 $dy = \Delta y$ 的情形下，可得

$$\Delta z = dz + \varepsilon_1 \Delta x + \varepsilon_2 \Delta y$$

於是，當 $\Delta x = dx \approx 0$ 與 $\Delta y = dy \approx 0$ 時，$dz \approx \Delta z$，即，

$$f(a + dx, b + dy) \approx f(a, b) + dz.$$

【例題 2】 利用定義 8.6

已知 $z = f(x, y) = x^3 + xy - y^2$，若 x 由 2 變到 2.05，且 y 由 3 變到 2.96，計算 Δz 與 dz 的值。

【解】 $dz = \dfrac{\partial z}{\partial x} dx + \dfrac{\partial z}{\partial y} dy = (3x^2 + y) dx + (x - 2y) dy$

取 $x = 2$，$y = 3$，$dx = \Delta x = 0.05$，$dy = \Delta y = -0.04$，可得

$$\begin{aligned}\Delta z &= f(2.05, 2.96) - f(2, 3) \\ &= [(2.05)^3 + (2.05)(2.96) - (2.96)^2] - (8 + 6 - 9) \\ &= 0.921525\end{aligned}$$

$$\begin{aligned}dz &= f_x(2, 3)(0.05) + f_y(2, 3)(-0.04) \\ &= [3(2^2) + 3](0.05) + [2 - 2(3)](-0.04) \\ &= 0.91.\end{aligned}$$

【例題 3】 利用全微分

利用全微分求 $\sqrt{(2.95)^2 + (4.03)^2}$ 的近似值。

【解】 令 $f(x, y) = \sqrt{x^2 + y^2}$，則 $f_x(x, y) = \dfrac{x}{\sqrt{x^2 + y^2}}$，$f_y(x, y) = \dfrac{y}{\sqrt{x^2 + y^2}}$。

取 $x = 3$，$y = 4$，$dx = \Delta x = -0.05$，$dy = \Delta y = 0.03$，可得

$$\begin{aligned}\sqrt{(2.95)^2 + (4.03)^2} &= f(2.95, 4.03) \approx f(3, 4) + dz \\ &= f(3, 4) + f_x(3, 4) dx + f_y(3, 4) dy \\ &= 5 + \dfrac{3}{5}(-0.05) + \dfrac{4}{5}(0.03) \\ &= 4.994.\end{aligned}$$

【例題 4】 利用全微分

已知一正圓柱體的底半徑與高分別測得 10 厘米與 15 厘米，可能的測量誤差皆為 ±0.05 厘米，利用全微分求該圓柱體體積之最大誤差的近似值.

【解】 底半徑為 r 且高為 h 的正圓柱體體積為

$$V = \pi r^2 h$$

因而，

$$dV = \frac{\partial V}{\partial r} dr + \frac{\partial V}{\partial h} dh = 2\pi r h \, dr + \pi r^2 \, dh$$

現在，取 $r=10$, $h=15$, $dr=dh=\pm 0.05$，圓柱體體積之誤差 ΔV 近似於 dV.

所以，
$$|\Delta V| \approx |dV| = |300\pi(\pm 0.05) + 100\pi(\pm 0.05)|$$
$$\leq |300\pi(\pm 0.05)| + |100\pi(\pm 0.05)|$$
$$= 20\pi$$

(利用三角不等式)

於是，最大誤差約為 20π 立方厘米.

習題 8.3

在 1～3 題中求 dz.

1. $z = x \sin y + \dfrac{y}{x}$
2. $z = \tan^{-1} \dfrac{x}{y}$
3. $z = x^2 e^{xy} + y \ln x$

4. 已知 $z = x^2 y + xy^2 - 2xy + 3$，若 (x, y) 由 $(0, 1)$ 變到 $(-0.1, 1.1)$，求 Δz 與 dz.

5. 已知 $w = x^2 - 3xy^2 - 2y^3$，若 (x, y) 由 $(-2, 3)$ 變到 $(-2.02, 3.01)$，求 Δw 與 dw.

6. 利用全微分求 $\sqrt{5(0.98)^2 + (2.01)^2}$ 的近似值.

7. 測得某矩形的長與寬的誤差至多為 $r\%$，利用全微分估計所計算對角線長的最大百分誤差.

8. 兩電阻 R_1 與 R_2 並聯後的總電阻為

$$R = \frac{R_1 R_2}{R_1 + R_2}$$

假設測得 R_1 與 R_2 分別為 200 歐姆與 400 歐姆，每一個測量的最大誤差為 2%，利用全微分估計所計算 R 值的最大百分誤差．

9. 設 $f(x, y) = \begin{cases} \dfrac{xy}{x^2+y^2}, & \text{若 } (x, y) \neq (0, 0) \\ 0, & \text{若 } (x, y) = (0, 0) \end{cases}$

試證：$f_x(0, 0)$ 與 $f_y(0, 0)$ 均存在．f 在點 $(0, 0)$ 是否可微分？

● 8.4　連鎖法則

在單變數函數中，我們曾藉 f 與 g 的導函數以表示合成函數 $f(g(t))$ 的導函數如下：

$$\frac{d}{dt} f(g(t)) = f'(g(t))\, g'(t)$$

若令 $y = f(x)$ 且 $x = g(t)$，則依連鎖法則得，

$$\frac{dy}{dt} = \frac{dy}{dx} \frac{dx}{dt}.$$

同理，多變數函數的合成函數也可利用連鎖法則求出偏導函數．

○ 定理 8.7　連鎖法則

若 z 為 x 與 y 的可微分函數，x 與 y 均為 t 的可微分函數，則 z 為 t 的可微分函數，且

$$\frac{dz}{dt} = \frac{\partial z}{\partial x} \frac{dx}{dt} + \frac{\partial z}{\partial y} \frac{dy}{dt}.$$

定理 8.7 中的公式可用下面"樹形圖"(圖 8.10) 來幫助記憶．

$$\frac{dz}{dt} = \frac{\partial z}{\partial x}\frac{dx}{dt} + \frac{\partial z}{\partial y}\frac{dy}{dt}$$

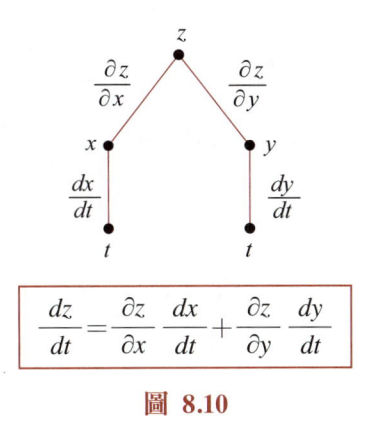

圖 8.10

【例題 1】 利用定理 8.7

若 $z = xy$, $x = (t+1)^2$, $y = (t+2)^3$, 求 $\dfrac{dz}{dt}$.

【解】 因 $z = xy$, 可得 $\dfrac{\partial z}{\partial x} = y$, $\dfrac{\partial z}{\partial y} = x$,

又 $\dfrac{dx}{dt} = 2(t+1)$, $\dfrac{dy}{dt} = 3(t+2)^2$,

故
$$\begin{aligned}\frac{dz}{dt} &= \frac{\partial z}{\partial x}\frac{dx}{dt} + \frac{\partial z}{\partial y}\frac{dy}{dt} \\ &= 2y(t+1) + 3x(t+2)^2 \\ &= 2(t+2)^3(t+1) + 3(t+1)^2(t+2)^2 \\ &= (t+1)(t+2)^2(5t+7).\end{aligned}$$

【例題 2】 利用定理 8.7

已知 $z = \sqrt{xy+y}$, $x = \cos\theta$, $y = \sin\theta$, 求 $\dfrac{dz}{d\theta}\bigg|_{\theta=\pi/2}$.

【解】
$$\begin{aligned}\frac{dz}{d\theta} &= \frac{\partial z}{\partial x}\frac{dx}{d\theta} + \frac{\partial z}{\partial y}\frac{dy}{d\theta} \\ &= \frac{y}{2\sqrt{xy+y}}(-\sin\theta) + \frac{x+1}{2\sqrt{xy+y}}(\cos\theta)\end{aligned}$$

當 $\theta = \dfrac{\pi}{2}$ 時，$x = \cos\dfrac{\pi}{2} = 0$，$y = \sin\dfrac{\pi}{2} = 1$，

所以，$\dfrac{dz}{d\theta}\bigg|_{\theta=\pi/2} = \dfrac{1}{2}(-1) + \dfrac{1}{2}(0) = -\dfrac{1}{2}$.

【例題 3】 利用定理 8.7

設一正圓錐的高為 100 厘米，每秒鐘縮減 1 厘米，其底半徑為 50 厘米，每秒鐘增加 0.5 厘米，求其體積的變化率.

【解】 設正圓錐的高為 y，底半徑為 x，體積為 V，則

$$V = \dfrac{1}{3}\pi x^2 y$$

$$\dfrac{\partial V}{\partial x} = \dfrac{2}{3}\pi xy, \quad \dfrac{\partial V}{\partial y} = \dfrac{1}{3}\pi x^2$$

可得

$$\dfrac{dV}{dt} = \dfrac{\partial V}{\partial x}\dfrac{dx}{dt} + \dfrac{\partial V}{\partial y}\dfrac{dy}{dt}$$

$$= \left(\dfrac{2}{3}\pi xy\right)\left(\dfrac{dx}{dt}\right) + \left(\dfrac{1}{3}\pi x^2\right)\left(\dfrac{dy}{dt}\right)$$

依題意，$x = 50$，$y = 100$，$\dfrac{dx}{dt} = 0.5$，$\dfrac{dy}{dt} = -1$，代入上式可得

$$\dfrac{dV}{dt} = \dfrac{2}{3}\pi(50)(100)(0.5) + \dfrac{1}{3}\pi(50)^2(-1) = \dfrac{2500\pi}{3}$$

即，體積每秒鐘增加 $\dfrac{2500\pi}{3}$ 立方厘米.

定理 8.8

若 z 為 x 與 y 的可微分函數，x 與 y 均為 u 與 v 的可微分函數，則 z 為 u 與 v 的可微分函數，且

$$\dfrac{\partial z}{\partial u} = \dfrac{\partial z}{\partial x}\dfrac{\partial x}{\partial u} + \dfrac{\partial z}{\partial y}\dfrac{\partial y}{\partial u}$$

$$\dfrac{\partial z}{\partial v} = \dfrac{\partial z}{\partial x}\dfrac{\partial x}{\partial v} + \dfrac{\partial z}{\partial y}\dfrac{\partial y}{\partial v}.$$

定理 8.8 中的公式可用 "樹形圖"（圖 8.11）來幫助記憶.

$$\boxed{\dfrac{\partial z}{\partial u} = \dfrac{\partial z}{\partial x}\dfrac{\partial x}{\partial u} + \dfrac{\partial z}{\partial y}\dfrac{\partial y}{\partial u}} \qquad \boxed{\dfrac{\partial z}{\partial v} = \dfrac{\partial z}{\partial x}\dfrac{\partial x}{\partial v} + \dfrac{\partial z}{\partial y}\dfrac{\partial y}{\partial v}}$$

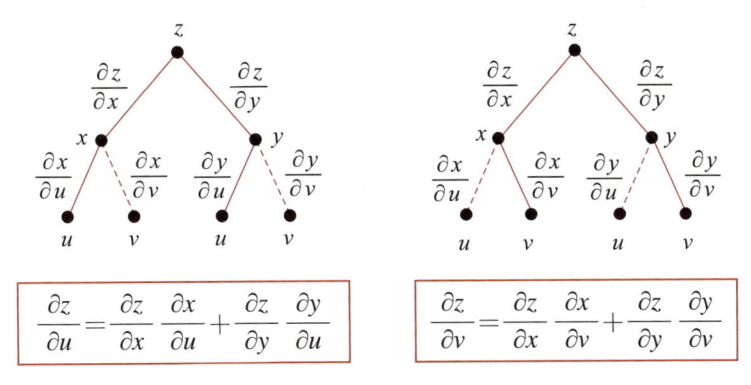

圖 8.11

【例題 4】　利用定理 8.8

若 $z = xy + y^2$，$x = u\sin v$，$y = v\sin u$，求 $\dfrac{\partial z}{\partial u}$ 與 $\dfrac{\partial z}{\partial v}$.

【解】
$$\dfrac{\partial z}{\partial u} = \dfrac{\partial z}{\partial x}\dfrac{\partial x}{\partial u} + \dfrac{\partial z}{\partial y}\dfrac{\partial y}{\partial u}$$
$$= y\sin v + (x+2y)v\cos u$$
$$= v\sin u\,\sin v + v(u\sin v + 2v\sin u)\cos u$$

$$\dfrac{\partial z}{\partial v} = \dfrac{\partial z}{\partial x}\dfrac{\partial x}{\partial v} + \dfrac{\partial z}{\partial y}\dfrac{\partial y}{\partial v}$$
$$= yu\cos v + (x+2y)\sin u$$
$$= uv\sin u\,\cos v + (u\sin v + 2v\sin u)\sin u.$$

定理 8.9

若方程式 $F(x, y) = 0$ 定義 y 為 x 的可微分函數，則

$$\dfrac{dy}{dx} = -\dfrac{\dfrac{\partial F}{\partial x}}{\dfrac{\partial F}{\partial y}} \quad \left(\text{其中 } \dfrac{\partial F}{\partial y} \neq 0\right).$$

證　因方程式 $F(x, y) = 0$ 定義 y 為 x 的可微分函數，故將其等號兩邊對 x 微分，可

得

$$\frac{\partial F}{\partial x}\frac{dx}{dx}+\frac{\partial F}{\partial y}\frac{dy}{dx}=0$$

即,

$$\frac{\partial F}{\partial x}+\frac{\partial F}{\partial y}\frac{dy}{dx}=0$$

若 $\dfrac{\partial F}{\partial y} \neq 0$，則

$$\frac{dy}{dx}=-\frac{\dfrac{\partial F}{\partial x}}{\dfrac{\partial F}{\partial y}}.$$

【例題 5】 利用定理 8.9

若 $y=f(x)$ 為滿足方程式 $2x^3+xy+y^3=1$ 的可微分函數，求 $\dfrac{dy}{dx}$。

【解】 令 $F(x, y)=2x^3+xy+y^3-1$，則 $F(x, y)=0$。

又 $\dfrac{\partial F}{\partial x}=6x^2+y$，$\dfrac{\partial F}{\partial y}=x+3y^2$，

故

$$\frac{dy}{dx}=-\frac{\dfrac{\partial F}{\partial x}}{\dfrac{\partial F}{\partial y}}=-\frac{6x^2+y}{x+3y^2}.$$

○ 定理 8.10

若方程式 $F(x, y, z)=0$ 定義 z 為二變數 x 與 y 的可微分函數，則

$$\frac{\partial z}{\partial x}=-\frac{\dfrac{\partial F}{\partial x}}{\dfrac{\partial F}{\partial z}},\quad \frac{\partial z}{\partial y}=-\frac{\dfrac{\partial F}{\partial y}}{\dfrac{\partial F}{\partial z}}\quad \left(其中\ \frac{\partial F}{\partial z}\neq 0\right).$$

證 因方程式 $F(x, y, z)=0$ 定義 z 為二變數 x 與 y 的可微分函數，故將其等號兩

邊對 x 偏微分，可得

$$\frac{\partial F}{\partial x}\frac{\partial x}{\partial x}+\frac{\partial F}{\partial y}\frac{\partial y}{\partial x}+\frac{\partial F}{\partial z}\frac{\partial z}{\partial x}=0$$

但

$$\frac{\partial x}{\partial x}=1,\quad \frac{\partial y}{\partial x}=0,$$

於是，

$$\frac{\partial F}{\partial x}+\frac{\partial F}{\partial z}\frac{\partial z}{\partial x}=0$$

若 $\dfrac{\partial F}{\partial z} \neq 0$，則

$$\frac{\partial z}{\partial x}=-\frac{\dfrac{\partial F}{\partial x}}{\dfrac{\partial F}{\partial z}},\quad 同理，\quad \frac{\partial z}{\partial y}=-\frac{\dfrac{\partial F}{\partial y}}{\dfrac{\partial F}{\partial z}}.$$

【例題 6】 利用定理 8.10

若 $z=f(x, y)$ 為滿足方程式 $ye^{xz}+xe^{yz}-y^2+3x=5$ 的可微分函數，求 $\dfrac{\partial z}{\partial x}$ 與 $\dfrac{\partial z}{\partial y}$.

【解】 令 $F(x, y, z)=ye^{xz}+xe^{yz}-y^2+3x-5$，則 $F(x, y, z)=0$.

又

$$\frac{\partial F}{\partial x}=yze^{xz}+e^{yz}+3,\quad \frac{\partial F}{\partial y}=e^{xz}+xze^{yz}-2y$$

$$\frac{\partial F}{\partial z}=xye^{xz}+xye^{yz},$$

可得

$$\frac{\partial z}{\partial x}=-\frac{\dfrac{\partial F}{\partial x}}{\dfrac{\partial F}{\partial z}}=-\frac{yze^{xz}+e^{yz}+3}{xy(e^{xz}+e^{yz})},$$

$$\frac{\partial z}{\partial y} = -\frac{\dfrac{\partial F}{\partial y}}{\dfrac{\partial F}{\partial z}} = -\frac{e^{xz}+xze^{yz}-2y}{xy(e^{xz}+e^{yz})}.$$

習題 8.4

1. 設 $z=\sqrt{x^2+y^2}$，$x=e^{2t}$，$y=e^{-2t}$，求 $\left.\dfrac{dz}{dt}\right|_{t=0}$。

2. 設 $z=\ln(2x^2+y)$，$x=\sqrt{t}$，$y=t^{2/3}$，求 $\left.\dfrac{dz}{dt}\right|_{t=1}$。

3. 設 $z=\dfrac{x}{y}$，$x=2\cos u$，$y=3\sin v$，求 $\dfrac{\partial z}{\partial u}$ 與 $\dfrac{\partial z}{\partial v}$。

4. 設 $z=x\cos y+y\sin x$，$x=uv^2$，$y=u+v$，求 $\dfrac{\partial z}{\partial u}$ 與 $\dfrac{\partial z}{\partial v}$。

5. 設 $w=\dfrac{u}{v}$，$u=x^2-y^2$，$v=4xy^3$，求 $\left.\dfrac{\partial w}{\partial x}\right|_{x=1,y=-1}$ 與 $\left.\dfrac{\partial w}{\partial y}\right|_{x=1,y=-1}$。

6. 設 $z=\ln(x^2+y^2)$，$x=re^\theta$，$y=\tan(r\theta)$，求 $\left.\dfrac{\partial z}{\partial r}\right|_{r=1,\,\theta=0}$ 與 $\left.\dfrac{\partial z}{\partial \theta}\right|_{r=1,\,\theta=0}$。

在 7～8 題中，若 $y=f(x)$ 為滿足所予方程式的可微分函數，求 $\dfrac{dy}{dx}$。

7. $x\sin y+y\cos x=1$

8. $xy+e^{xy}=3$

在 9～10 題中，若 $z=f(x,y)$ 為滿足所予方程式的可微分函數，求 $\dfrac{\partial z}{\partial x}$ 與 $\dfrac{\partial z}{\partial y}$。

9. $x^2y+z^2+\cos(yz)=4$

10. $xyz+\ln(x+y+z)=0$

8.5 極　值

在第 3 章中，我們已學會了如何求解單變數函數的極值問題，在本節中，我們將討論二變數函數的極值問題.

定義 8.7

設 f 為二變數 x 與 y 的函數.
(1) 若存在以 (a, b) 為圓心的一圓使得

$$f(a, b) \geq f(x, y)$$

對該圓內部所有點 (x, y) 均成立，則稱 f 在點 (a, b) 有**相對極大值** (或**局部極大值**).

(2) 若存在以 (a, b) 為圓心的一圓使得

$$f(a, b) \leq f(x, y)$$

對該圓內部所有點 (x, y) 均成立，則稱 f 在點 (a, b) 有**相對極小值** (或**局部極小值**).

定義 8.8

設 f 為二變數函數，點 (a, b) 在 f 的定義域內.
(1) 若 $f(a, b) \geq f(x, y)$ 對 f 的定義域內所有點 (x, y) 均成立，則稱 $f(a, b)$ 為 f 的**絕對極大值** (或**全域極大值**).
(2) 若 $f(a, b) \leq f(x, y)$ 對 f 的定義域內所有點 (x, y) 均成立，則稱 $f(a, b)$ 為 f 的**絕對極小值** (或**全域極小值**).

在第 3 章裡，我們曾經討論過單變數函數 f 在可微分之處 c 有相對極值的必要條件為 $f'(c)=0$. 對二變數函數 $f(x, y)$ 而言，也有這樣的類似結果.

定理 8.11

設函數 $f(x, y)$ 在點 (a, b) 具有相對極大值或相對極小值且 $f_x(a, b)$ 與 $f_y(a, b)$ 均存在，則

$$f_x(a, b) = f_y(a, b) = 0.$$

若函數 f 在點 (a, b) 恆有 $f_x(a, b) = f_y(a, b) = 0$，或 $f_x(a, b)$ 與 $f_y(a, b)$ 之中有一者不存在，則稱 (a, b) 為函數 f 的**臨界點**。但在臨界點處並不一定有極值發生。使函數 f 沒有相對極值的臨界點稱為 f 的**鞍點**。

【例題 1】 **唯一的極值**

若 $f(x, y) = 4 - x^2 - y^2$，求 f 的相對極值。

【解】 $f_x(x, y) = -2x, \ f_y(x, y) = -2y.$

令 $f_x(x, y) = 0$ 且 $f_y(x, y) = 0$，可得

$$x = 0, \ y = 0$$

因此，$f(0, 0) = 4$。若 $(x, y) \neq (0, 0)$，則 $f(x, y) = 4 - (x^2 + y^2) < 4$，故 f 在點 $(0, 0)$ 有相對極大值 4，但 4 也是絕對極大值。圖形如圖 8.12 所示。

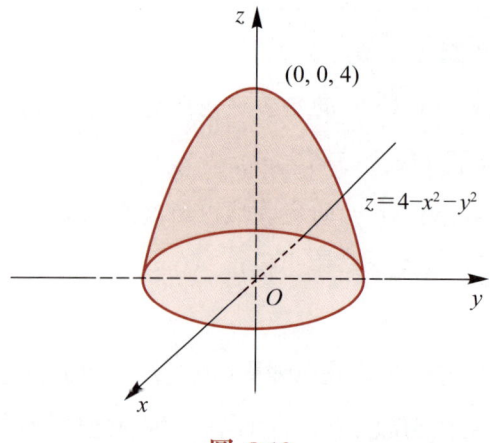

圖 8.12

【例題 2】 **相對極值不存在**

若 $f(x, y) = y^2 - x^2$，求 f 的相對極值.

【解】 由 $f_x(x, y) = -2x = 0$ 與 $f_y(x, y) = 2y = 0$，可得 $x = 0$，$y = 0$. 然而，f 在點 $(0, 0)$ 無相對極值. 若 $y \neq 0$，則 $f(0, y) = y^2 > 0$；並且，若 $x \neq 0$，則 $f(x, 0) = -x^2 < 0$. 因此，在 xy-平面上圓心為 $(0, 0)$ 的任一圓內，存在一些點（在 y-軸上）使 f 的值為正，且存在一些點（在 x-軸上）使 f 的值為負. 因此，$f(0, 0) = 0$ 不是 $f(x, y)$ 在圓內的最大值也不是最小值，其圖形如圖 8.13 所示.

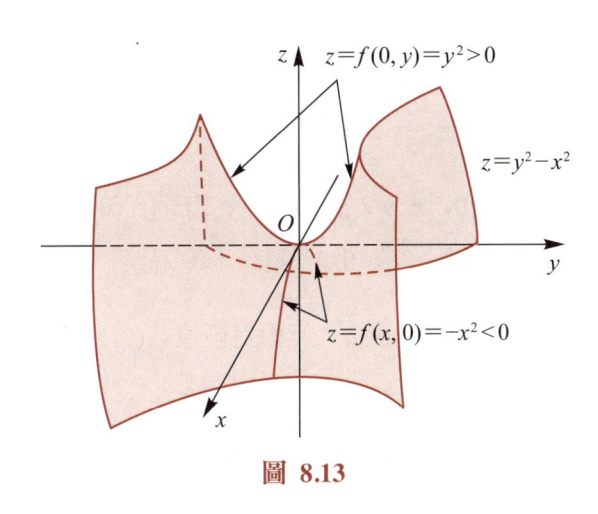

圖 8.13

在定理 8.11 中，$f_x(a, b) = f_y(a, b) = 0$ 係 f 在點 (a, b) 有相對極值的必要條件. 至於充分條件可由下述定理得知.

○ 定理 8.12　二階偏導數檢驗法 (second partial derivative test)

設二變數函數 f 的二階偏導函數在以臨界點 (a, b) 為圓心的某圓區域均為連續，令

$$\Delta = f_{xx}(a, b) f_{yy}(a, b) - [f_{xy}(a, b)]^2$$

(1) 若 $\Delta > 0$ 且 $f_{xx}(a, b) > 0$，則 $f(a, b)$ 為 f 的相對極小值.

(2) 若 $\Delta > 0$ 且 $f_{xx}(a, b) < 0$，則 $f(a, b)$ 為 f 的相對極大值.

(3) 若 $\Delta < 0$，則 f 在點 (a, b) 無相對極值，(a, b) 為 f 的鞍點.

(4) 若 $\Delta = 0$，則無法確定 $f(a, b)$ 是否為 f 的相對極值.

【例題 3】 利用定理 8.12

求 $f(x, y) = x^2 + y^3 - 6y$ 的相對極值.

【解】 $f_x(x, y) = 2x$, $f_{xx}(x, y) = 2$, $f_{xy}(x, y) = 0$,

$f_y(x, y) = 3y^2 - 6$, $f_{yy}(x, y) = 6y$.

令 $f_x(x, y) = 0$ 且 $f_y(x, y) = 0$, 可得 $x = 0$, $y = \pm\sqrt{2}$.

(i) 若 $x = 0$, $y = \sqrt{2}$, 則

$$\Delta = f_{xx}(0, \sqrt{2}) f_{yy}(0, \sqrt{2}) - [f_{xy}(0, \sqrt{2})]^2$$
$$= 12\sqrt{2} > 0, \quad f_{xx}(0, \sqrt{2}) = 2 > 0$$

故 f 在點 $(0, \sqrt{2})$ 有相對極小值 $f(0, \sqrt{2}) = -4\sqrt{2}$.

(ii) 若 $x = 0$, $y = -\sqrt{2}$, 則

$$\Delta = f_{xx}(0, -\sqrt{2}) f_{yy}(0, -\sqrt{2}) - [f_{xy}(0, -\sqrt{2})]^2$$
$$= -12\sqrt{2} < 0$$

故 f 在點 $(0, -\sqrt{2})$ 無相對極值, $(0, -\sqrt{2})$ 為 f 的鞍點.

【例題 4】 利用定理 8.12

求 $f(x, y) = x^3 - 4xy + 2y^2$ 的相對極值.

【解】 $f_x(x, y) = 3x^2 - 4y$, $f_y(x, y) = -4x + 4y$.

令 $f_x(x, y) = 0$ 且 $f_y(x, y) = 0$,

解方程組

$$\begin{cases} 3x^2 - 4y = 0 \\ -4x + 4y = 0 \end{cases}$$

可得 $x = 0$ 或 $\dfrac{4}{3}$. 所以, 臨界點為 $(0, 0)$ 與 $\left(\dfrac{4}{3}, \dfrac{4}{3}\right)$.

$f_{xx}(x, y) = 6x$, $f_{yy}(x, y) = 4$, $f_{xy}(x, y) = -4$

令 $\Delta = f_{xx}(x, y) f_{yy}(x, y) - [f_{xy}(x, y)]^2$

(i) 若 $x = 0$, $y = 0$, 則 $\Delta = 24(0) - 16 = -16 < 0$

所以, 點 $(0, 0)$ 為 f 的鞍點.

(ii) 若 $x=\dfrac{4}{3}$, $y=\dfrac{4}{3}$, 則 $\Delta=24\left(\dfrac{4}{3}\right)-16=32-16=16>0$

且 $f_{xx}\left(\dfrac{4}{3}, \dfrac{4}{3}\right)=6\left(\dfrac{4}{3}\right)=8>0$

於是, $f\left(\dfrac{4}{3}, \dfrac{4}{3}\right)=-\dfrac{32}{27}$ 為 f 的相對極小值.

習題 8.5

求 1～7 題中各函數的相對極值. 若沒有, 則指出何點為鞍點.

1. $f(x, y)=x^2+4y^2-2x+8y-5$
2. $f(x, y)=xy$
3. $f(x, y)=x^2+y^3-6y$
4. $f(x, y)=x^3+y^3-6xy+1$
5. $f(x, y)=x^3+y^3-3x-3y+2$
6. $f(x, y)=2x^2-4xy+y^4+1$
7. $f(x, y)=x^2+y-e^y-5$
8. 求三正數 x、y 與 z 使其和為 32 且使 $P=xy^2z$ 的值為最大.
9. 求三正數使它們的和為 27 且它們的平方和為最小.

二重積分

9.1 二重積分

我們可將單變數函數的定積分觀念推廣到二個或更多個變數的函數的積分，在本章中，我們將討論二變數函數的積分，稱為二重積分. 它是在 xy-平面上的某區域中進行. 往後，我們假設所涉及的平面區域為包含整個邊界 (此為封閉曲線) 的有界區域.

今考慮利用許許多多等距的水平線及等距的垂直線，將 xy-平面上的一區域 R 任意地分成許多小區域，如圖 9.1 所示，並令那些完完全全落在 R 內部的等面積小矩形區域分別標以 R_1, R_2, $\cdots$, R_i, $\cdots$, R_n，如圖 9.1 所示的陰影部分，而符號 ΔA 用來表示各 R_i 的面積.

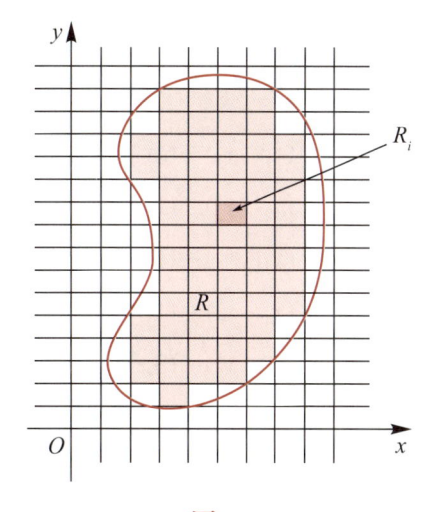

圖 9.1

定義 9.1

令 f 為定義在區域 R 的二變數函數，對 R_i 中任一點 (x_i, y_i)，作出**黎曼和** $\sum_{i=1}^{n} f(x_i, y_i) \Delta A$，若 $\lim_{n \to \infty} \sum_{i=1}^{n} f(x_i, y_i) \Delta A$ 存在，則 f 在 R 的**二重積分** (double integral)

$$\iint_R f(x, y) \, dA$$

定義為 $\iint_R f(x, y) \, dA = \lim_{n \to \infty} \sum_{i=1}^{n} f(x_i, y_i) \Delta A.$

若定義 9.1 的極限存在，則稱 f 在區域 R 為**可積分**. 此外，若 f 在 R 為連續，則 f 在 R 為可積分.

【例題 1】 **利用黎曼和**

令 R 是由頂點為 $(0, 0)$、$(4, 0)$、$(0, 8)$ 與 $(4, 8)$ 之矩形所圍成的區域，且 R_i 由具有 x-截距為 $0, 2, 4$ 的垂直線與具有 y-截距為 $0, 2, 4, 6, 8$ 的水平線所決定. 若取 (x_i, y_i) 為 R_i 的中心點，求 $f(x, y) = x^2 + 2y$ 在區域 R 之二重積分的近似值.

【解】 區域 R 如圖 9.2 所示.

R_i 的中心點坐標與函數在中心點的函數值分別為：

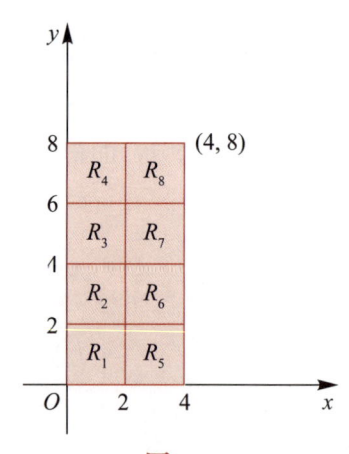

$(x_1, y_1) = (1, 1),\quad f(x_1, y_1) = 3$

$(x_2, y_2) = (1, 3),\quad f(x_2, y_2) = 7$

$(x_3, y_3) = (1, 5),\quad f(x_3, y_3) = 11$

$(x_4, y_4) = (1, 7),\quad f(x_4, y_4) = 15$

$(x_5, y_5) = (3, 1),\quad f(x_5, y_5) = 11$

$(x_6, y_6) = (3, 3),\quad f(x_6, y_6) = 15$

$(x_7, y_7) = (3, 5),\quad f(x_7, y_7) = 19$

$(x_8, y_8) = (3, 7),\quad f(x_8, y_8) = 23$

圖 9.2

則 $\iint_R f(x, y)\, dA \approx \sum_{i=1}^{8} f(x_i, y_i)\, \Delta A$

因每一個小正方形的面積為 $\Delta A = 4$，$i = 1, 2, 3, \cdots, 8$，故

$$\sum_{i=1}^{8} f(x_i, y_i)\, \Delta A = 4 \sum_{i=1}^{8} f(x_i, y_i)$$
$$= 4(3+7+11+15+11+15+19+23)$$
$$= 416$$

所以，$\iint_R f(x, y)\, dA \approx 416.$

定理 9.1

若二變數函數 f 與 g 在區域 R 均為連續，則

(1) $\iint_R c\, f(x, y)\, dA = c \iint_R f(x, y)\, dA$，此處 c 為常數。

(2) $\iint_R [f(x, y) \pm g(x, y)]\, dA = \iint_R f(x, y)\, dA \pm \iint_R g(x, y)\, dA.$

(3) 若對整個 R 均有 $f(x, y) \geq 0$，則 $\iint_R f(x, y)\, dA \geq 0.$

(4) 若對整個 R 均有 $f(x, y) \geq g(x, y)$，則

$$\iint_R f(x, y)\, dA \geq \iint_R g(x, y)\, dA.$$

(5) $\iint_R f(x, y)\, dA = \iint_{R_1} f(x, y)\, dA + \iint_{R_2} f(x, y)\, dA.$

此處 R 為二個不重疊區域 R_1 與 R_2 的聯集。

【例題 2】 利用定理 9.1(5)

設 $R=\{(x, y) | 1 \leq x \leq 4, 0 \leq y \leq 2\}$ 且

$$f(x, y)=\begin{cases} -1, & 1 \leq x \leq 4, 0 \leq y < 1 \\ 2, & 1 \leq x \leq 4, 1 \leq y \leq 2 \end{cases}$$

計算 $\iint_R f(x, y) \, dA$.

【解】 R 如圖 9.3 所示.

$$\iint_R f(x, y) \, dA$$

$$= \iint_{R_1} f(x, y) \, dA + \iint_{R_2} f(x, y) \, dA$$

$$= \iint_{R_1} (-1) \, dA + \iint_{R_2} 2 \, dA$$

$$= (-1)(3) + (2)(3) = 3.$$

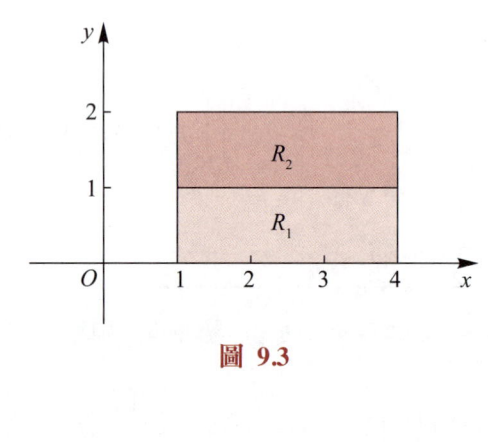

圖 9.3

在整個區域 R 中，若 $f(x, y) \geq 0$，如圖 9.4 所示，則直立矩形柱體的體積 $\Delta V_i = f(x_i, y_i) \Delta A$，故所有直立矩形柱體體積的和 $\sum_{i=1}^{n} f(x_i, y_i) \Delta A$ 為介於曲面 $z = f(x, y)$

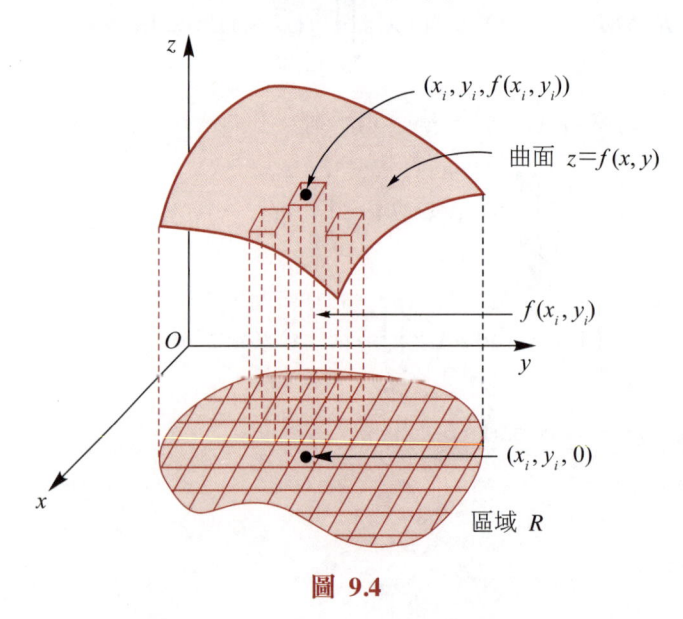

圖 9.4

與平面區域 R 之間的立體體積 V 的近似值. 當 $n \to \infty$ 時, 若黎曼和的極限存在, 則其代表立體的體積, 即,

$$V = \iint_R f(x, y)\, dA.$$

在整個區域 R 中, 若 $f(x, y) = 1$, 則

$$\iint_R 1\, dA = \iint_R dA$$

代表在區域 R 上方且具有一定高度 1 之立體的體積. 在數值上, 此與區域 R 的面積相同. 於是,

$$R \text{ 的面積} = \iint_R dA.$$

習題 9.1

1. 令 R 是由頂點為 $(0, 0)$、$(4, 4)$、$(8, 4)$ 與 $(12, 0)$ 之梯形所圍成的區域, 且 R_i 由具有 x-截距為 $0, 2, 4, 6, 8, 10, 12$ 的垂直線與具有 y-截距為 $0, 2, 4$ 的水平線所決定. 若 $f(x, y) = xy$, 取 (x_i, y_i) 為 R_i 的中心點, 求黎曼和.

2. 設 $R = \{(x, y) \mid 1 \leq x \leq 4,\ 0 \leq y \leq 2\}$ 且

$$f(x, y) = \begin{cases} 2, & 1 \leq x < 3,\ 0 \leq y < 1 \\ 1, & 1 \leq x < 3,\ 1 \leq y \leq 2 \\ 3, & 3 \leq x \leq 4,\ 0 \leq y \leq 2 \end{cases}$$

計算 $\iint_R f(x, y)\, dA$.

9.2 二重積分的計算

除了在非常簡單的情形之外, 我們無法利用定義 9.1 去求二重積分的值. 在本節裡, 我們將討論如何使用微積分基本定理去計算二重積分.

首先，我們僅討論 R 是矩形區域的情形.

針對偏微分的逆過程，我們可以定義**偏積分** (partial integration). 假設二變數函數 $f(x, y)$ 在矩形區域 $R=\{(x, y)\,|\,a\leq x\leq b,\ c\leq y\leq d\}$ 為連續. 符號 $\int_a^b f(x, y)\,dx$ 是 **$f(x, y)$ 對 x 的偏積分**，它是依據使 y 保持固定並對 x 積分的方式去計算，同理，**$f(x, y)$ 對 y 的偏積分** $\int_c^d f(x, y)\,dy$ 是依據使 x 保持固定並對 y 積分的方式去計算. 形如 $\int_a^b f(x, y)\,dx$ 的積分必產生 y 的函數作為結果，而形如 $\int_c^d f(x, y)\,dy$ 的積分必產生 x 的函數作為結果. 基於這種情形，我們可以考慮下列的計算類型：

$$\int_c^d \left[\int_a^b f(x, y)\,dx\right] dy \tag{9.1}$$

$$\int_a^b \left[\int_c^d f(x, y)\,dy\right] dx \tag{9.2}$$

在 (9.1) 式中，內積分 $\int_a^b f(x, y)\,dx$ 產生 y 的函數，然後在區間 $[c, d]$ 被積分；在 (9.2) 式中，內積分 $\int_c^d f(x, y)\,dy$ 產生 x 的函數，然後在區間 $[a, b]$ 被積分.

(9.1) 式與 (9.2) 式皆稱為**疊積分** (repeated integral) [或**累積分** (iterated integral)]，通常省略方括號而寫成：

$$\int_c^d \int_a^b f(x, y)\,dx\,dy = \int_c^d \left[\int_a^b f(x, y)\,dx\right] dy$$

$$\int_a^b \int_c^d f(x, y)\,dy\,dx = \int_a^b \left[\int_c^d f(x, y)\,dy\right] dx$$

【例題 1】 利用 (9.1) 式及 (9.2) 式

計算 (1) $\int_1^2 \int_0^3 xy^2\,dx\,dy$ (2) $\int_0^3 \int_1^2 xy^2\,dy\,dx$

【解】 (1) $\int_1^2 \int_0^3 xy^2 \, dx \, dy = \int_1^2 \left[\frac{1}{2}x^2 y^2\right]_0^3 dy = \int_1^2 \frac{9}{2} y^2 \, dy$

$$= \left[\frac{3}{2} y^3\right]_1^2 = \frac{21}{2}$$

(2) $\int_0^3 \int_1^2 xy^2 \, dy \, dx = \int_0^3 \left[\frac{1}{3} xy^3\right]_1^2 dx = \int_0^3 \frac{7}{3} x \, dx$

$$= \left[\frac{7}{6} x^2\right]_0^3 = \frac{21}{2}$$

【例題 2】 利用 (9.2) 式

計算 $\int_0^{\pi/2} \int_0^{\pi/2} \sin(x+y) \, dy \, dx$.

【解】 $\int_0^{\pi/2} \int_0^{\pi/2} \sin(x+y) \, dy \, dx = \int_0^{\pi/2} \left[-\cos(x+y)\right]_0^{\pi/2} dx$

$$= \int_0^{\pi/2} \left[\cos x - \cos\left(x + \frac{\pi}{2}\right)\right] dx$$

$$= \int_0^{\pi/2} (\cos x + \sin x) \, dx$$

$$= \left[\sin x - \cos x\right]_0^{\pi/2}$$

$$= (1-0) - (0-1) = 2.$$

【例題 3】 分離變數

試證：若 $f(x, y) = g(x)h(y)$ 且 g 與 h 均為連續函數，則

$$\int_a^b \int_c^d f(x, y) \, dy \, dx = \left(\int_a^b g(x) \, dx\right)\left(\int_c^d h(y) \, dy\right).$$

【證】 $\int_a^b \int_c^d f(x, y) \, dy \, dx = \int_a^b \int_c^d g(x) h(y) \, dy \, dx$

$$= \int_a^b g(x) \left[\int_c^d h(y) \, dy\right] dx \qquad \text{[視 } g(x) \text{ 為常數]}$$

$$= \left(\int_c^d h(y)\,dy\right)\left(\int_a^b g(x)\,dx\right)$$

$$= \left(\int_a^b g(x)\,dx\right)\left(\int_c^d h(y)\,dy\right).$$

【例題 4】 利用例題 3

計算 $\displaystyle\int_0^{\ln 3}\int_0^{\ln 2} e^{x+y}\,dy\,dx$.

【解】
$$\int_0^{\ln 3}\int_0^{\ln 2} e^{x+y}\,dy\,dx = \left(\int_0^{\ln 3} e^x\,dx\right)\left(\int_0^{\ln 2} e^y\,dy\right)$$

$$= \left[e^x\right]_0^{\ln 3}\left[e^y\right]_0^{\ln 2}$$

$$= (e^{\ln 3}-1)(e^{\ln 2}-1) = (2)(1) = 2.$$

○ 定理 9.2　富比尼定理 (Fubini's theorem)

若函數 f 在矩形區域 $R=\{(x,\,y)\,|\,a\leq x\leq b,\,c\leq y\leq d\}$ 為連續，則

$$\iint_R f(x,\,y)\,dA = \int_a^b\int_c^d f(x,\,y)\,dy\,dx = \int_c^d\int_a^b f(x,\,y)\,dx\,dy.$$

【例題 5】 利用富比尼定理

計算 $\displaystyle\iint_R xy^2\,dA$，此處 $R=\{(x,\,y)\,|\,-3\leq x\leq 2,\,0\leq y\leq 1\}$.

【解】 方法 1：
$$\iint_R xy^2\,dA = \int_{-3}^2\int_0^1 xy^2\,dy\,dx = \int_{-3}^2\left[\frac{1}{3}xy^3\right]_0^1 dx$$

$$= \int_{-3}^2 \frac{x}{3}\,dx = \left[\frac{x^2}{6}\right]_{-3}^2 = -\frac{5}{6}.$$

方法 2：
$$\iint_R xy^2\,dA = \int_0^1\int_{-3}^2 xy^2\,dx\,dy = \int_0^1\left[\frac{1}{2}x^2y^2\right]_{-3}^2 dy$$

$$= \int_0^1 \left(-\frac{5}{2}y^2\right)dy = \left[-\frac{5}{6}y^3\right]_0^1 = -\frac{5}{6}.$$

【例題 6】 **利用二重積分**

求在平面 $z=4-x-y$ 下方且在矩形區域 $R=\{(x, y) | 0 \leq x \leq 1, 0 \leq y \leq 2\}$ 上方之立體的體積.

【解】 體積 $V = \iint_R z\, dA = \int_0^2 \int_0^1 (4-x-y)\, dx\, dy$

$$= \int_0^2 \left[4x - \frac{x^2}{2} - xy\right]_0^1 dy = \int_0^2 \left(\frac{7}{2} - y\right) dy$$

$$= \left[\frac{7}{2}y - \frac{y^2}{2}\right]_0^2 = 5.$$

到目前為止，我們僅說明如何計算在矩形區域上的疊積分. 現在，我們將計算在非矩形區域上的疊積分：

$$\int_a^b \int_{g_1(x)}^{g_2(x)} f(x, y)\, dy\, dx = \int_a^b \left[\int_{g_1(x)}^{g_2(x)} f(x, y)\, dy\right] dx \tag{9.3}$$

$$\int_c^d \int_{h_1(y)}^{h_2(y)} f(x, y)\, dx\, dy = \int_c^d \left[\int_{h_1(y)}^{h_2(y)} f(x, y)\, dx\right] dy \tag{9.4}$$

【例題 7】 **逐次積分**

計算 $\int_0^2 \int_x^{x^2} xy^2\, dy\, dx$.

【解】 $\int_0^2 \int_x^{x^2} xy^2\, dy\, dx = \int_0^2 \left(\int_x^{x^2} xy^2\, dy\right) dx = \int_0^2 \left[\frac{1}{3}xy^3\right]_x^{x^2} dx$

$$= \int_0^2 \left(\frac{x^7}{3} - \frac{x^4}{3}\right) dx = \left[\frac{x^8}{24} - \frac{x^5}{15}\right]_0^2$$

$$= \frac{32}{3} - \frac{32}{15} = \frac{128}{15}.$$

【例題 8】 逐次積分

計算 $\displaystyle\int_0^\pi \int_0^{\cos y} x \sin y \, dx \, dy$.

【解】
$$\int_0^\pi \int_0^{\cos y} x \sin y \, dx \, dy = \int_0^\pi \left(\int_0^{\cos y} x \sin y \, dx \right) dy = \int_0^\pi \left[\frac{1}{2} x^2 \sin y \right]_0^{\cos y} dy$$

$$= \frac{1}{2} \int_0^\pi \cos^2 y \sin y \, dy = -\frac{1}{2} \int_0^\pi \cos^2 y \, d(\cos y)$$

$$= -\frac{1}{2} \left[\frac{1}{3} \cos^3 y \right]_0^\pi = \frac{1}{3}.$$

【例題 9】 逐次積分

計算 $\displaystyle\int_0^2 \int_{x^2}^{2x} (2y - x) \, dy \, dx$ 的值，並描繪疊積分的積分區域.

【解】
$$\int_0^2 \int_{x^2}^{2x} (2y - x) \, dy \, dx = \int_0^2 \left[y^2 - xy \right]_{x^2}^{2x} dx = \int_0^2 (2x^2 - x^4 + x^3) \, dx$$

$$= \left[\frac{2}{3} x^3 - \frac{1}{5} x^5 + \frac{1}{4} x^4 \right]_0^2 = \frac{44}{15}.$$

疊積分的積分區域為

$$R = \{(x, y) \mid 0 \leq x \leq 2, \ x^2 \leq y \leq 2x\}$$

如圖 9.5 所示.

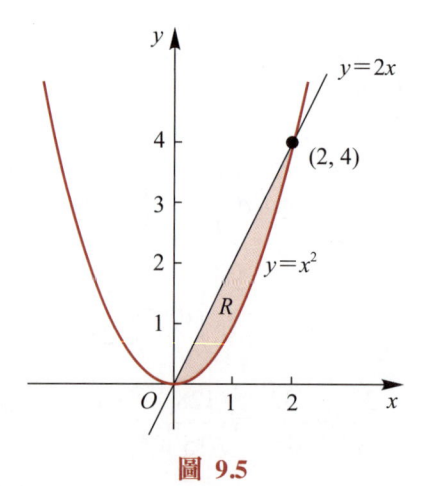

圖 9.5

圖 9.6

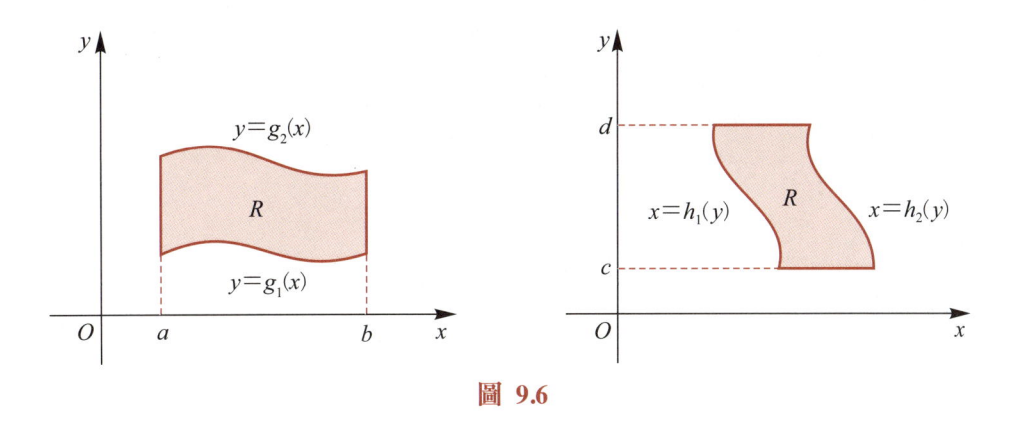

如果我們想直接由定義 9.1 計算二重積分的值，並非一件容易的事．現在，我們將討論如何利用疊積分計算二重積分的值．在討論疊積分與二重積分之關係前，我們先討論如圖 9.6 所示 xy-平面上的各型區域．若區域 R 為

$$R = \{(x, y) \mid a \leq x \leq b, \ g_1(x) \leq y \leq g_2(x)\}$$

其中函數 $g_1(x)$ 與 $g_2(x)$ 皆為連續函數，則我們稱它為<u>第 I 型區域</u> (region of type I)．又若 $R = \{(x, y) \mid h_1(y) \leq x \leq h_2(y), \ c \leq y \leq d\}$，其中 $h_1(y)$ 與 $h_2(y)$ 皆為連續函數，則稱它為<u>第 II 型區域</u> (region of type II)．

下面定理使我們能夠利用疊積分計算在第 I 型與第 II 型區域上的二重積分．

定理 9.3

假設 f 在區域 R 為連續，若 R 為第 I 型區域，則

$$\iint_R f(x, y) \, dA = \int_a^b \int_{g_1(x)}^{g_2(x)} f(x, y) \, dy \, dx$$

若 R 為第 II 型區域，則

$$\iint_R f(x, y) \, dA = \int_c^d \int_{h_1(y)}^{h_2(y)} f(x, y) \, dx \, dy$$

欲應用定理 9.3，通常從區域 R 的平面圖形開始 [不需要作 $f(x, y)$ 的圖形]．對第 I 型區域，我們可以求得

$$\iint_R f(x, y)\, dA = \int_a^b \int_{g_1(x)}^{g_2(x)} f(x, y)\, dy\, dx$$

中的積分界限如下：

步驟 1：我們在任一點 x 畫出穿過區域 R 的一條垂直線 [圖 9.7(i)]，此直線交 R 的邊界兩次，最低交點在曲線 $y = g_1(x)$ 上，而最高交點在曲線 $y = g_2(x)$ 上，這些交點決定了公式中 y 的積分界限．

步驟 2：將在步驟 1 所畫出的直線先向左移動 [圖 9.7(ii)]，然後向右移動 [圖 9.7(iii)]，直線與區域 R 相交的最左邊位置為 $x = a$，而相交的最右邊位置為 $x = b$，由此可得 x 的積分界限．

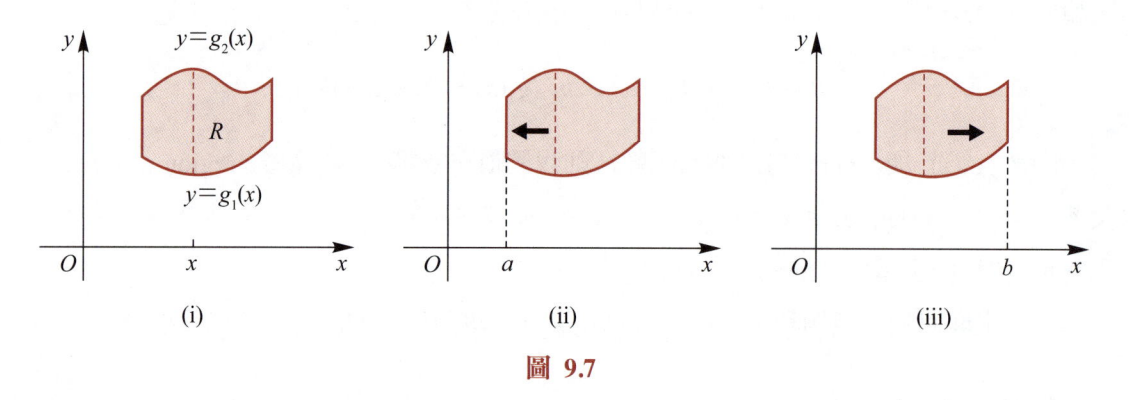

圖 9.7

【例題 10】 採用第 I 型區域

求 $\iint_R xy\, dA$，其中 R 是由曲線 $y = \sqrt{x}$ 與直線 $y = \dfrac{x}{2}$、$x = 1$、$x = 4$ 所圍成的區域．

【解】 如圖 9.8 所示，R 為第 I 型區域．於是，

$$\iint_R xy\, dA = \int_1^4 \int_{x/2}^{\sqrt{x}} xy\, dy\, dx = \int_1^4 \left[\frac{1}{2}xy^2\right]_{x/2}^{\sqrt{x}} dx = \int_1^4 \left(\frac{x^2}{2} - \frac{x^3}{8}\right) dx$$

$$= \left[\frac{x^3}{6} - \frac{x^4}{32}\right]_1^4 = \frac{32}{3} - 8 - \left(\frac{1}{6} - \frac{1}{32}\right) = \frac{81}{32}.$$

圖 9.8

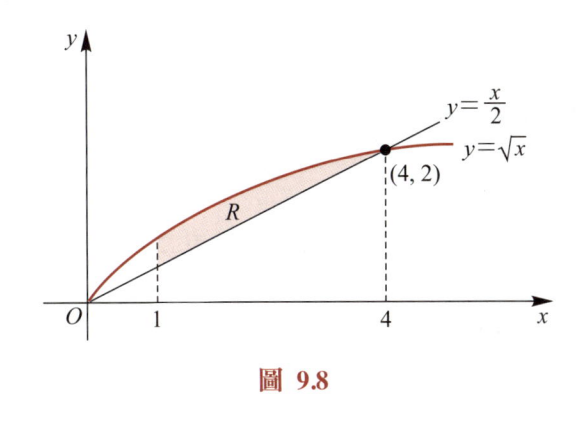

若 R 為第 II 型區域，則求得

$$\iint_R f(x,\ y)\ dA = \int_c^d \int_{h_1(y)}^{h_2(y)} f(x,\ y)\ dx\ dy$$

中的積分界限如下：

步驟 1：我們在任一點 y 畫出穿過區域 R 的一條水平線 [圖 9.9(i)]，此直線交 R 的邊界兩次，最左邊的交點在曲線 $x = h_1(y)$ 上，而最右邊的交點在曲線 $x = h_2(y)$ 上，這些交點決定了 x 的積分界限。

步驟 2：將在步驟 1 所畫出的直線先向下移動 [圖 9.9(ii)]，然後向上移動 [圖 9.9(iii)]，直線與區域 R 相交的最低位置為 $y = c$，而相交的最高位置為 $y = d$，由此可得 y 的積分界限。

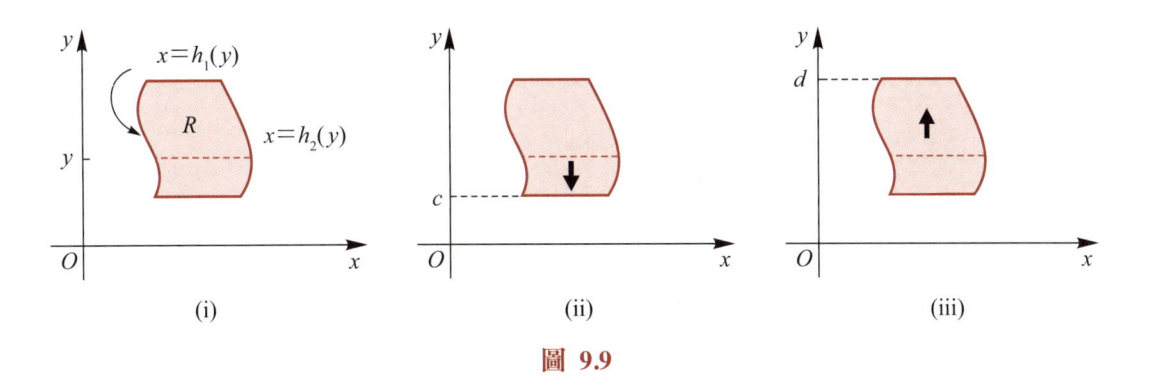

圖 9.9

【例題 11】 採用第 II 型區域

求 $\iint_R (4x+y^2)\, dA$，其中 R 是由直線 $y=-x+1$、$y=x+1$ 與 $y=3$ 所圍成的三角形區域．

【解】 區域 R 如圖 9.10 所示，我們視 R 為第 II 型區域．於是，

$$\iint_R (4x+y^2)\, dA$$
$$= \int_1^3 \int_{1-y}^{y-1} (4x+y^2)\, dx\, dy$$
$$= \int_1^3 \left[2x^2 + xy^2 \right]_{1-y}^{y-1} dy$$
$$= \int_1^3 2(y^3 - y^2)\, dy = 2\left[\frac{y^4}{4} - \frac{y^3}{3} \right]_1^3$$
$$= 2\left(\frac{81}{4} - 9 - \frac{1}{4} + \frac{1}{3} \right) = \frac{68}{3}.$$

圖 9.10

註：欲在第 II 型區域上積分，左邊界與右邊界必須分別表為 $x=h_1(y)$ 與 $x=h_2(y)$，這就是我們在上面例題中分別改寫邊界方程式 $y=-x+1$ 與 $y=x+1$ 為 $x=1-y$ 與 $x=y-1$ 的理由．

在例題 11 中，若我們視 R 為第 I 型區域，則 R 的上邊界是直線 $y=3$ 而下邊界是由在原點左邊的直線 $y=-x+1$ 與在原點右邊的直線 $y=x+1$ 等兩部分所組成．欲完成積分，我們需要將 R 分成兩部分，如圖 9.11 所示，而寫成：

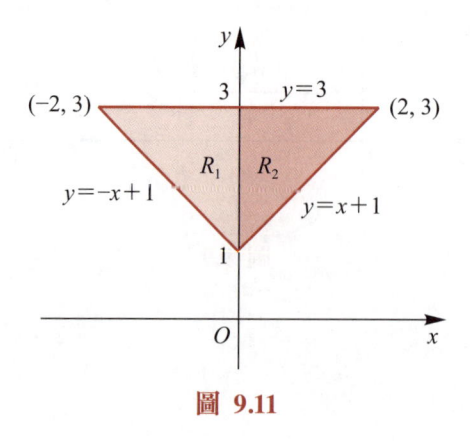

圖 9.11

$$\iint_R (4x+y^2)\,dA = \iint_{R_1}(4x+y^2)\,dA + \iint_{R_2}(4x+y^2)\,dA$$

$$= \int_{-2}^{0}\int_{-x+1}^{3}(4x+y^2)\,dy\,dx + \int_{0}^{2}\int_{x+1}^{3}(4x+y^2)\,dy\,dx$$

$$= \int_{-2}^{0}\left[4xy+\frac{y^3}{3}\right]_{-x+1}^{3}dx + \int_{0}^{2}\left[4xy+\frac{y^3}{3}\right]_{x+1}^{3}dx$$

$$= \int_{-2}^{0}\left(\frac{x^3}{3}+3x^2+9x+\frac{26}{3}\right)dx + \int_{0}^{2}\left(-\frac{x^3}{3}-5x^2+7x+\frac{26}{3}\right)dx$$

$$= \left[\frac{x^4}{12}+x^3+\frac{9}{2}x^2+\frac{26}{3}x\right]_{-2}^{0} + \left[-\frac{x^4}{12}-\frac{5}{3}x^3+\frac{7}{2}x^2+\frac{26}{3}x\right]_{0}^{2}$$

$$= 6+\frac{50}{3}=\frac{68}{3}.$$

雖然二重積分可利用定理 9.3 來計算．一般而言，選擇 $dy\,dx$ 或 $dx\,dy$ 的積分順序往往與 $f(x, y)$ 的形式及區域 R 有關，有時，所予二重積分的計算非常地困難，或甚至不可能；然而，若顛倒 $dy\,dx$ 或 $dx\,dy$ 的積分順序，或許可能求得易於計算之等值的二重積分．

【例題 12】 顛倒積分的順序

計算 $\int_{0}^{1}\int_{2x}^{2} e^{y^2}\,dy\,dx$．

【解】 因所予的積分順序為 $dy\,dx$，故區域 R 為第 I 型區域：$y=2x$ 至 $y=2$；$x=0$ 至 $x=1$．今顛倒積分順序成 $dx\,dy$，則 x 自 0 至 $\dfrac{y}{2}$；y 自 0 至 2，如圖 9.12 所示．所以，$\int_{0}^{1}\int_{2x}^{2}e^{y^2}\,dy\,dx = \int_{0}^{2}\int_{0}^{y/2}e^{y^2}\,dx\,dy$

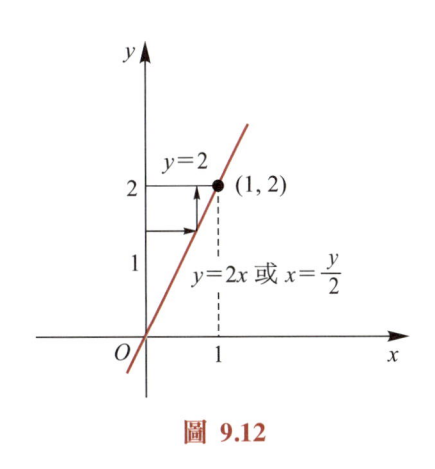

圖 9.12

$$= \int_0^2 \left[xe^{y^2} \right]_0^{y/2} dy = \int_0^2 \frac{1}{2} y e^{y^2} dy$$

$$= \frac{1}{4} \int_0^2 e^{y^2} d(y^2) = \frac{1}{4} \left[e^{y^2} \right]_0^2$$

$$= \frac{1}{4} (e^4 - 1).$$ ⏭

【例題 13】 利用二重積分

求由拋物線 $y = x^2$ 與直線 $y = 2x$ 所圍成區域的面積.

【解】 我們同樣可以視區域 R 為第 I 型 [圖 9.13(i)] 或第 II 型 [圖 9.13(ii)].

視 R 為第 I 型, 可得

$$R \text{ 的面積} = \iint_R dA = \int_0^2 \int_{x^2}^{2x} dy\, dx = \int_0^2 \left[y \right]_{x^2}^{2x} dx$$

$$= \int_0^2 (2x - x^2)\, dx = \left[x^2 - \frac{x^3}{3} \right]_0^2 = \frac{4}{3}$$

視 R 為第 II 型, 可得

$$R \text{ 的面積} = \iint_R dA = \int_0^4 \int_{y/2}^{\sqrt{y}} dx\, dy = \int_0^4 \left[x \right]_{y/2}^{\sqrt{y}} dy$$

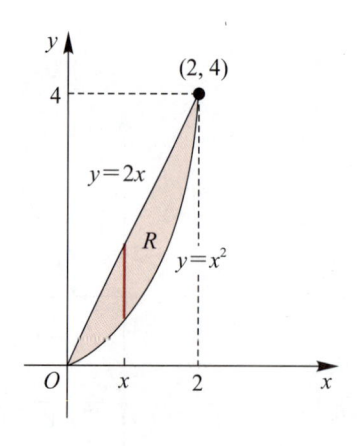

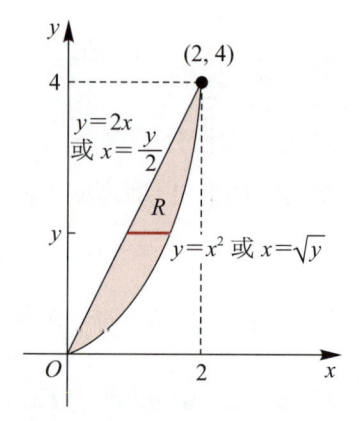

圖 9.13

$$= \int_0^4 \left(\sqrt{y} - \frac{y}{2}\right) dy = \left[\frac{2}{3}y^{3/2} - \frac{y^2}{4}\right]_0^4 = \frac{4}{3}.$$

【例題 14】 利用二重積分

求由各坐標平面與平面 $4x+2y+z=4$ 所圍成四面體的體積.

【解】 四面體的上界為平面 $z=4-4x-2y$，而下界為圖 9.14 所示的三角形區域 R，它是由 x-軸、y-軸與直線 $y=2-2x$ (在 $z=4-4x-2y$ 中令 $z=0$) 所圍成，故視 R 為第 I 型區域，可得體積為

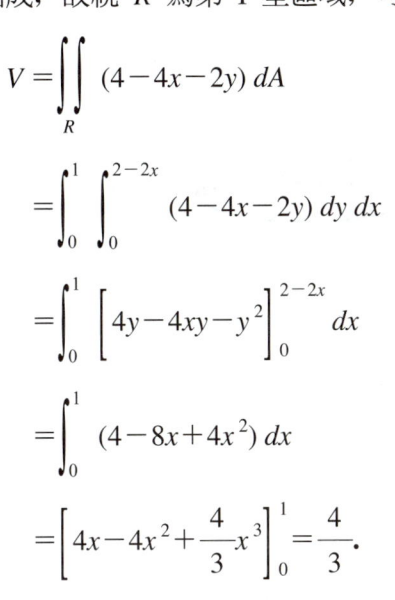

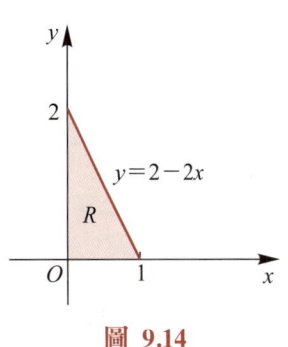

$$V = \iint_R (4-4x-2y)\, dA$$

$$= \int_0^1 \int_0^{2-2x} (4-4x-2y)\, dy\, dx$$

$$= \int_0^1 \left[4y-4xy-y^2\right]_0^{2-2x} dx$$

$$= \int_0^1 (4-8x+4x^2)\, dx$$

$$= \left[4x-4x^2+\frac{4}{3}x^3\right]_0^1 = \frac{4}{3}.$$

圖 9.14

【例題 15】 採用第 I 型區域

求由圓柱面 $x^2+y^2=4$ 與兩平面 $y+z=5$、$z=0$ 所圍成立體的體積.

【解】 如圖 9.15 所示，該立體的上界為平面 $z=5-y$，而下界為位於圓 $x^2+y^2=4$ 內部的區域 R，視 R 為第 I 型區域，可得體積為

$$V = \iint_R z\, dA$$

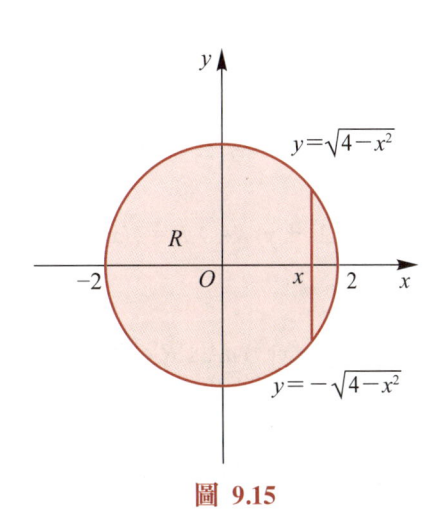

圖 9.15

$$= \int_{-2}^{2} \int_{-\sqrt{4-x^2}}^{\sqrt{4-x^2}} (5-y)\, dy\, dx$$

$$= \int_{-2}^{2} \left[5y - \frac{y^2}{2} \right]_{-\sqrt{4-x^2}}^{\sqrt{4-x^2}} dx$$

$$= \int_{-2}^{2} 10\sqrt{4-x^2}\, dx$$

$$= (10) \cdot (2\pi)$$

$$= 20\pi.$$

$\left(\int_{-2}^{2} \sqrt{4-x^2}\, dx = \text{半徑為 2 的半圓區域面積} \right)$

習題 9.2

計算 1～8 題中的疊積分.

1. $\displaystyle\int_{-1}^{2} \int_{1}^{4} (2x+3x^2 y)\, dx\, dy$

2. $\displaystyle\int_{1}^{2} \int_{0}^{1} \frac{1}{(x+y)^2}\, dx\, dy$

3. $\displaystyle\int_{0}^{1} \int_{0}^{\pi/2} (\sin x + e^y)\, dx\, dy$

4. $\displaystyle\int_{1}^{2} \int_{0}^{x} e^{y/x}\, dy\, dx$

5. $\displaystyle\int_{0}^{\pi/2} \int_{0}^{\sin y} e^x \cos y\, dx\, dy$

6. $\displaystyle\int_{1}^{e} \int_{0}^{x} \ln x\, dy\, dx$

7. $\displaystyle\int_{0}^{1} \int_{y}^{1} \frac{1}{1+y^2}\, dx\, dy$

8. $\displaystyle\int_{0}^{1} \int_{y}^{1} xy e^{x^2+y^2}\, dy\, dx$

求 9～12 題中各二重積分的值.

9. $\displaystyle\iint_{R} (2x+y)\, dA$；$R = \{(x, y) \mid -1 \leq x \leq 2,\ -1 \leq y \leq 4\}$

10. $\displaystyle\iint_{R} (y-xy^2)\, dA$；$R = \{(x, y) \mid -y \leq x \leq y+1,\ 0 \leq y \leq 1\}$

11. $\displaystyle\iint_{R} \frac{y}{1+x^2}\, dA$；$R$ 是由曲線 $y=\sqrt{x}$、x-軸與直線 $x=4$ 所圍成的區域.

12. $\iint\limits_{R} x \cos y \, dA$；$R$ 是由拋物線 $y = x^2$、x-軸與直線 $x = 1$ 所圍成的區域.

13. 顛倒積分的順序計算 $\int_0^1 \int_{3y}^3 e^{x^2} \, dx \, dy$.

利用二重積分求 14～16 題中各方程式的圖形所圍成區域的面積.

14. $y = x$，$y = 3x$，$x + y = 4$
15. $y = x^2$，$y = 8 - x^2$

16. $y = \ln |x|$，$y = 0$，$y = 1$

17. 求由各坐標平面與平面 $x = 5$、$y + 2z - 4 = 0$ 所圍成立體的體積.

18. 求由各坐標平面與平面 $z = 6 - 2x - 3y$ 所圍成四面體的體積.

19. 求由圓柱面 $x^2 + y^2 = 9$、xy-平面與平面 $z = 3 - x$ 所圍成立體的體積.

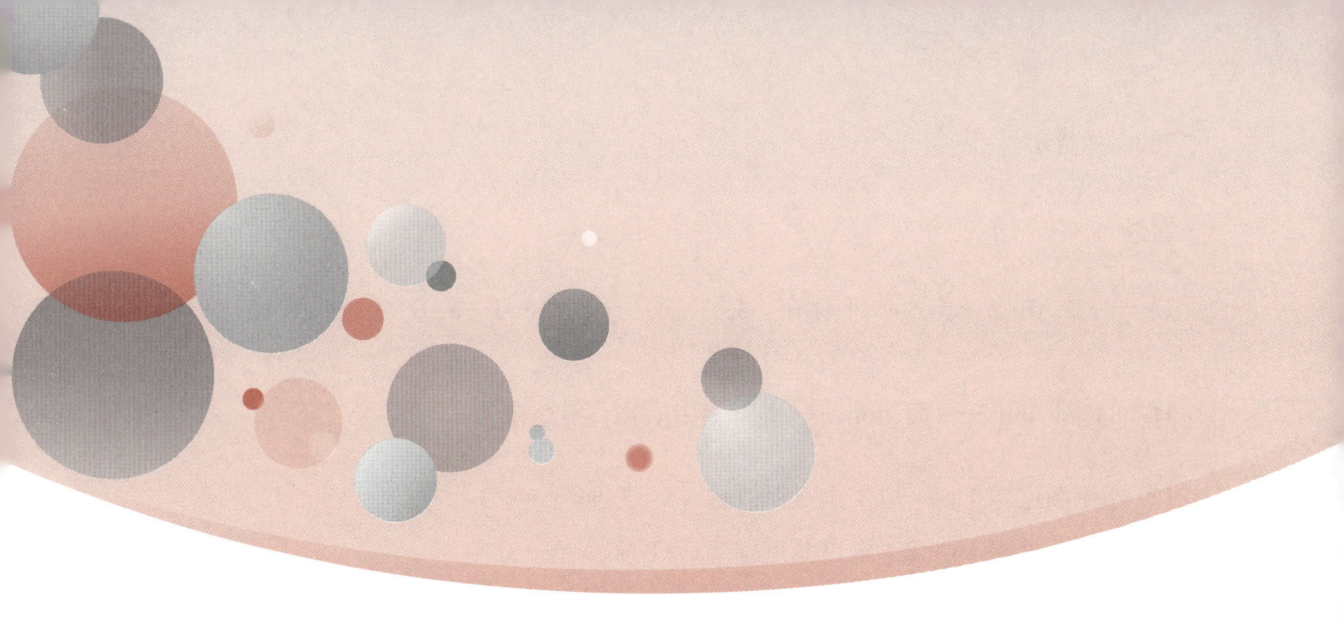

習題答案

第 1 章

習題 1.1

1. -3 2. 60 3. 243 4. $\dfrac{3}{8}$ 5. 5 6. -3 7. $-\dfrac{1}{x^2}$ 8. 12 9. -2 10. 108

11. $-2\sqrt{2}$ 12. $\dfrac{27}{4}$ 13. $\dfrac{2}{3}$ 14. 0 15. $\dfrac{1}{2}$ 16. $\dfrac{1}{4}$ 17. -1 18. $\dfrac{11}{5}$ 19. 0

20. 不存在 21. 1 22. 不存在 23. 0

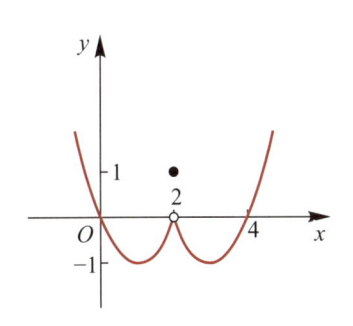

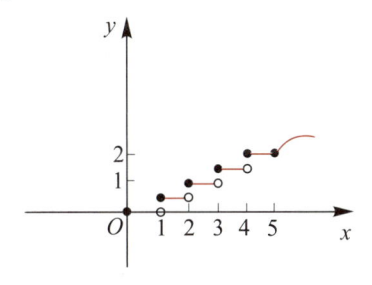

24. 0 25. 2

習題 1.2

1. $x=-1$ 2. $x=2$ 與 $x=-\dfrac{1}{3}$ 3. $x=\pm 3$ 4. $x=0$ 與 $x=-3$ 5. $x=-1$

6. $x=\dfrac{2}{3}$ 7. $x=2n\pi\ (n\in\mathbb{Z})$ 8. $x=2$ 9. -4 10. $c=1$ 或 2 11. $a=-2, b=-6$

12. 1 13. 0 14. $\dfrac{\sqrt{2}}{2}$ 15. $\dfrac{1}{e}$ 16. 略

習題 1.3

1. $\dfrac{1}{2}$ 2. 0 3. $\dfrac{3}{2}$ 4. 不存在 5. 3 6. $\dfrac{3}{2}$ 7. -1 8. 0 9. -1 10. -1

11. (1) 因 $\lim\limits_{x\to 0^+}\dfrac{1}{x}$ 與 $\lim\limits_{x\to 0^+}\dfrac{1}{x^2}$ 均不存在，(2) 不存在

12. 水平漸近線：$y=-1$；垂直漸近線：$x=3$ 與 $x=-3$

13. 水平漸近線：$y=2$；垂直漸近線：$x=1$ 與 $x=-3$

第 2 章

習題 2.1

1. 切線方程式：$5x-y-8=0$，法線方程式：$x+5y-12=0$
2. 切線方程式：$x+2y+2=0$，法線方程式：$2x-y-1=0$
3. $\left(\dfrac{5}{4},\dfrac{1}{2}\right)$ 4. $\left(\dfrac{1}{2},\dfrac{17}{4}\right)$ 5. $\dfrac{8}{3}$ 6. $f(1)=0,\ f'(1)=5$ 7. 否 8. 否 9. 否

習題 2.2

1. $18x^5+6x^2$ 2. $18x^2-3x+10$ 3. $-24x^7-6x^5+10x^4-63x^2-7$

4. $(x^2+1)(x-1)(x+5)\left(\dfrac{2x}{x^2+1}+\dfrac{1}{x-1}+\dfrac{1}{x+5}\right)$ 5. $3(x^5+2x)^2(5x^4+2)$

6. $-\dfrac{2(2x+1)}{(x^2+x)^3}$ 7. $-\dfrac{4}{(1+2x)^2}$ 8. $\dfrac{x^2-1}{3x^2}$ 9. (1) 8，(2) -8，(3) 8 10. $\dfrac{1}{4}$

11. 1 12. $\left(1,\dfrac{5}{6}\right)$ 與 $\left(2,\dfrac{2}{3}\right)$ 13. $\dfrac{2x(x^2-3)}{(1+x^2)^3}$ 14. $\dfrac{1}{(x^2+1)^{3/2}}$ 15. 160

16. $f(x)=-2x^2+7x$ 17. 2 18. (1) $b^2>3ac$，(2) $b^2=3ac$，(3) $b^2<3ac$

19. 12 20. 2520 21. $2(-1)^n n!\,(1+x)^{-n-1}$ 22. (1) $n!$，(2) 0，(3) $n!a_n$ 23. 略

習題 2.3

1. (1) $\dfrac{1}{4\sqrt[3]{4}}$ (厘米／分)，(2) 36π (立方厘米／分)，(3) $6\sqrt[3]{4}$ (平方厘米／分)

2. $v(t)=144-32t$ (呎／秒)，$a(t)=-32$ (呎／秒^2)，$v(3)=48$ (呎／秒)

$a(3) = -32$ (呎／秒^2), 最大高度為 324 (呎), 9 (秒)

3. $v(1) = 10$ (吋／秒), $v(2) = 20$ (吋／秒), 2.8 (秒)

4. 加速度為 -6 (米／秒^2) 與 6 (米／秒^2), 速度為 $\dfrac{44}{3}$ (米／秒)

5. 略 **6.** $\dfrac{9}{5}$ **7.** 50.3 (安培) **8.** 4 秒末 **9.** $-\dfrac{q^2}{p^2}$

習題 2.4

1. $-16x^{-5}(x^{-4}+4)^3$ **2.** 28 **3.** 1 **4.** 0.096 (歐姆／秒) **5.** 略

6. $f'(g(h(x)))g'(h(x))h'(x)$ **7.** 8 **8.** $\dfrac{x^2}{8}$

習題 2.5

1. $\dfrac{1-2xy-2y^3}{x(x+6y^2)}$ **2.** $\dfrac{x(x-y)^2+y}{x}$ **3.** $\dfrac{1}{\sqrt{x}\,(3\sqrt{y}+2)}$

4. 切線方程式：$3x+y-4=0$, 法線方程式：$x-3y+2=0$

5. 略 **6.** 略 **7.** 略 **8.** $\dfrac{1}{4}$ **9.** 1

習題 2.6

1. (1) $\Delta y = 10x\Delta x + 4\Delta x + 5(\Delta x)^2$, $dy = (10x+4)\,dx$

(2) $\Delta y = 1.282$, $dy = 1.28$

2. 0.04 **3.** (1) 58.24, (2) 2.0003, (3) 2.0117 **4.** 0.251 (平方呎)

5. 0.236 (立方厘米) **6.** (1) ±1875 (立方厘米), (2) ±12% **7.** ±10% **8.** 略 **9.** 略

習題 2.7

1. $\dfrac{1}{2}$ **2.** $\dfrac{3}{4}$ **3.** 0 **4.** 0 **5.** 1 **6.** $4x\cos 2x$ **7.** $-4\sin 2x \cos 2x$

8. $\dfrac{\sin x + \cos x - 1}{(1-\sin x)^2}$ **9.** $-\dfrac{1}{|x|\sqrt{x^2-1}}$ **10.** $-\dfrac{1}{x^2+1}$ **11.** $\dfrac{30x}{5x^2+1}$

12. $\dfrac{1}{\sqrt{x^2-1}}$ **13.** $\dfrac{1}{4x\sqrt{\ln\sqrt{x}}}$ **14.** $\dfrac{2x}{1-x^4}$ **15.** $\csc x$ **16.** $\dfrac{1}{x\ln x\ln(\ln x)}$

17. $\dfrac{e^{2x}-e^{-2x}}{e^{2x}+e^{-2x}}$ 18. $\dfrac{4}{(e^x+e^{-x})^2}$ 19. $x^{\sin x}\left(\dfrac{\sin x}{x}+\cos x\ln x\right)$

20. $(\ln x)^x\left(\ln\ln x+\dfrac{1}{\ln x}\right)$ 21. $\dfrac{1}{3}\sqrt[3]{\dfrac{4x-3}{(2x+1)(3x-2)}}\left(\dfrac{4}{4x-3}-\dfrac{2}{2x+1}-\dfrac{3}{3x-2}\right)$

22. 切線方程式：$x-y=0$，法線方程式：$x+y-\dfrac{4}{\pi}=0$

23. $x-2y=0$ 24. 0.8573 25. (1) $-\cos x$, (2) $-2^{50}\cos 2x$ 26. 0.6982

27. 略 28. 略 29. 略

30. (1) 略，(2) $\dfrac{d}{dx}u^v=u^v(\ln u)\dfrac{du}{dx}$，(3) $\dfrac{d}{dx}u^v=vu^{v-1}\dfrac{du}{dx}$

第 3 章

習題 3.1

1. 絕對極大值為 3，絕對極小值為 2 2. 絕對極大值為 27，絕對極小值為 -1

3. 絕對極大值為 6，絕對極小值為 2 4. 絕對極大值為 $\dfrac{\sqrt{2}}{4}$，絕對極小值為 $-\dfrac{1}{3}$

5. 絕對極大值為 17，絕對極小值為 1 6. 絕對極大值為 $\sqrt{2}$，絕對極小值為 -1

7. 絕對極大值為 $\dfrac{1}{e}$，絕對極小值為 0 8. 絕對極大值為 $\dfrac{1}{e}$，絕對極小值為 0

9. 絕對極大值為 -4 10. $a=-2$, $b=4$，絕對極小值

習題 3.2

1. $\pm\dfrac{\sqrt{3}}{3}$ 2. π 3. $2-\sqrt{3}$ 4. $2\sqrt{3}$ 5. 2.00026

習題 3.3

1. 遞增區間為 $\left[\dfrac{5}{2},\infty\right)$，遞減區間為 $\left(-\infty,\dfrac{5}{2}\right]$

2. 遞增區間為 $\left(-\infty,-\dfrac{3}{2}\right]$，遞減區間為 $\left[-\dfrac{3}{2},\infty\right)$

3. 遞增區間為 $\left(-\infty,-\dfrac{2}{3}\right]$ 與 $\left[\dfrac{2}{3},\infty\right)$，遞減區間為 $\left[-\dfrac{2}{3},\dfrac{2}{3}\right]$

4. 遞增區間為 $(-\infty, \infty)$

5. 遞增區間為 $[-\sqrt{2}, \sqrt{2}]$，遞減區間為 $(-\infty, -\sqrt{2}]$ 與 $[\sqrt{2}, \infty)$

6. 遞增區間為 $\left[0, \dfrac{\pi}{4}\right]$ 與 $\left[\dfrac{\pi}{2}, \dfrac{3\pi}{4}\right]$，遞減區間為 $\left[\dfrac{\pi}{4}, \dfrac{\pi}{2}\right]$ 與 $\left[\dfrac{3\pi}{4}, \pi\right]$

7. 相對極大值為 5，相對極小值為 4

8. 相對極大值為 $\dfrac{4}{27}$，相對極小值為 0

9. 相對極大值為 60，相對極小值為 -48

10. 相對極大值為 $\dfrac{1}{2}$，相對極小值為 $-\dfrac{1}{2}$

11. 相對極小值為 1

12. 相對極大值為 $\dfrac{4}{e^2}$，相對極小值為 0

習題 3.4

1. 在 $(-\infty, -1)$ 為凹向上，在 $(-1, \infty)$ 為凹向下；反曲點為 $(-1, -70)$

2. 在 $(-\infty, -1)$ 與 $(1, \infty)$ 均為凹向上，在 $(-1, 1)$ 為凹向下；
   反曲點為 $(-1, -5)$ 與 $(1, -5)$

3. 在 $(-\infty, -1)$、$\left(-\dfrac{\sqrt{5}}{5}, \dfrac{\sqrt{5}}{5}\right)$ 與 $(1, \infty)$ 均為凹向上，在 $\left(-1, -\dfrac{\sqrt{5}}{5}\right)$ 與 $\left(\dfrac{\sqrt{5}}{5}, 1\right)$ 均為凹向下；反曲點為 $(-1, 0)$、$\left(-\dfrac{\sqrt{5}}{5}, -\dfrac{64}{125}\right)$、$\left(\dfrac{\sqrt{5}}{5}, -\dfrac{64}{125}\right)$ 與 $(1, 0)$

4. 在 $\left(-\infty, \dfrac{-\sqrt{3}}{3}\right)$ 與 $\left(\dfrac{\sqrt{3}}{3}, \infty\right)$ 均為凹向上，在 $\left(-\dfrac{\sqrt{3}}{3}, \dfrac{\sqrt{3}}{3}\right)$ 為凹向下；
   反曲點為 $\left(-\dfrac{\sqrt{3}}{3}, \dfrac{3}{4}\right)$ 與 $\left(\dfrac{\sqrt{3}}{3}, \dfrac{3}{4}\right)$

5. 在 $(-\infty, -2)$ 為凹向下，在 $(-2, \infty)$ 為凹向上；反曲點為 $\left(-2, -\dfrac{2}{e^2}\right)$

6. 相對極大值為 4，相對極小值為 0

7. 相對極大值為 0，相對極小值為 $-\dfrac{1}{4}$

8. 相對極小值為 $-\dfrac{1}{e}$　**9.** 相對極小值為 e　**10.** 絕對極小值為 -3

11. $a=1$, $b=-3$, $c=3$　**12.** 略　**13.** 略　**14.** 2

習題 3.5

1.

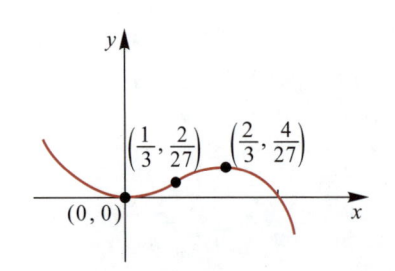

2.

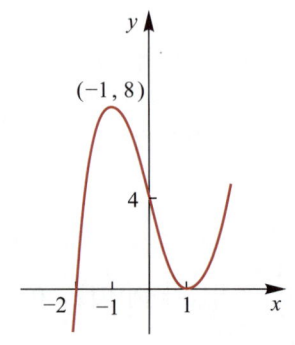

3.

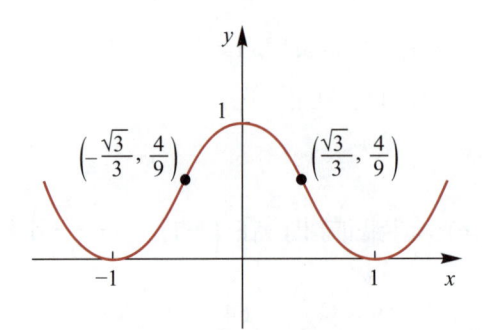

4.

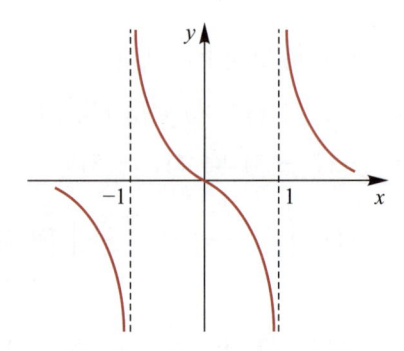

5.

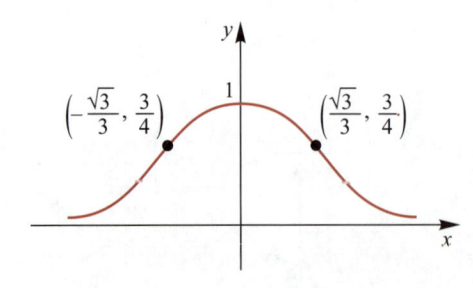

6.

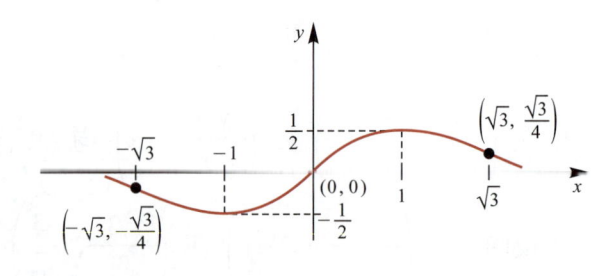

7.

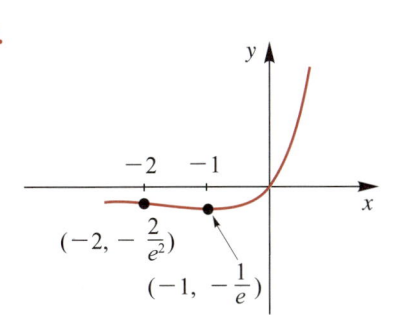

8.

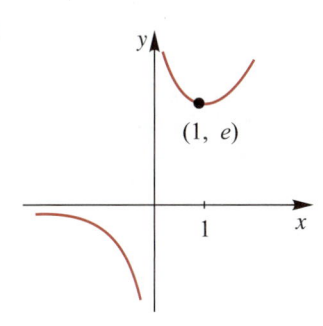

9. (1) 保留使 $f(x) \geq 0$ 的所有點，而將使 $f(x) < 0$ 的所有點對 x-軸作對稱即可．

(2)

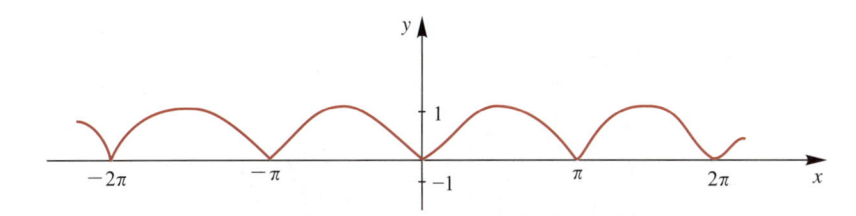

10. (1) 保留在 $x \geq 0$ 的部分所有點，再對 y-軸作對稱即可．

(2)

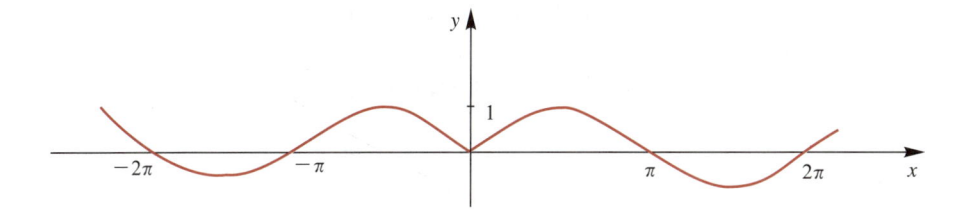

習題 3.6

1. 20 與 -20 **2.** 均為 8 **3.** r^2 **4.** 底半徑為 $\dfrac{\sqrt{6}}{3}r$，高為 $\dfrac{2\sqrt{3}}{3}r$

5. $\left(-\dfrac{\sqrt{3}}{3},\ \dfrac{3}{4}\right)$ **6.** 21 棵 **7.** $\left(\dfrac{a}{2},\ \dfrac{b}{2}\right)$ **8.** -3

習題 3.7

1. $\dfrac{1}{40}$ **2.** 0 **3.** $\dfrac{1}{2}$ **4.** $\dfrac{1}{4}$ **5.** $-\dfrac{1}{2}$ **6.** $\ln 2$ **7.** $\dfrac{1}{3}$ **8.** 0 **9.** $\dfrac{2}{5}$ **10.** 1

11. 0 **12.** 0 **13.** 0 **14.** 0 **15.** 1 **16.** 1 **17.** 0 **18.** $-\dfrac{3}{2}$ **19.** 0 **20.** $\ln 2$

21. 1 **22.** e **23.** e^a **24.** 1 **25.** (1) 略，(2) 略 **26.** (1) 略，(2) 略

27. $a = -1,\ b = \pm 2$

第 4 章

習題 4.1

1. (1) $\dfrac{17}{32}$, (2) $\dfrac{25}{32}$ 2. (1) $\dfrac{77}{60}$, (2) $\dfrac{25}{12}$ 3. (1) $\dfrac{\sqrt{2}\,\pi}{4}$, (2) $\dfrac{(2+\sqrt{2})\pi}{4}$

4. (1) $\dfrac{38}{3}$, (2) $\dfrac{38}{3}$ 5. (1) 18, (2) 18 6. (1) $\dfrac{628}{3}$, (2) $\dfrac{628}{3}$

7. $-\dfrac{279}{32}$ 8. $\displaystyle\int_{-4}^{-3}(\sqrt[3]{x}+2x)\,dx$ 9. $\dfrac{\pi}{2}$ 10. $\pi+2$ 11. 10 12. $\dfrac{13}{2}$

13. -9 14. 12 15. 1 16. $-\dfrac{5}{4}$

習題 4.2

1. $\dfrac{2}{9}x^{9/2}+C$ 2. $\dfrac{3}{5}x^{5/3}-5x^{4/5}+4x+C$ 3. $2x-\dfrac{1}{2}x^2+\dfrac{2}{3}x^3-\dfrac{1}{4}x^4+C$

4. $2\tan x-2\sec x-x+C$ 5. $\tan x+\sec x+C$ 6. $\tan x+\sec x+C$

7. $\dfrac{1}{2}\tan(x^2)+C$ 8. $x+\cos x+C$ 9. $\theta-\cos\theta+C$

10. $f(x)=\dfrac{1}{6}x^3-\cos x+2x+2$ 11. $-\dfrac{1}{4}\left(1+\dfrac{1}{x}\right)^4+C$

12. $\dfrac{y^2}{2}-3y=5x-\dfrac{x^2}{2}+C,\ (x-5)^2+(y-3)^2=25$

13. 40（呎／秒） 14. $F(C)=\dfrac{9}{5}C+32$ 15. $T(t)=\dfrac{1}{8}t^2+10t+5$

16. (1) 略, (2) 略 17. 否, 因為 $(-\infty,0)\cup(0,\infty)$ 不是閉區間

習題 4.3

1. $-\dfrac{1}{2}$ 2. 1 3. $\dfrac{\pi}{4}$ 4. $\dfrac{87}{4}$ 5. $\dfrac{56}{3}$ 6. 3 7. 1 8. $\dfrac{136}{3}$ 9. $\dfrac{1}{2}+\ln 2$

10. (1) $\dfrac{15}{4}$, (2) $\dfrac{\sqrt[3]{30}}{2}$ 11. (1) 0, (2) $-\pi$, 0, π

習題 4.4

1. $\dfrac{2}{3}(x+1)^{3/2} - 2(x+1)^{1/2} + C$ 2. $\dfrac{2}{5}(2-x)^{5/2} - 2(2-x)^{3/2} + C$

3. $\dfrac{n}{a(n+1)}(ax+b)^{(n+1)/n} + C$ 4. $-2\cos\sqrt{x} + C$ 5. $\dfrac{5}{\pi}\sin(\pi x - 3) + C$

6. $\ln|\sin x| + C$ 7. $-\cos(\sin\theta) + C$ 8. $\dfrac{1}{3}\tan^3 x + C$ 9. $\dfrac{1}{3}\sec^3 x + C$

10. $2\sqrt{e^x} + C$ 11. $\dfrac{2^{5x}}{5\ln 2} + C$ 12. $2(\sqrt{7} - \sqrt{3})$ 13. $\dfrac{1}{2}$ 14. $\dfrac{7}{24}$

15. $\dfrac{1}{2}$ 16. $\dfrac{8}{3}(4-\sqrt{2})$ 17. 0 18. 4 19. 2 20. $\dfrac{1}{2}$

21. (1) 略, (2) $\dfrac{1}{56}$ 22. 略

第 5 章

習題 5.1

1. $-\dfrac{1}{3}\sin(1-x^3) + C$ 2. $-\dfrac{2^{1/x}}{\ln 2} + C$ 3. $-\ln(3-\sin x) + C$

4. $2\tan^{-1}\sqrt{x} + C$ 5. $-2\sqrt{2-\tan x} + C$ 6. $\begin{cases}\dfrac{(\ln x)^{n+1}}{n+1} + C\ (n\neq -1)\\ \ln|\ln x| + C\ (n=-1)\end{cases}$ 7. 2

8. $-\dfrac{1}{\ln x} + C$ 9. $2\sqrt{e^x - 1} + C$ 10. $\dfrac{3^{\tan x}}{\ln 3} + C$ 11. $\sin^{-1}\dfrac{\sqrt{3}}{3}$

習題 5.2

1. $-xe^{-x} - e^{-x} + C$ 2. $\dfrac{1}{4}(2x-1)e^{2x} + C$ 3. $-\dfrac{x}{2}\cos 2x + \dfrac{1}{4}\sin 2x + C$

4. $\dfrac{x^4}{4}\ln x - \dfrac{x^4}{16} + C$ 5. $\dfrac{e^{2x}(3\sin 3x + 2\cos 3x)}{13} + C$

308 微積分

6. $-\dfrac{1}{6}e^{-3x}(\sin 3x+\cos 3x)+C$ 7. $x\tan x+\ln|\cos x|-\dfrac{x^2}{2}+C$

8. $2\ln 2-1$ 9. $x[(\ln x)^2-2\ln x+2]+C$ 10. $2(-\sqrt{x}\cos\sqrt{x}+\sin\sqrt{x})+C$

11. 2 12. $\dfrac{e-2}{2e}$ 13. $\dfrac{2-\sqrt{2}}{3}$

習題 5.3

1. 有二解：$-\dfrac{\cos^4 x}{4}+\dfrac{\cos^6 x}{6}+C$, $\dfrac{\sin^4 x}{4}-\dfrac{\sin^6 x}{6}+C$

2. $\dfrac{\sin^3 x}{3}-\dfrac{\sin^5 x}{5}+C$ 3. $\dfrac{\sin^3 2\theta}{6}-\dfrac{\sin^5 2\theta}{10}+C$ 4. $\dfrac{\sin 2x}{2}-\dfrac{\sin^3 2x}{6}+C$

5. $\dfrac{x}{8}-\dfrac{\sin 4x}{32}+C$ 6. $\dfrac{\tan^4 x}{4}+\dfrac{\tan^6 x}{6}+C$ 7. $\dfrac{\csc^3 x}{3}-\dfrac{\csc^5 x}{5}+C$

8. $\dfrac{\sec^5 x}{5}-\dfrac{2}{3}\sec^3 x+\sec x+C$ 9. $\dfrac{1}{6}\tan^2 3x+\dfrac{1}{3}\ln|\cos 3x|+C$

10. $\dfrac{\sin 2x}{4}-\dfrac{\sin 8x}{16}+C$ 11. $\dfrac{1}{2}\left(-\dfrac{1}{7}\cos 7x+\dfrac{1}{3}\cos 3x\right)+C$ 12. 0

習題 5.4

1. $2\left(\sin^{-1}\dfrac{x}{2}-\dfrac{x\sqrt{4-x^2}}{4}\right)+C$ 2. $-\dfrac{\sqrt{16-x^2}}{16x}+C$ 3. $\ln(\sqrt{2}+1)$

4. $\sqrt{x^2-9}-3\sec^{-1}\dfrac{x}{3}+C$ 5. $\dfrac{\sqrt{x^2-16}}{16x}+C$ 6. $\tan^{-1}(x+2)+C$

7. $\ln(x^2+4x+8)+\tan^{-1}\left(\dfrac{x+2}{2}\right)+C$ 8. $\dfrac{\pi}{6}$ 9. $\ln|\sqrt{x^2-6x+10}+x-3|+C$

10. $\dfrac{1}{2}\left(\tan^{-1}x+\dfrac{x}{x^2+1}\right)+C$ 11. $\dfrac{1}{2}\ln(x^2+4)+C$

習題 5.5

1. $-2\ln|x-2|+3\ln|x-3|+C$ 2. $\ln|x|+4\ln|x-4|+C$

3. $\dfrac{5}{2}\ln|2x-1|+3\ln|x+4|+C$ 4. $3x+12\ln|x-2|-\dfrac{2}{x-2}+C$

5. $\dfrac{x^2}{2}+3x-\ln|x-1|+8\ln|x-2|+C$ 6. $3\ln|x|-\ln|x-1|-\dfrac{5}{x-1}+K$

7. $3\ln|x|-\dfrac{1}{x}-\ln|x-1|+K$ 8. $2\ln|x+1|+\dfrac{1}{x+1}-\dfrac{1}{(x+1)^2}+K$

9. $\dfrac{1}{2}\ln\dfrac{|x^2-1|}{x^2}+K$ 10. $\ln\left|\dfrac{x^2(x-2)}{x+2}\right|+K$ 11. $\dfrac{1}{2}\ln\dfrac{x^2}{x^2+1}+K$

12. $\dfrac{1}{2}\ln|x|+\dfrac{1}{10}\ln|2x-1|-\dfrac{1}{10}\ln|x+2|+K$ 13. $\dfrac{1}{2}\ln\left|\dfrac{e^x-1}{e^x+1}\right|+C$

習題 5.6

1. 3   2. $\dfrac{\pi}{4}$ 3. 發散   4. 發散   5. $\dfrac{1}{2}\ln 2$ 6. 1   7. $\ln 2$ 8. $\dfrac{\pi}{2}$ 9. 發散

10. 發散   11. $\dfrac{1}{\ln 2}$ 12. 發散   13. 發散   14. -2 15. $\dfrac{1}{2}$ 16. (1) 略，(2) 略

第 6 章

習題 6.1

1. $\dfrac{73}{6}$ 2. $\dfrac{64\sqrt{2}}{3}$ 3. $\dfrac{115}{6}$

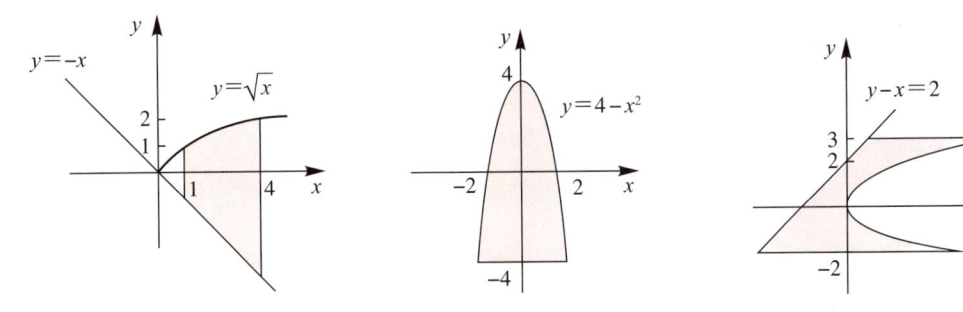

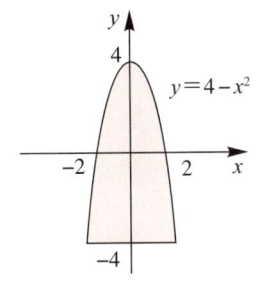

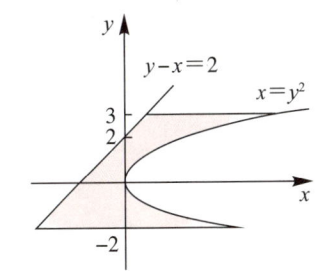

4. $\dfrac{1}{12}$ 5. $\dfrac{1}{6}$ 6. $\dfrac{9}{2}$

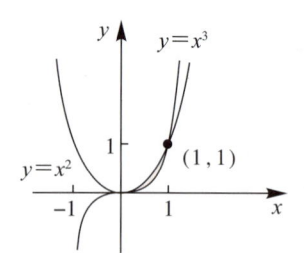

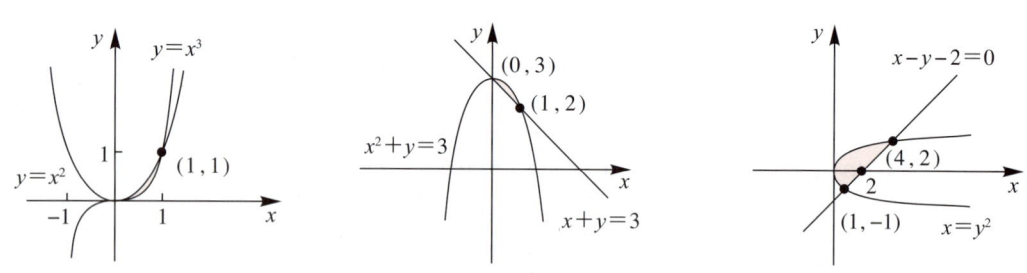

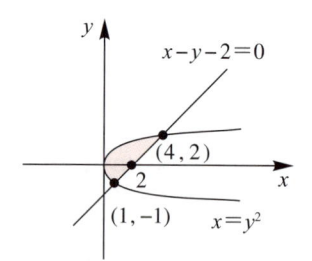

7. $\dfrac{13}{6}$ 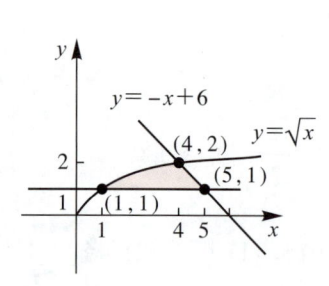   8. 24

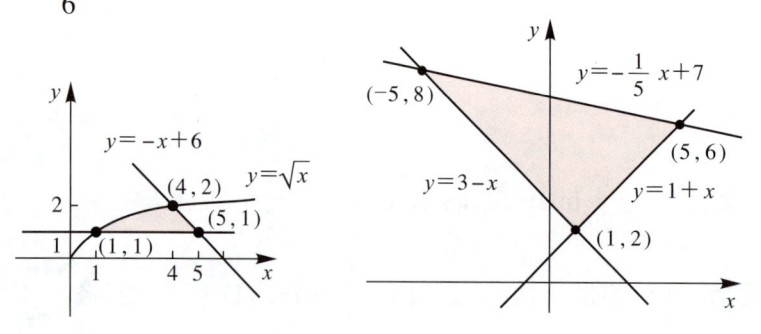

9. $4\sqrt{2}$ 10. $\ln 2 + \dfrac{1}{e^2} - \dfrac{1}{e}$

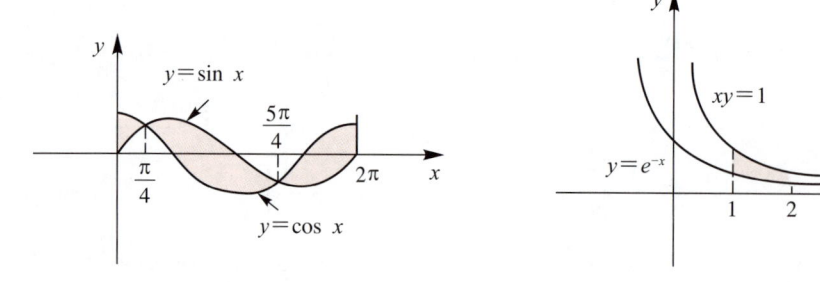

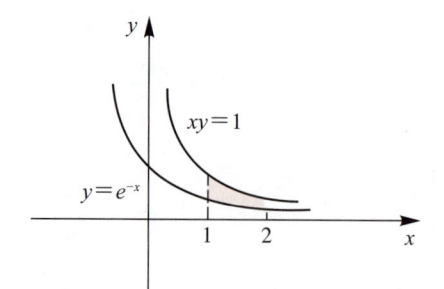

11. $x = \sqrt[3]{4}$

習題 6.2

1. $\dfrac{\pi}{2}$ 2. $\dfrac{\pi}{2}$ 3. $\dfrac{117\pi}{5}$ 4. $\dfrac{2\pi}{35}$ 5. 2π 6. $\dfrac{5\pi}{3}$ 7. $\dfrac{3\pi}{10}$ 8. $\dfrac{\pi}{2}$

9. $\dfrac{\pi}{5}$ 10. $\dfrac{124\pi}{5}$ 11. $\dfrac{3\pi}{10}$

習題 6.3

1. $\dfrac{2}{27}(10\sqrt{10}-1)$ 2. $\dfrac{4}{3}$ 3. $\dfrac{8}{27}(10\sqrt{10}-1)$ 4. $\dfrac{8}{27}(10\sqrt{10}-1)$

5. $\ln\left(1+\dfrac{2}{\sqrt{3}}\right)$

第 7 章

習題 7.1

1. $\dfrac{1}{2}$ 2. $\dfrac{1}{2}$ 3. 0 4. 5 5. 0 6. π 7. 0 8. e^{-2} 9. 0 10. 0

11. $\dfrac{1}{2}$ 12. (1) $\dfrac{1}{2}$, (2) ∞ 13. (1) 2, (2) 2 14. (1) 略, (2) 略

15. $\dfrac{5}{3}$ 16. $\dfrac{2}{3}$ 17. 發散 18. $\dfrac{45}{2}$ 19. $\dfrac{33}{5}$ 20. $\dfrac{1}{6}$ 21. 發散

22. 發散 23. $\dfrac{869}{1111}$ 24. (1) 收斂, (2) $\displaystyle\sum_{n=1}^{\infty}\dfrac{4}{(n+1)(n+2)}$ 25. 56 (公尺)

26. 略 27. 略 28. 略 29. 略 30. 略

習題 7.2

1. 收斂 2. 發散 3. 收斂 4. 發散 5. 發散 6. 收斂 7. 發散 8. 收斂
9. 發散 10. 收斂 11. 收斂 12. 發散

習題 7.3

1. 條件收斂 2. 絕對收斂 3. 絕對收斂 4. 條件收斂 5. 絕對收斂 6. 條件收斂
7. 絕對收斂 8. 條件收斂 9. 條件收斂 10. 絕對收斂

習題 7.4

1. $(-1, 1)$ 2. $[-1, 1]$ 3. $(-2, 2)$ 4. $(-\infty, \infty)$ 5. $[-1, 1)$
6. $[0, 2)$ 7. $(-\infty, \infty)$ 8. $(1, 5)$

習題 7.5

1. $\sum_{n=0}^{\infty} \frac{(-1)^n}{5^{n+1}}(x-3)^n$

2. $\frac{\sqrt{3}}{2} + \frac{1}{2}\left(x-\frac{\pi}{3}\right) - \frac{\sqrt{3}}{2 \cdot 2!}\left(x-\frac{\pi}{3}\right)^2 - \frac{1}{2 \cdot 3!}\left(x-\frac{\pi}{3}\right)^3 + \frac{\sqrt{3}}{2 \cdot 4!}\left(x-\frac{\pi}{3}\right)^4 + \cdots, \quad -\infty < x < \infty$

3. $\sum_{n=0}^{\infty} \frac{2^n e^{-2}}{n!}(x+1)^n, \quad -\infty < x < \infty$ 4. $\sum_{n=0}^{\infty} \frac{e^a}{n!}(x-a)^n$

5. $\sum_{n=0}^{\infty} (-1)^n 3^n x^{n+2}, \quad -\frac{1}{3} < x < \frac{1}{3}$

6. $\sum_{n=0}^{\infty} (-1)^n \frac{x^n}{3^{n+1}}, \quad -3 < x < 3$

7. $\sum_{n=0}^{\infty} (-1)^n \frac{2^{2n}}{(2n+1)!} x^{2n+1}, \quad -\infty < x < \infty$

8. $1 + \sum_{n=1}^{\infty} (-1)^n \frac{2^{2n-1}}{(2n)!} x^{2n}, \quad -\infty < x < \infty$

9. $\sum_{n=0}^{\infty} (-1)^n \frac{2^n}{n!} x^{n+1}, \quad -\infty < x < \infty$ 10. 0.494   11. 0.764

第 8 章

習題 8.1

1. $\frac{\sqrt{2}}{2}$ 2. $\frac{\sqrt{2}}{2}$ 3. 0   4. 0   5. $\ln \frac{3}{4}$ 6. $\sqrt{3}$ 7. $x^2 + 2y^2$ 8. $\frac{3}{2}$ 9. $\frac{7}{4}$

10. 0   11. 1   12. 不存在   13. 1

14. f 在 $\{(x, y) \mid x+y > 1\}$ 為連續   15. f 在 $\{(x, y) \mid x^2+y^2 < 2\}$ 為連續

習題 8.2

1. $f_x(1, -1) = \frac{3}{2}, f_y(-1, 1) = \frac{1}{2}$ 2. $f_x(1, -1) = \frac{1}{2}, f_y(-1, 1) = -\frac{1}{2}$

3. $f_x(1, -1) = -5\pi$, $f_y(-1, 1) = 4\pi$ 4. $f_x(1, -1) = -\dfrac{1}{e}$, $f_y(-1, 1) = 0$

5. $f_{xx}(x, y) = 6$, $f_{xy}(x, y) = 0$, $f_{yx}(x, y) = 0$, $f_{yy}(x, y) = -72y^2 + 20y^3$

6. $f_{xx}(x, y) = y^2(x^2+y^2)^{-3/2}$, $f_{xy}(x, y) = -xy(x^2+y^2)^{-3/2}$, $f_{yx}(x, y) = -xy(x^2+y^2)^{-3/2}$, $f_{yy}(x, y) = x^2(x^2+y^2)^{-3/2}$

7. $f_{xx}(x, y) = -e^y \cos x$, $f_{xy}(x, y) = -e^y \sin x$, $f_{yx}(x, y) = -e^y \sin x$, $f_{yy}(x, y) = e^y \cos x$

8. $f_{xx}(x, y) = -\dfrac{25}{(5x-4y)^2}$, $f_{xy}(x, y) = \dfrac{20}{(5x-4y)^2}$, $f_{yx}(x, y) = \dfrac{20}{(5x-4y)^2}$,

   $f_{yy}(x, y) = -\dfrac{16}{(5x-4y)^2}$

9. $f_{xy}(0, 3) = 1 + e^3$, $f_{yy}(2, 0) = 2$

10. $\dfrac{\partial^3 z}{\partial y \partial x \partial y} = 1080(2x-3y)^2$, $\dfrac{\partial^3 z}{\partial y^2 \partial x} = 1080(2x-3y)^2$, $\dfrac{\partial^3 z}{\partial x^2 \partial y} = -720(2x-3y)^2$

11. $f_{xyy}(0, 1) = -18$, $f_{xyx}(0, 1) = 27$, $f_{yyy}(0, 1) = 6$

12. $\dfrac{4}{25}$ 13. 略 14. 略 15. (1) 略, (2) 略

习题 8.3

1. $\left(\sin y - \dfrac{y}{x^2}\right)dx + \left(x\cos y + \dfrac{1}{x}\right)dy$ 2. $\dfrac{y}{x^2+y^2}dx - \dfrac{x}{x^2+y^2}dy$

3. $\left(2xe^{xy} + x^2 ye^{xy} + \dfrac{y}{x}\right)dx + (x^3 e^{xy} + \ln x)dy$

4. $\Delta z = 0.11$, $dz = 0.1$ 5. $\Delta w = 0.44$, $dw = 0.44$ 6. 2.9733 7. $r\%$ 8. 2% 9. 否

习题 8.4

1. 0 2. $\dfrac{8}{9}$ 3. $\dfrac{\partial z}{\partial u} = -\dfrac{2\sin u}{3\sin v}$, $\dfrac{\partial z}{\partial v} = -\dfrac{2\cos u \cos v}{3\sin^2 v}$

4. $\dfrac{\partial z}{\partial u} = v^2[\cos(u+v) + (u+v)\cos(uv^2)] - uv^2\sin(u+v) + \sin(uv^2)$

   $\dfrac{\partial z}{\partial v} = 2uv[\cos(u+v) + (u+v)\cos(uv^2)] - uv^2\sin(u+v) + \sin(uv^2)$

5. $\left.\dfrac{\partial w}{\partial x}\right|_{x=1, y=-1} = -\dfrac{1}{2}$, $\left.\dfrac{\partial w}{\partial y}\right|_{x=1, y=-1} = -\dfrac{1}{2}$

6. $\left.\dfrac{\partial z}{\partial r}\right|_{r=1, \theta=0} = 2$, $\left.\dfrac{\partial z}{\partial \theta}\right|_{r=1, \theta=0} = 2$ 7. $\dfrac{y \sin x - \sin y}{x \cos y + \cos x}$ 8. $-\dfrac{y}{x}$

9. $\dfrac{\partial z}{\partial x} = -\dfrac{2xy}{y \sin(yz) - 2z}$, $\dfrac{\partial z}{\partial y} = -\dfrac{x^2 - z \sin(yz)}{y \sin(yz) - 2z}$

10. $\dfrac{\partial z}{\partial x} = -\dfrac{yz(x+y+z)+1}{xy(x+y+z)+1}$, $\dfrac{\partial z}{\partial y} = -\dfrac{xz(x+y+z)+1}{xy(x+y+z)+1}$

習題 8.5

1. 相對極小值為 -10 2. $(0, 0)$ 為鞍點
3. 相對極小值為 $-4\sqrt{2}$，$(0, -\sqrt{2})$ 為鞍點
4. 相對極小值為 -7，$(0, 0)$ 為鞍點
5. 相對極大值為 6，相對極小值為 -2，$(1, -1)$ 與 $(-1, 1)$ 均為鞍點
6. 相對極小值為 0，$(0, 0)$ 為鞍點   7. $(0, 0)$ 為鞍點
8. $x=8$, $y=16$, $z=8$ 9. 三正數均為 9

第 9 章

習題 9.1

1. 240 2. 12

習題 9.2

1. 117 2. $\ln \dfrac{4}{3}$ 3. $\dfrac{\pi}{2}(e-1)+1$ 4. $\dfrac{3}{2}(e-1)$ 5. $e-2$ 6. $\dfrac{e^2+1}{4}$

7. $\dfrac{\pi - 2\ln 2}{4}$ 8. $\dfrac{1}{4}(e-1)^2$ 9. $\dfrac{75}{2}$ 10. $\dfrac{3}{4}$ 11. $\dfrac{\ln 17}{4}$

12. $\dfrac{1}{2}(1-\cos 1)$ 13. $\dfrac{1}{6}(e^9-1)$ 14. 2 15. $\dfrac{64}{3}$ 16. $2(e-1)$

17. 20 18. 6 19. 27π

含 $2au - u^2$ 的積分

49. $\int \sqrt{2au - u^2}\, du = \dfrac{u-a}{2}\sqrt{2au-u^2} + \dfrac{a^2}{2}\cos^{-1}\left(1 - \dfrac{u}{a}\right) + C$

50. $\int u\sqrt{2au - u^2}\, du = \dfrac{2u^2 - au - 3a^2}{6}\sqrt{2au-u^2} + \dfrac{a^3}{2}\cos^{-1}\left(1 - \dfrac{u}{a}\right) + C$

51. $\int \dfrac{\sqrt{2au-u^2}}{u}\, du = \sqrt{2au-u^2} + a\cos^{-1}\left(1 - \dfrac{u}{a}\right) + C$

52. $\int \dfrac{\sqrt{2au-u^2}}{u^2}\, du = -\dfrac{2\sqrt{2au-u^2}}{u} - \cos^{-1}\left(1 - \dfrac{u}{a}\right) + C$

53. $\int \dfrac{du}{\sqrt{2au-u^2}} = \cos^{-1}\left(1 - \dfrac{u}{a}\right) + C$

54. $\int \dfrac{u\, du}{\sqrt{2au-u^2}} = -\sqrt{2au-u^2} + a\cos^{-1}\left(1 - \dfrac{u}{a}\right) + C$

55. $\int \dfrac{u^2\, du}{\sqrt{2au-u^2}} = -\dfrac{(u+3a)}{2}\sqrt{2au-u^2} + \dfrac{3a^2}{2}\cos^{-1}\left(1 - \dfrac{u}{a}\right) + C$

56. $\int \dfrac{du}{u\sqrt{2au-u^2}} = -\dfrac{\sqrt{2au-u^2}}{au} + C$

57. $\int \dfrac{du}{(2au-u^2)^{3/2}} = \dfrac{u-a}{a^2\sqrt{2au-u^2}} + C$

58. $\int \dfrac{u\, du}{(2au-u^2)^{3/2}} = \dfrac{u}{a\sqrt{2au-u^2}} + C$

含三角函數的積分

59. $\int \sin u\, du = -\cos u + C$

60. $\int \cos u\, du = \sin u + C$

61. $\int \tan u\, du = \ln|\sec u| + C$

62. $\int \cot u\, du = \ln|\sin u| + C$

63. $\int \sec u\, du = \ln|\sec u + \tan u| + C$
    $= \ln|\tan(\tfrac{1}{4}\pi + \tfrac{1}{2}u)| + C$

64. $\int \csc u\, du = \ln|\csc u - \cot u| + C$
    $= \ln|\tan \tfrac{1}{2}u| + C$

65. $\int \sec^2 u\, du = \tan u + C$

66. $\int \csc^2 u\, du = -\cot u + C$

67. $\int \sec u \tan u\, du = \sec u + C$

68. $\int \csc u \cot u\, du = -\csc u + C$

69. $\int \sin^2 u\, du = \tfrac{1}{2}u - \tfrac{1}{4}\sin 2u + C$

70. $\int \cos^2 u\, du = \tfrac{1}{2}u + \tfrac{1}{4}\sin 2u + C$

71. $\int \tan^2 u\, du = \tan u - u + C$

72. $\int \cot^2 u\, du = -\cot u - u + C$

73. $\int \sin^n u\, du = -\dfrac{1}{n}\sin^{n-1} u \cos u + \dfrac{n-1}{n}\int \sin^{n-2} u\, du$

74. $\int \cos^n u\, du = \dfrac{1}{n}\cos^{n-1} u \sin u + \dfrac{n-1}{n}\int \cos^{n-2} u\, du$

75. $\int \tan^n u\, du = \dfrac{1}{n-1}\tan^{n-1} u - \int \tan^{n-2} u\, du$

76. $\int \cot^n u\, du = -\dfrac{1}{n-1}\cot^{n-1} u - \int \cot^{n-2} u\, du$

77. $\int \sec^n u\, du = \dfrac{1}{n-1}\sec^{n-2} u \tan u + \dfrac{n-2}{n-1}\int \sec^{n-2} u\, du$

78. $\int \csc^n u\, du = -\dfrac{1}{n-1}\csc^{n-2} u \cot u + \dfrac{n-2}{n-1}\int \csc^{n-2} u\, du$

79. $\int \sin mu \sin nu\, du = -\dfrac{\sin(m+n)u}{2(m+n)} + \dfrac{\sin(m-n)u}{2(m-n)} + C$

80. $\int \cos mu \cos nu\, du = \dfrac{\sin(m+n)u}{2(m+n)} + \dfrac{\sin(m-n)u}{2(m-n)} + C$

81. $\int \sin mu \cos nu\, du = -\dfrac{\cos(m+n)u}{2(m+n)} - \dfrac{\cos(m-n)u}{2(m-n)} + C$

82. $\int u \sin u\, du = \sin u - u\cos u + C$

83. $\int u \cos u\, du = \cos u + u \sin u + C$

84. $\int u^2 \sin u\, du = 2u\sin u + (2 - u^2)\cos u + C$

85. $\int u^2 \cos u\, du = 2u\cos u + (u^2 - 2)\sin u + C$

86. $\int u^n \sin u\, du = -u^n \cos u + n\int u^{n-1}\cos u\, du$

87. $\int u^n \cos u\, du = u^n \sin u - n\int u^{n-1}\sin u\, du$

88. $\int \sin^m u \cos^n u\, du$
    $= -\dfrac{\sin^{m-1} u \cos^{n+1} u}{m+n} + \dfrac{m-1}{m+n}\int \sin^{m-2} u \cos^n u\, du$
    $= \dfrac{\sin^{m+1} u \cos^{n-1} u}{m+n} + \dfrac{n-1}{m+n}\int \sin^m u \cos^{n-2} u\, du$

含反三角函数的积分

89. $\int \sin^{-1} u \, du = u \sin^{-1} u + \sqrt{1-u^2} + C$

90. $\int \cos^{-1} u \, du = u \cos^{-1} u - \sqrt{1-u^2} + C$

91. $\int \tan^{-1} u \, du = u \tan^{-1} u - \ln \sqrt{1+u^2} + C$

92. $\int \cot^{-1} u \, du = u \cot^{-1} u + \ln \sqrt{1+u^2} + C$

93. $\int \sec^{-1} u \, du = u \sec^{-1} u - \ln |u + \sqrt{u^2-1}| + C$
    $= u \sec^{-1} u - \cosh^{-1} u + C$

94. $\int \csc^{-1} u \, du = u \csc^{-1} u + \ln |u + \sqrt{u^2-1}| + C$
    $= u \csc^{-1} u + \cosh^{-1} u + C$

含指数函数和对数函数的积分

95. $\int e^u \, du = e^u + C$

96. $\int a^u \, du = \dfrac{a^u}{\ln a} + C$

97. $\int u e^u \, du = e^u (u-1) + C$

98. $\int u^n e^u \, du = u^n e^u - n \int u^{n-1} e^u \, du$

99. $\int u^n a^u \, du = \dfrac{u^n a^u}{\ln a} - \dfrac{n}{\ln a} \int u^{n-1} a^u \, du + C$

100. $\int \dfrac{du}{u^n} = \dfrac{e^u}{u^n} - \int \dfrac{1}{n-1} \cdot \dfrac{e^u \, du}{(n-1)u^{n-1}}$ $+ \dfrac{1}{n-1} \int \dfrac{e^u \, du}{u^{n-1}}$

101. $\int \dfrac{a^u \, du}{u^n} = -\dfrac{a^u}{(n-1)u^{n-1}} + \dfrac{\ln a}{n-1} \int \dfrac{a^u \, du}{u^{n-1}}$

102. $\int \ln u \, du = u \ln u - u + C$

103. $\int u^n \ln u \, du = \dfrac{u^{n+1}}{(n+1)^2} [(n+1) \ln u - 1] + C$

104. $\int \dfrac{du}{u \ln u} = \ln |\ln u| + C$

105. $\int e^{au} \sin nu \, du = \dfrac{e^{au}}{a^2 + n^2} (a \sin nu - n \cos nu) + C$

106. $\int e^{au} \cos nu \, du = \dfrac{e^{au}}{a^2 + n^2} (a \cos nu + n \sin nu) + C$

含双曲函数的积分

107. $\int \sinh u \, du = \cosh u + C$

108. $\int \cosh u \, du = \sinh u + C$

109. $\int \tanh u \, du = \ln |\cosh u| + C$

110. $\int \coth u \, du = \ln |\sinh u| + C$

111. $\int \operatorname{sech} u \, du = \tan^{-1} (\sinh u) + C$

112. $\int \operatorname{csch} u \, du = \ln |\tanh \tfrac{1}{2} u| + C$

113. $\int \operatorname{sech}^2 u \, du = \tanh u + C$

114. $\int \operatorname{csch}^2 u \, du = -\coth u + C$

115. $\int \operatorname{sech} u \tanh u \, du = -\operatorname{sech} u + C$

116. $\int \operatorname{csch} u \coth u \, du = -\operatorname{csch} u + C$

117. $\int \sinh^2 u \, du = \tfrac{1}{4} \sinh 2u - \tfrac{1}{2} u + C$

118. $\int \cosh^2 u \, du = \tfrac{1}{4} \sinh 2u + \tfrac{1}{2} u + C$

119. $\int \tanh^2 u \, du = u - \tanh u + C$

120. $\int \coth^2 u \, du = u - \coth u + C$

121. $\int u \sinh u \, du = u \cosh u - \sinh u + C$

122. $\int u \cosh u \, du = u \sinh u - \cosh u + C$

123. $\int e^{au} \sinh nu \, du = \dfrac{e^{au}}{a^2 - n^2} (a \sinh nu - n \cosh nu) + C$

124. $\int e^{au} \cosh nu \, du = \dfrac{e^{au}}{a^2 - n^2} (a \cosh nu - n \sinh nu) + C$